全国建筑装饰装修行业培训系列教材
中国建筑装饰协会培训中心组织编写
王燕鸣　主编

建筑装饰装修工程施工

（第二版）

纪士斌　纪　婕　付新建　编著

中国建筑工业出版社

图书在版编目（CIP）数据

建筑装饰装修工程施工/纪士斌，纪婕，付新建编著.
2版. —北京：中国建筑工业出版社，2011.6
（全国建筑装饰装修行业培训系列教材）
ISBN 978-7-112-13248-5

Ⅰ. ①建… Ⅱ. ①纪…②纪…③付… Ⅲ. ①建筑
装饰-工程施工 Ⅳ. ①TU767

中国版本图书馆 CIP 数据核字(2011)第 092441 号

本书全面介绍了装饰装修工程各子分部工程的施工工艺、施工要点和质量要求，包括墙面抹灰工程、门窗工程、顶棚装饰工程、饰面板(砖)工程、涂饰工程、裱糊与软包工程、楼地面装饰工程、细部装饰工程、幕墙装饰工程、装饰装修施工机具和建筑装饰工程施工项目管理。

本书既是建筑装饰装修行业的技术培训教材，也可以作为城建、建筑系统的建筑装饰装修施工员、技术员和装饰装修工程施工管理干部提高专业水平的自学参考书，还可以作为高、中等职业技术类院校建筑装饰装修专业建筑装饰工程施工课教学用书或教学参考书。

责任编辑：刘 静 张 建
责任设计：张 虹
责任校对：陈晶晶 刘 钰

全国建筑装饰装修行业培训系列教材
中国建筑装饰协会培训中心组织编写
王燕鸣 主编

建筑装饰装修工程施工

（第二版）

纪士斌 纪 婕 付新建 编著

*

中国建筑工业出版社出版、发行(北京西郊百万庄)
各地新华书店、建筑书店经销
北京天成排版公司制版
北京富生印刷厂印刷

*

开本：787×1092毫米 1/16 印张：16¼ 字数：392千字
2011年8月第二版 2015年2月第十六次印刷
定价：**36.00 元**
ISBN 978-7-112-13248-5
(23698)

序

在科学发展观的指引下，在国家宏观经济强势发展的带动下，中国建筑装饰行业呈现出健康快速的发展态势，行业规模持续增长，产业化水平有了明显进步，企业的集中化程度有了一定的提高，技术创新和科技进步水平有了很大提升。建筑装饰装修工程施工管理已经发展为相对独立、具有较高技术含量和艺术创造性的专业化施工项目，因此对建筑装饰装修施工项目管理者的综合素质、管理理论和实践水平的要求也越来越高。

建筑装饰装修工程项目是各种生产要素的载体，建筑装饰装修工程施工管理是一项由设计、材料、施工、监理构成的多领域、多专业、多关联、多元化的系统工程，是一个按照工程项目的内在规律进行科学的计划、组织、协调和控制的管理过程。建筑装饰装修工程项目管理者的综合素质和管理水平高低直接影响着工程产品的最终质量，反映着装饰施工企业的整体形象和管理水平，关系着企业的生存和发展。因此，培养和造就一支专技术、懂管理、会经营的建筑装饰装修工程项目管理队伍，对于规范建筑装饰装修施工行业，提高建筑装饰产品质量，提高建筑装饰装修行业整体水平及在国际市场中的竞争力具有重要意义。

《全国建筑装饰装修行业培训系列教材》是中国建筑装饰协会培训中心在十年前受住房与城乡建设部（原建设部）主管部门的委托，在装饰项目经理培训教材的基础上，陆续组织担任主要课程的教学人员和业内专家编写的。根据建设部建市（2003）86 号文件中"要充分发挥有关行业协会的作用，加强项目经理培训，不断提高项目经理队伍素质"的要求，根据中国建筑装饰协会于 2003 年 8 月 1 日发文对进一步做好装饰行业项目经理培训工作作出的具体安排，中国建筑装饰协会培训中心的培训工作得到广泛开展，本套教材也因此多次重印，在行业人才培训过程中发挥了重大的作用。

然而，随着建筑装饰行业迅速发展，在已经到来的"十二五"发展时期，建筑业需求将持续强劲，建设规模仍将保持较大幅度增长，环保、节能、减排、低碳以及更加严格的工艺标准，对建筑装饰装修工程的技术要求会越来越高。项目管理专业化、科学化、现代化程度越来越高，特别是转变行业发展方式、提升行业发展质量、实现行业可持续发展，建立资源节约型和环境友好型工程，对项目管理人员乃至全行业各级各类从业人员的专业技术能力、管理能力、执业能力的要求也越来越高。因此，我们和作者一起对全套教材进行了修订，使之更加符合行业发展的需要，更加适合行业人才培养的需要。

本套教材在修订过程中，仍然立足于突出建筑装饰装修行业的特点，加强建筑装饰装修施工项目管理理论知识的系统性、准确性和先进性，强调理论与实践相结合，完善建筑装饰装修项目管理人员的知识结构，体现出较高的科学性、针对性和实用性

值此教材修订之际，谨向给这套教材提出宝贵意见和建议的教师、学员和读者致以衷心的感谢；谨向给予我们重托并予以大力支持和指导的住房与城乡建设部各主管部门和为此套教材出版发行给予大力支持的中国建筑工业出版社致以衷心的感谢。

中国建筑装饰协会培训中心

2011 年 4 月 6 日

第 二 版 前 言

《建筑装饰装修工程施工》2003年出版以来，先后10次重印，得到了广大读者的认可，随着建筑装饰装修施工技术的发展以及新材料、新工艺、新技术和新设备的出现，原书存在许多不足之处，此次修订重点充实了装饰装修工程各子分部工程的施工工艺、施工要点和施工质量要求及检验方法，同时根据读者的要求增加了装饰装修工程施工机具和建筑装饰装修工程施工项目管理的内容。

本书在编写过程中，紧扣现行国家标准、行业标准，紧密结合装饰装修工程实际，深入浅出，内容翔实，可读性强，并具有较高的指导施工操作价值。

本书由纪士斌主编，任继良高级工程师主审。第八章、第十二章由北京城市建设学校纪婕编写，第二章、第七章由付新建编写，其余各章由纪士斌编写。由于修版时间紧，作者水平有限，第二版仍难免出现不妥之处，敬请业内同仁和广大读者批评指正，顺致谢意！

作 者
2011.3 于北京

目　录

第一章 概 述

一、建筑装饰装修的基本概念

建筑装饰装修工程是建筑装饰工程和建筑装修工程的总称。装饰是指为满足人们的视觉要求，建筑师们遵循美学和实用的原则，创造出优美的空间环境，使人们的精神得到调节，思维得到延伸，身心得到平衡，智慧得以发挥，进而对建筑物主体结构加以保护所从事的某种加工和艺术处理；装修则是指在建筑物的主体结构完成之后，为满足其使用功能的要求而对建筑物所进行的装设与修饰。从完善建筑物的使用功能和提高现代建筑艺术的意义上看，建筑装饰与装修已构成不能截然分开的具有实体性的系统工程。

《建筑装饰装修工程质量验收规范》(GB 50210—2001)第二章术语中 2.0.1 "建筑装饰装修" 的解释为："为保护建筑物的主体结构、完善建筑物的使用功能和美化建筑物，采用装饰装修材料或饰物，对建筑物的内外表面及空间进行的各种处理过程。"

二、建筑装饰装修的作用与装饰装修等级

（一）建筑装饰装修的作用

建筑物按其装饰部位的不同分为外部装饰装修和内部装饰装修两大部分。

1. 建筑外部装饰装修的作用

建筑物外部装饰装修部位包括外墙面、外墙门窗、阳台、勒脚、腰线、雨篷和散水坡等。

外部装饰装修的作用首先是保护建筑物的主体结构，延长建筑物的使用寿命。主体结构经过装饰材料的包覆，直接避免了风吹、雨淋、湿气的侵蚀和有害气体的腐蚀，同时可以有效地增强建筑物的保温、隔热、隔声、防火和防潮的功能。外部装饰还是构成建筑艺术和优化环境、美化城市的重要手段。建筑物整体造型的优美，色彩的华丽或典雅，装饰材料或饰面层的质感、纹理，装饰线条与花纹、图案的巧妙处理，以及体形、尺度与比例的掌握等，无疑会使建筑物获得理想的艺术价值而富有永恒的魅力，成为城市建筑艺术的一个重要组成部分。

2. 建筑内部装饰装修的作用

建筑物的内部装饰装修包括墙面、顶棚、楼地面、内门窗和楼梯等部位。

内部装饰装修同样有保护主体结构的作用，还可以起到改善室内的使用条件，美化空间，创造一个整洁与舒适的工作、生活环境的作用。内墙、顶棚经过装饰后，可以调节室内光线，增强室内的亮度。对于有音响效果要求的建筑，如影剧院、音乐厅、大型演播室等，通过装饰装修可以大大改善墙体和顶棚的声学功能。装饰材料选用得当，尚可改善室内的热工功能，进而实现建筑节能。楼地面的装饰，不仅保护了楼板和地坪不受损坏，而且会使其强度、耐磨性提高，光滑、平整程度，被污染后易清洁等性能也得到了满足。一些特殊的楼地面，如浴室、卫生间、厨房和车间等，通过装饰装修还可以满足防渗、防水、防静电以及耐油、耐酸碱腐蚀等要求。

（二）建筑装饰装修等级

笼统地将建筑装饰分为高级装饰装修或普通装饰装修很不确切，应该有一个等级标准来限定。一般根据建筑物的类型、性质、使用功能和建筑物的耐久性确定装饰装修等级。确定出的装饰装修等级越高，其建筑物的整体装饰装修标准也越高。建筑物装饰装修等级大体上划分为特级、高级、中级和一般四个等级，各级相应的主要建筑详见表 1-1。

建筑装饰装修等级及相应主要建筑物　　　　　　　　　　　　　　　表 1-1

特级建筑装饰装修	国家级纪念性建筑、大会堂、国宾馆 国家级博物馆、美术馆、图书馆、剧院、宾馆 国际会议中心、贸易中心、体育中心 国际大型港口，国际大型俱乐部
高级建筑装饰装修	省级博物馆、图书馆、档案馆、展览馆等 高级教学楼、科学研究试验楼 高级俱乐部、会堂、大型医院的疗养、医院门诊楼 大型体育、室内滑冰、游泳馆、火车站、候机楼，省、部机关办公楼，电影院、邮电局、三星级宾馆 综合商业大楼、高级餐厅、地市级图书馆等
中级建筑装饰装修	旅馆、招待所、邮电所、托儿所、幼儿园、综合服务楼、商场、小型车站、重点中学、中等职业学校的教学楼、试验楼、电教楼等
一般建筑装饰装修	一般办公楼、中小学教学楼、阅览室、蔬菜门市部、杂货店、粮站、公共厕所、汽车库、消防车库、消防站、一般住宅

注：表中所列出的建筑物仅为民用建筑中的公共建筑，住宅未予示出。

三、建筑装饰装修工程施工的主要特点

（一）建筑性的统一

建筑装饰装修工程是建筑工程的重要组成部分，是建筑施工的延伸与深化，而不是单纯的装饰艺术。装饰装修工程中每一个子分部工程都与整个建筑工程密切相关，都不可以只顾及主观上的装饰艺术表现而忽视对建筑物主体结构的保护。在工程实践中，特别是二次装修，更应按照装饰装修规范要求进行施工，切不可以轻率蛮干，如对建筑主体结构的肆意剔凿、重锤敲击，随意改动设备管线、封堵消防安全通道、在设备或结构上进行重物悬吊以及开洞搭建埋设等，都将影响到建筑使用的安全与耐久，同时给装饰装修工程造成隐患，是绝对不允许的。

（二）专业性强

建筑装饰装修工程施工是一项专业性强、项目复杂的生产活动。随着建材工业的迅速发展，装饰装修工程施工设备的改进与完善，有效地克服了传统装饰施工的湿作业量大、劳动条件差和费工费料的弊病，一些先进的技术得到了应用，如螺栓铆固技术、射钉技术、抽芯铆钉、击芯铆钉和打钉的连接技术、轻金属龙骨架与配套件、罩面板安装新技术、新型胶粘剂的粘结技术以及各种装饰装修机械与电动、气动机具的广泛应用，不仅简化了装饰装修的工序与工艺，而且解放了生产力，提高了生产效率，还有效地保证了装饰装修的工程质量。

装饰装修工程项目繁杂，大量的预埋件、锚固件、骨架杆件、内衬加强件、连接件，以及防水、防潮、防渗漏、防腐、防火、保温隔热、吸声隔声等功能的构造与处理措施，

包括其中的零部件质量、规格和数量，都要求装饰装修施工的从业人员经过专业技术培训及职业道德教育，一些技术骨干还应具备一定的审图能力、美学知识和鉴赏水平，同时要求施工项目全体员工具有相当的专业技能和忠于职守的道德情操，严格执行国家规定的有关建筑装饰装修的方针、政策和法律法规。只有这样一支专业素质好、专业意识强的施工队伍，才会完成所承接的装饰装修工程施工的任务。

（三）施工规范严格

建筑装饰装修工程是建筑工程的分部工程，一些重要的装饰装修工程，从工程设计、招投标、工程施工、工程监理到工程竣工验收等一系列程序，必须按照国家或地方的相关法规或规定进行操作；小规模的室内装饰装修工程及住宅装饰装修，亦应遵照有关标准规范和规定进行。要认真确认施工单位(队伍)的资质水平和施工能力，以确保装饰装修的质量和使用的安全。工程监理和质量监督应贯穿整个施工过程，其中包括每一道工序和各工种的操作过程。装饰装修工程施工所用各种主、辅材料进场后都要进行复验，复验结果必须符合国家标准或行业标准相应的规定；所有构件与零配件更要符合相应标准的规定，否则一律不准用于工程。围绕装饰装修工程施工的一切活动，都要受控于相关的标准、规范和规程。

（四）施工管理复杂

建筑装饰装修工程施工工序多而杂，每道工序都需要具备专业知识和技能的专业人员顶岗，组织和指挥各工种施工人员进行规范操作。较大规模的装饰装修工程施工，常有几十道工序，还有供电、供水、预制加工、水平与垂直运输、施工机具频繁移动以及材料和半成品的临时码放等，组织不好或指挥不当，就会造成现场拥挤和滞塞，影响施工正常进行，甚至引发各种矛盾。即使是装修一套房间，也需要水、暖、电、卫、水泥、砂、石、砌筑、木、油漆、玻璃和金属等多个工种，所以说，装饰装修工程施工现场管理十分复杂，故要求管理层的管理人员尽职尽责，搞好管理，既不影响施工进度，也不影响装饰装修施工质量。

（五）谋求最佳技术经济效益

装饰装修工程的造价主要受装饰材料及现代光、电、声及其控制系统等设备费用的影响，在建筑物主体结构、安装工程和装饰装修工程的费用中，其一般的比例为结构：安装：装饰装修＝3：3：4，而国家级重点工程、高级宾馆、饭店、涉外工程或外资工程等装饰工程的费用，要占总造价的 50％左右。近年来，在大中城市和沿海开放城市出现的豪华型的宾馆、饭店以及别墅等建筑中，由于装饰装修的成品质量要求高，其建筑装饰装修费用已超过总投资的一半以上。随着建筑科学技术迅速发展，新型装饰材料的推陈出新，新工艺和新型装饰机具的广泛应用，建筑装饰装修工程的造价还会继续提高，因此，建筑装饰装修工程应全面贯彻"适用、安全、经济、美观"的八字方针。从做好工程的概、预算，认真按设计要求选定装饰装修材料，确定科学、合理的施工方案和控制施工成本等方面，都要考虑施工的安全性、经济性、装饰装修成品使用的耐久性等要素，加强装饰装修施工企业的经济管理和经济活动分析，最大限度地提高装饰装修的工程质量和技术经济效益，不断地提升现代建筑装饰装修施工的水平，使企业在激烈的市场竞争中得到生存和发展。

四、建筑装饰装修工程施工的基本条件

为确保装饰装修工程施工能顺利地进行，装饰装修施工质量达到设计的要求，装饰装修施工必须具备以下几个基本条件：

1. 建筑物主体结构工程业已完成，屋面封顶后不渗漏，经过检查、验收合格，装饰施工时不受雨水的影响。

2. 建筑物的维护墙、室内隔墙已砌筑完毕，主体结构施工时的各预留孔洞也已经处理并经验收合格。

3. 门窗框已安装完毕，经校正各排门窗框的平面、立面以及各框垂度偏差都在规定的安装偏差以内。

4. 给水、排水、电气系统，采暖、通风、空调系统等暗线或管道系统已经安装完毕，所有的管道接口、暗线接头已经预埋好，隐蔽设备管道的打压试验已验收完毕，且合格，未留隐患。

5. 建筑装饰装修设计方案经过优选、论证、审核、批准，业已定案。

6. 装饰材料按装饰装修设计方案要求已经落实了品种、规格、生产厂家、供货方式和供货日期，并已部分到位入库，不会影响施工，施工过程不会造成停工待料。

7. 装饰装修施工时所用的机械设备，手持电、气动机具已运至现场，经安装、调试、试运转正常，可以随时投入施工使用。

8. 各项装饰装修施工作业层的操作技术和工艺已向操作人员进行了交底，包括口头的、书面的和实物类(样板间或样板层)的各种形式。

以上各项条件是确保装饰装修施工质量和施工工期的前提，要求细致并且准确。如装饰装修材料的选用必须符合设计要求，材料本身的质量要符合相关的技术标准，使用之前还应进行抽样检测，确认合格后方可发料。一些易损的材料在运输、入库、出库以及施工过程中要防止变形和破损。大面积施工所用的抹灰砂浆、石灰膏、涂料、玻璃等最好要集中加工和严格配制，并预先做出样板，经设计和质检部门检查，确认合格后再投入使用。

五、建筑装饰装修工程施工规范与管理

国家现行标准《住宅装饰装修工程施工规范》(GB 50327—2001)对住宅装饰装修工程施工的基本要求、材料和设备的基本要求、成品保护要求、防水工程和防火安全等都作出了明确的规定。特别是建设部通过第 110 号令颁布的《住宅装饰装修管理办法》于 2002 年 5 月 1 日起强制实施，对于加强住宅室内装饰装修管理，保证装饰装修工程质量与安全，维护公共安全和公众利益，规范住宅室内装饰装修活动，并实施对住宅室内装饰装修活动的管理，具有十分重要的现实意义。

(一) 施工的基本要求

1. 施工前应进行设计交底工作，并应对施工现场进行核查，了解物业管理的有关规定。

2. 各工序、各分项工程自检、互检和交接检。

3. 施工中严禁损坏房屋系有的绝热设施；严禁损坏受力钢筋；严禁超荷载集中堆放物品；严禁在预制混凝土空心楼板上打孔安装预埋件。

4. 施工中严禁擅自改动建筑主体、承重结构或改变房间主要使用功能；严禁擅自拆改燃气、暖气和通信等配套设施。

5. 管道、设备工程的安装及调试应在建筑装饰装修工程施工前完成，必须同步进行时，应在饰面层施工前完成。装饰装修不得影响管道、设备的使用和维修。涉及燃气管道的装饰装修工程必须符合相关安全管理的规定。

6. 施工人员应遵守有关施工安全、劳动保护、防火、防毒的法律法规。

7. 施工现场用电应符合下列规定：

(1) 施工现场用电应从户表以后设立临时施工用电系统。

(2) 安装、维修或拆除临时施工用电系统，应由电工完成。

(3) 临时施工供电开关箱中应装设漏电保护器。进入开关箱的电源线不得用插销连接。

(4) 临时用电线路应避开易燃、易爆物品堆放地。

(5) 暂停施工时应切断电源。

8. 施工现场用水应符合下列规定：

(1) 不得在未做防水的地面蓄水。

(2) 临时用水管不得有破损、滴漏。

(3) 暂停施工时应切断水源。

(二) 文明施工和现场环境应符合下列要求：

1. 施工人员应衣着整齐。

2. 施工人员应服从物业管理或治安保卫人员的监督、管理。

3. 应控制粉尘、污染物、噪声、振动等对相邻居民、居民区和城市环境的污染及危害。

4. 施工堆料不得占用楼道内的公共空间，封堵紧急出口。

5. 室外堆料应遵守物业管理的规定，避开公共通道、绿化地、化粪池等市政公用设施。

6. 工程垃圾宜密封包装，并放在指定垃圾堆放地。

7. 不得堵塞、破坏上下水管道、垃圾道等公共设施，不得损坏楼内各种公共标识。

8. 工程验收前应将施工现场清理干净。

(三) 材料、设备基本要求

1. 住宅装饰装修工程所用材料的品种、规格、性能应符合设计要求及国家现行的有关标准的规定。

2. 严禁使用国家明令淘汰的材料。

3. 住宅装饰装修工程所用的材料应按设计要求进行防火、防腐和防蛀处理。

4. 施工单位应对进场主要材料的品种、规格、性能进行验收。主要材料应有产品合格证书，有特殊要求的应有相应的性能检测报告和中文说明书。

5. 应配备满足施工要求的配套机具设备及检测仪器。

6. 住宅装饰装修工程应积极使用新材料、新技术、新工艺和新设备。

(四) 成品保护

1. 施工过程中材料运输应符合下列规定：

(1) 材料运输使用电梯时，应对电梯采取保护措施。

(2) 材料搬运时要避免损坏楼道内顶、墙、扶手、楼道窗户及楼道门。

2. 施工中采取下列成品保护措施：

（1）各工种在施工中不得污染、损坏其他工种的半成品、成品。

（2）材料表面保护膜应在工程竣工时撤除。

（3）对邮箱、消防、供电、电视、报警、网络等公共设施应采取保护措施。

（五）防火安全

1. 材料的防火处理对装饰织物进行阻燃处理时，应使其被阻燃剂浸透，阻燃剂的净含量应符合产品说明书的要求；对木质装饰装修材料进行防火涂料涂布前应对其表面进行清洁，涂布至少分两次进行，且第二次涂布应在第一次涂布的涂层表面干后进行，涂布量应不小于 $500g/m^2$。

2. 施工现场防火应遵守以下规定：

（1）易燃品应相对集中放置在安全区域，并应有明显标识。施工现场不得大量积存可燃材料。

（2）易燃易爆材料施工，应避免敲打、碰撞、摩擦等可能出现火花的操作。配套使用的照明灯、电动机、电气开关应有安全防爆装置。

（3）使用油漆等挥发性材料时，应随时封闭其容器。擦拭后的棉纱等物品应集中存放且远离热源。

（4）施工现场动用电、气焊等明火时，必须清除周围及焊渣滴落区的可燃物质，并设专人监督。

（5）施工现场必须配备灭火器、砂箱或其他灭火工具。

（6）严禁在施工现场吸烟。

（7）严禁在运行中的管道、装有易燃易爆的容器和受力构件上进行焊接和切割。

3. 电气防火应遵守以下规定：

（1）照明、电热器等设备的高温部位靠近非 A 级材料或导线穿过 B_2 级以下装修材料时，应采用岩棉、瓷管或玻璃棉等 A 级材料隔热。当照明灯具或镇流器嵌入可燃装饰装修材料中时，应采取隔热措施予以分隔。

（2）配电箱的壳体和底板宜采用 A 级材料制作。配电箱不得安装在 B_2 级以下（含 B_2 级）的装修材料上。开关、插座应安装在 B_1 级以上的材料之上。

（3）卤钨灯灯管附近的导线应采用耐热绝缘材料制成的护套，不得直接使用具有延燃性绝缘的导线。

（4）明敷塑料、导线应穿管或加线槽板保护，吊顶内的导线应穿金属管或 B_1 级 PVC 管保护，导线不得外露。

4. 消防设施保护应遵守下列规定：

（1）住宅装饰装修不得遮挡消防设施、疏散指示标志及安全出口，并且不应妨碍消防设施和疏散通道的正常使用。不得擅自改动防火门。

（2）消火栓门四周的装饰装修材料颜色应与消火栓门的颜色有明显区别。

（3）住宅内部火灾报警系统的穿线管，自动喷淋灭火系统的水管线应用独立的吊管架固定。不得借用装饰装修用的吊杆和放置在吊顶上固定。

（4）当装饰装修重新分割了住宅房间的平面布局时，应根据相关设计规范针对新的平面调整火灾自动报警探测器与自动灭火喷头的布置。

（5）喷淋管线、报警器线路、接线箱及相关器件宜暗装处理。

（六）室内环境污染控制

1．《住宅装饰装修工程施工规范》（GB 50327—2001）规定控制的室内环境污染物为氡（^{222}Rn）、甲醛、氨、苯和总挥发性有机物（TVOC）。

2．住宅装饰装修室内环境污染控制除应符合《住宅装饰装修工程施工规范》（GB 50327—2001）外，尚应符合《民用建筑工程室内环境污染控制规范》（GB 50325—2010）等现行国家标准的规定。设计、施工应选用低毒性、低污染的装饰装修材料。

3．对室内环境污染控制有要求的，可按有关规定对以上两条内容全部或部分进行检测，其污染物浓度限值应符合表 1-2 的要求。

住宅装饰装修后室内环境污染物浓度限值   表 1-2

室内环境污染物	浓度限值	室内环境污染物	浓度限值
氡（Bq/m³）	≤200	氨（mg/m³）	≤0.20
甲醛（mg/m³）	≤0.08	总挥发性有机物 TVOC（mg/m³）	≤0.50
苯（mg/m³）	≤0.09		

（七）防水工程

1．住宅卫生间、厨房、阳台的防水工程施工的一般规定：

（1）防水施工宜采用涂膜防水。

（2）防水施工人员应具备相应的岗位证书。

（3）防水工程应在地面、墙面隐蔽工程完毕并经检查验收后进行。其施工方法应符合国家现行标准、规范的有关规定。

（4）施工时应设置安全照明，并保持通风。

（5）施工环境温度应符合防水材料的技术要求，并宜在 5℃以上。

（6）防水工程施工应作两次蓄水试验。

2．防水材料的性能应符合国家现行有关标准的规定，并应有产品的合格证书。

六、建筑装饰装修工程施工技术的发展

长期以来，我国建筑装饰施工技术一直处于落后状态，20 世纪 70 年代以后，随着国民经济建设的发展和人民物质文化生活水平的提高，建筑装饰材料的研制、推广、应用和建筑装饰施工技术日益得到重视。特别是改革开放以来，国外一些先进的装饰材料和装饰施工工艺引入国内，加速了装饰施工技术的革命。随着旅游事业的蓬勃发展，大中城市和沿海地区兴建了大量的高级宾馆、饭店和各种文化、体育设施，使用了品种繁多、规格各异的新型装饰材料和装饰的新技术、新工艺，进行高档次的装饰工程施工，取得了较好的技术经济效果。

在以水泥、石灰为胶凝材料作装饰面层方面，砂浆抹面、麻刀灰、纸筋灰、拉毛灰和扒拉灰等传统做法，已经被机械喷涂、滚涂和弹涂的饰面做法取代，较好地解决了装饰面层的开裂、卷曲、剥落、颜色不均及褪色等难以解决的质量问题。由于这些工艺都采用了相应的机具来代替原来的手工操作，不仅提高了劳动生产率，而且还改变了装饰面层质感单一的不足。

石渣类装饰面层，多年来一直采用水刷石、剁斧石和水磨石等饰面做法，这些做法都属于湿作业，不仅劳动强度高，劳动条件差，而且费工费料。60 年代北京地区采取干粘石的饰面做法，即在水泥砂浆的面层上均匀地撒铺石渣并拍实形成饰面层。进入 70 年代，又在水泥砂浆粘结层中掺入适量的聚乙烯醇缩甲醛胶，提高了粘结层的粘结力，进一步解决了石渣的脱落现象。此后，上海、江苏和山东等地又将手工撒铺石渣变成机械喷撒，实现了机械化施工。70 年代中期，这种石渣喷撒工艺又发展到机喷石屑和机喷彩砂等新工艺，拓宽了石渣类饰面层的品种，改善了饰面层的装饰效果。

墙面镶贴的多种陶瓷制品、各种石材和板材等品种，其中石材主要有天然花岗石、天然大理石、青石板材和人造水磨石等。其镶贴方法一直采取湿挂法。湿挂法不仅劳动强度高，湿作业量大，工期长，增加建筑物的自重，而且使用时间不长，在饰面层的接缝处出现返碱现象而形成"花脸"，影响装饰效果。80 年代末期，北京的四川饭店、全国政协办公大楼、90 年代中北京西客站主楼等建筑外墙的天然花岗石板材饰面改成幕式天然镜面花岗石干挂的新工艺，不仅较好地克服了湿挂的缺点，而且提高了建筑物墙体的保温、隔热、隔声的功能，进而实现了建筑节能。随之，天然大理石板材内墙、内柱面的镶贴，也由多年的湿挂工艺改成建筑胶粘贴，取得了较好的技术经济效果，如北京的中国妇联大厦首层大厅的内墙、北京朝阳区人民法院办公大楼首层大厅内墙、内柱面的装饰即是例子。陶瓷制品的粘贴有外墙贴面砖、瓷砖、陶瓷马赛克、墙地砖、陶瓷彩色釉面砖和玻璃釉面砖等。这些陶瓷制品的粘贴多年来一直使用水泥砂浆或水泥浆粘贴，80 年代中期，在水泥浆或水泥砂浆中掺入适量的 107 胶，而形成聚合物水泥浆和聚合物水泥砂浆进行粘贴，大大提高了粘结层的粘结力，保证了陶瓷制品的粘贴强度。进入 90 年代，人们从实践中发现聚乙烯醇缩甲醛胶（107 胶）掺入水泥浆或水泥砂浆中耐久性差，又改掺合成树脂（人工树脂），进一步提高了饰面层的粘贴质量和使用年限。

板材如胶合板、塑料板、纤维板、钙塑板以及各种金属板材作为墙面和顶棚装饰罩面，是近年来发展较快的一种饰面装饰做法。这些新型板材和新工艺的应用，取代了原来的抹灰、喷浆、刷大白，摒弃了湿作业法，同时提高了保护建筑物主体结构的功能，提高了工效，增强了建筑装饰的效果。

用纸张、纯棉织物、锦缎裱糊墙面、顶棚，是我国传统的装饰做法，具有悠久的历史。这些有机装饰材料，不仅造价高，而且阻燃性差且耐用度低。70 年代中期，我国利用人工树脂为基料开始生产塑料壁纸和无机纤维贴墙布并直接用于建筑物内墙和顶棚的装饰工程，不仅解决了装饰造价高、阻燃性差等问题，而且简化了施工工艺。此外，还因为这些贴面材料具有美丽的花色、纹理、质感，因而提高了装饰效果。

建筑涂料作为饰面层在 60 年代以前只是石灰浆、大白浆和可赛银等。这种饰面层颜色单一，耐潮湿性能差，极易开裂、卷曲和剥落。60 年代初，我国生产出白色硅酸盐水泥，开始使用以白水泥为主，掺入适量的生石膏、熟石灰、氯化钙和硬脂酸钙，形成疏水水泥浆，改善了原来石灰浆、大白浆等的装饰性能。70 年代又出现聚合物水泥浆，即在白水泥浆中掺入适量的聚乙烯醇缩甲醛胶，进一步提高了水泥浆的粘结性能，从而取代了疏水水泥浆。以白水泥为主要原料的建筑涂料，其主要的优点是耐久性好，但抗污染的性能很差。进入 80 年代，国家化工部门生产的各种合成树脂，作为建筑涂料的基本原料，掺入适量的矿物颜料，推向建筑装饰市场后，显示出强大的生命力。这些新型的建筑涂料，如丙烯酸乳胶涂料、聚乙烯醇内墙涂料、乙丙乳胶漆和乙丙乳液厚涂料、氯醋丙三元共聚乳胶漆等，用于饰面层后，不仅色泽选择面宽、艺术感强，而且施工简便，工效高，成本低和维修简便。

对于混凝土结构的建筑物，对外墙表面直接进行处理而形成的装饰混凝土，是国外装饰施工中的新工艺，而且具有较好的装饰效果，如法国戴高乐机场候机大厅的外墙饰面就是其中一例。清水模板装饰混凝土采取"反打"工艺成型，不仅可以显示出不同的线型和花饰，还可以表现出混凝土本身所特有的质感，又因为饰面层施工随主体结构施工同时一次完成，因而省工、省料，减少了施工现场装饰作业的中间环节，并且大大缩短了工程的施工周期。

外墙玻璃幕是建筑墙体改革的又一项新技术，它对高层和超高层建筑的发展起了很大的推动作用。作为玻璃幕墙本身，不仅可以减小建筑物的自重，实现有效地采光、控制光线、隔声、节能，改善建筑物的使用功能，同时提高了建筑物的装饰效果。

复习思考题

1. 何谓建筑装饰装修？
2. 建筑装饰装修的作用有哪些？
3. 建筑装饰装修工程施工的主要特点有哪些？
4. 国家标准对住宅装饰装修工程施工都提出了哪方面的要求？
5. 住宅装饰装修后室内环境污染物主要物质有哪些？其浓度限值各为多少？
6. 简述我国建筑装饰装修工程施工技术的发展过程（要借助装饰装修工程施工实例进行说明）。

第二章 墙面抹灰工程

墙面抹灰包括柱面和顶棚表面抹灰。按使用要求和装饰效果不同又分一般抹灰和装饰抹灰。

抹灰除了可以保护建筑物的主体结构外，还可以作为其他饰面层（水刷石、干粘石、剁假石、饰面砖、涂料、裱糊等）的底灰。随着抹灰施工技术的发展和更新，其施工工艺也由单纯的手工操作发展到机械喷灰，虽然只是初级阶段，但这也标志着抹灰这项基础施工工艺的发展和进步。抹灰工程是整个建筑装饰装修工程中的重要组成部分，也是房屋建筑中不可缺少的一项基础性的施工工艺。

第一节 一般抹灰工程

一般抹灰是指用水泥、石灰、石膏和砂子等为主要材料和其他掺合料拌制而成的石灰砂浆、水泥砂浆、水泥石灰混合砂浆、聚合物水泥砂浆等涂抹在建筑物的墙、柱面的一种传统施工工艺。一般抹灰按建筑物使用标准不同分以下三级：

1. 普通抹灰　普通抹灰适用于简易住宅、工业厂房等建筑，一般做法要求是：一层底子灰，一层罩面灰，表面接槎平整。

2. 中级抹灰　中级抹灰适用于一般住宅、办公楼、公共和工业建筑物。一般做法要求是：一层底子灰，一层中层灰，一层罩面灰；要求设置标筋，分层赶平，表面应整洁，线条顺直、清晰，接槎应平整。

3. 高级抹灰　高级抹灰适用于高级住宅、大型公共建筑（宾馆、饭店、商场、礼堂、医院、图书馆、影剧院）、纪念性建筑以及有设计要求的建筑等。高级抹灰的做法要求是：多遍成活，一遍底层、数遍中层和一遍面层。阴阳角要找方，设置标筋，分层找平、修整、表面压光、光滑洁净、颜色均匀、线脚平直。

一、施工准备

（一）材料准备

1. 水泥　通用硅酸盐水泥。强度等级不低于 32.5MPa。

2. 石灰膏　细腻洁白，熟化彻底，不含有过火石灰颗粒。

3. 石膏　生石膏经焙烧之后的半水石膏（建筑石膏）。

4. 砂　多为河砂。要求颗粒坚固且洁净的中砂，使用前应过筛，含土（泥块）不准超过 5%。

5. 麻刀　用前要切成 20～30mm 长，不含杂质、干燥、均匀、坚韧，蓬松，每 100kg 石灰膏约掺入 1kg 麻刀拌匀成麻刀灰。

6. 其他材料　根据工程需要尚可掺入粉煤灰、石膏、膨胀珍珠岩、纸筋、人工树脂及无机矿物颜料等。

（二）机具准备

1. 机械 抹灰工程施工机械有砂浆搅拌机、纸筋灰搅拌机和粉碎淋灰机械等，图 2-1 所示为强制式砂浆搅拌机外形。

2. 常用抹灰工具

（1）各种抹子及用途 各种抹子外形构造如图 2-2 所示，其中：

钢板抹子 抹底层灰或面层灰压光；

塑料抹子 抹纸筋灰或面层灰压光；

木抹子 砂浆层搓平与压实；

阳角抹子 用于墙体、构件阳角处的抹灰和压光；

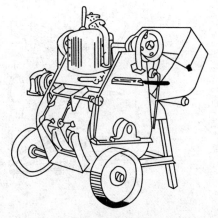

图 2-1 砂浆搅拌机外形

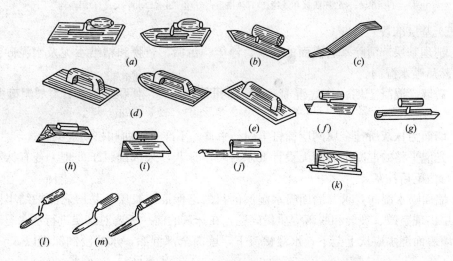

图 2-2 各种抹灰工具

(a)铁抹子；(b)塑料抹子；(c)铁皮；(d)压子；(e)木抹子(木蟹)；(f)阴角抹子；(g)圆阴角抹子；(h)塑料阴角抹子；(i)阳角抹子；(j)圆阳角抹子；(k)捋角器；(l)小压子(抿子)；(m)大小压子

阴角抹子 用于墙体、构件阴角处的抹灰和压光；

捋角器 将水泥砂浆抱角或作护角；

大小压子 基体或构件勾缝处压实、压光。

（2）各种木制工具及用途 图 2-3 所示各种木制工具，其中：

托灰板 抹灰时承托灰浆；

刮尺 冲筋和墙面抹灰层刮平；

靠尺板 检查墙面抹灰层的平整度和垂直度；

水平尺 测量基体或抹灰层的水平度；

方尺 测量阴阳角的方正度；

托线板和线锤 吊基体垂直基准线；

钢筋卡子 固定基体和靠尺等；

分格条 墙面抹灰嵌入面层，形成面层分格缝。

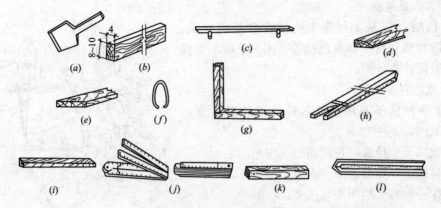

图 2-3　抹灰用木制工具

(a)托灰板；(b)木杠；(c)软刮尺；(d)八字靠尺；(e)靠尺板；(f)钢筋卡子；
(g)方尺；(h)托线板和线锤；(i)分格条；(j)量尺；(k)水平尺；(l)阴角器

（三）基层准备

1. 清理基层。清除基层表面的残灰、浮尘、污垢、碱膜和粘结水泥及水泥砂浆附着物等，然后喷水湿润。

2. 砖墙、混凝土墙、加气混凝土墙面的凸凹处，要剔平或用1：3水泥砂浆分层补平。

3. 墙面为抹灰所挂金属网应铺钉牢固、平整，不准有翘曲和松动现象。

4. 光滑平整的混凝土墙面无设计要求时可不抹灰，采取刮腻子处理。若有抹灰要求应光进行凿毛后抹灰。

5. 墙面喷水湿润要求。墙面喷水湿润的目的是保证灰浆层与基层表面粘结牢固，防止抹灰层出现空鼓、裂缝和脱落等质量问题，在抹灰的前一天要对基层进行浇水湿润。

砖墙表面浇水应从上至下，水缓慢流下，墙面全部湿润，水的浸润深度以8～10mm为宜。

常温外墙抹灰，墙表面应浇两遍水，以防止底层灰的水分很快被墙面吸收，影响底层灰与墙面的粘结力。加气混凝土墙面孔隙率大，毛细管为封闭或半封闭状，会阻碍水的渗透速度，同砖墙相比，吸水速度约慢3～4倍，因此，墙面抹灰时应提前两天浇水，且每天应浇两遍以上，使水渗透深度达到8～10mm。混凝土墙体吸水率低，抹灰前浇水可以相对少一些。

各种基层浇水程度与施工季节、气候和室内外操作环境有关，因此，要根据实际情况予以掌握。

二、施工过程

（一）内墙抹灰

1. 找基准

找基准，又叫找规矩。为了使抹灰层达到要求的垂直度、平整度，同时符合装饰要求，抹灰前，必须找好基准。

（1）做标志块（灰饼）　首先用托线板挂线全面检查墙面的平整度，然后根据抹灰的等级确定抹灰的厚度，抹灰厚度的标志块就是灰饼。

做灰饼时自上而下，先做出墙体上部的灰饼，灰饼的间距应小于刮尺控制的长度。墙面过高、过长时，可在墙体两上角部先做灰饼，再以它为基准拉线，做出上部、中间的灰饼。根据墙体上部的灰饼，以托线板来确定墙体下部灰饼，使其与上部灰饼在同一垂直线上。标志块做好后，再在标志块附近砖缝内钉上钉子，拴上小线，挂出水平通线，加做若干灰饼，距离仍以刮尺为准，厚度与标志块一致。凡遇门窗口、墙垛和墙角处都要加做标志块。

标志块用 1∶3 水泥砂浆做，大小约 50mm 见方即可。

(2) 做标筋(冲筋)　标筋就是在上下两个标志块之间先抹一条宽约 50～100mm 的灰缝埂，厚度要与标志块一样，用来作为墙面抹灰的标志。

标筋的做法是待灰饼中的水泥浆基本进入终凝，洒水湿润墙面，用抹底层灰的砂浆将同一垂直线上下两个标志块中间先抹一层，再抹第二层，凸出呈八字形，要比灰饼高出 10mm，然后用刮杠紧贴灰饼左上右下地搓，直到将标筋搓成与标志块相平为止，同时将标筋的两边用刮尺修成斜面，以保证与抹灰层接槎平顺。

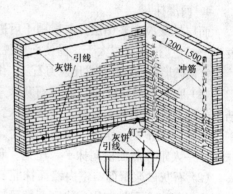

灰饼、冲筋示图如图 2-4 所示。

(3) 阴阳角找方　中、高级抹灰要求阴角找方。对于还有阳角的房间抹灰，则要先在阳角一侧墙上弹线作基准，用方尺先将阳角规方，然后再弹出抹灰准线，在准线上下两端挂通线，再做标志块和冲筋。

图 2-4　挂线、打饼及冲筋示图

(4) 门窗口做护角　室内墙面、窗口、柱面和门洞口的阳角抹灰，要求线条清晰、挺直，并要防止被碰坏，因此，无论设计上有无规定，抹灰前都要做护角。护角的做法是从地面起不低于 2m，护角每侧的宽度不小于 50mm，用 1∶2 的水泥砂浆，以墙面的标志块为准分层施抹，同样起标筋的作用。护角的边缘应抹出 45° 斜坡，以便与墙面抹灰层衔接。

2. 底、中层抹灰

标志块、标筋及门窗口护角做好后，底层、中层抹灰即可进行。方法是将灰浆抹在墙面两标筋之间，底层灰要低于标筋，待抹灰层收水后，再进行中层抹灰，抹灰厚度以填平标筋为准，可稍高于标筋顶面。

中层抹灰后，立即用木杠按标筋高度刮平。刮平时要双手紧握木杠，均匀用力，由下往上搓动，手腕要活。发现凹陷处要用砂浆补抹，然后再刮，直至表面平直，接着用木抹子搓一遍，使表面达到平整密实。

墙的阴角先用方尺上下核对找方正，然后用阴角器上下抽动搓平，使室内墙面四角方正，如图 2-5 所示。

通常，标筋做完就可以在标筋格块内填入砂浆并刮平，但要注意至少标筋砂浆中的水泥浆应接近终凝，否则将因筋软而刮坏产生凹凸现象；但也不宜等标筋产生强度后再刮，这样会

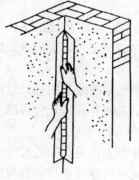

图 2-5　阴角搓平找直

因墙面砂浆收缩出现标筋高于墙面的现象，造成抹灰面不平等质量问题。

当内墙抹灰面高度在 3.2m 以下时，可先抹下一步架，然后再搭架子抹上一步架。抹上一步架时可不做标筋，以木杠刮平时，紧贴已抹好的砂浆面层作为刮平依据，但要做好上下接槎处的平整度。

3. 抹墙裙、踢脚板

施抹前先按设计要求弹出上口水平线，用 1∶2 水泥砂浆或水泥混合砂浆抹底层，养护一天以后，用 1∶2 水泥砂浆抹面层，最后用面层原浆压光，要比墙面抹灰层突出 3～5mm。用八字靠尺在线上用钢抹子切齐，并进行修边、清理。若是后做地面、墙裙和踢脚板时，要将墙裙和踢脚板准线上口 50mm 处的砂浆切成直槎，墙面要清理干净，并及时清除落地灰。

4. 面层抹灰

面层抹灰应在底中层抹灰层稍干后进行。底灰太湿会影响抹灰面层的平整度，还可能发生"咬色"；底灰层太干，易使面层脱水太快而影响粘结，造成面层空鼓。

室内砖墙面面层抹灰常用麻刀石灰、纸筋石灰浆、水泥砂浆、石灰砂浆和刮大白腻子等。

(1) 麻刀石灰浆罩面　麻刀石灰浆罩面一般用于室内白灰墙面，要求表面平整、光洁。施抹时，用钢抹子将麻刀灰浆先抹到墙面上，然后赶平、压实、抹光。稍干后，再用钢抹子将面层压实、压光。抹罩面灰时，最好两人由阴阳角处同时进行，一人在前面竖向抹灰，一人跟在后面横向抹平、压光。麻刀灰的罩面厚度一般为 2mm 左右。

(2) 石灰砂浆罩面　室内墙面抹完石灰砂浆面层后，一般还要在其上做其他饰面层，如刷涂料等。中层抹灰完成终凝后即可抹罩面灰，方法是先用钢抹子抹，再用刮杠由下向上刮平、找直，最后再用钢抹子抹平、压实、压光。

(3) 纸筋石灰面层抹灰　纸筋石灰浆面层抹灰多是在中层浆六七成干后进行(测定方法是以手指捺不软，且有指印)。手捺时若感觉过干，可先适当喷水湿润，再抹面层。施抹时用钢抹子两遍成活，抹灰厚度不大于 2mm。抹灰顺序是从阳角或阴处开始，自左向右进行。两个人配合操作。一人先竖向薄薄抹一层，另一个人再横向抹第二层，要求罩面层与中层灰紧密结合，并压实、压光，然后用排笔蘸水沿墙面横向刷一遍，以确保面层色泽一致，再用钢皮抹子揉平、压实、抹光一次，使面层更加细腻、光滑。

阴阳角要用阴阳角抹子捋光，随之用毛刷蘸水将门窗边口阳角、墙裙和踢脚板上口刷净。

纸筋石灰浆罩面另一种做法是：二遍灰抹完后，稍干就用塑料抹子顺抹纹压光，经过一段时间，经检查发现有起泡处，重新压平、压光即可。

(4) 混合砂浆罩面　一般多为水泥石灰砂浆。先用钢抹子抹灰，再用刮杠刮平、找直，待硬化至六七成干后，再用木抹子搓平。搓平时，若感到砂浆过干，可以边洒水、边搓平，直至表面平整、密实时止。

(5) 刮大白腻子罩面　面层刮大白腻子是在中层砂浆干透、表面坚硬呈灰白色，且没有潮湿和水迹情况下进行。这种罩面的工艺操作简单，省工省料，是近年来应用较多的一种罩面做法。

大白腻子配合比为大白粉∶滑石粉∶聚醋酸乳液∶羧甲基纤维素溶液(浓度 5%)=60∶40∶(2～4)∶75(质量比)。调配时，大白粉、滑石粉、羧甲基纤维素溶液应提前按配合比搅匀浸泡。

罩面层刮大白腻子一般不少于两遍，总厚度控制在 1mm 左右，操作时，用钢片刮板按同一方向往返刮。头遍腻子刮完后，待彻底干硬，用 0 号砂纸打磨，并扫除浮灰进行二遍腻子刮涂，二遍腻子刮完后，要求表面平整、纹理、质感一致。

阴阳角找直的方法是在角的两侧平面满刮腻子找平后，用直尺检查，当两个相邻面刮平并相互垂直后，角自然不会出现碎弯了。

钢筋混凝土墙面可直接刮大白腻子，省去了底中层抹灰，做法同上。

（6）水泥砂浆罩面　这种罩面层主要用于有防潮要求的内墙面、墙裙和踢脚线等。砂浆的配合比一般为 1：2～1：2.5，施抹方法和要求与石灰砂浆罩面相同。

（7）石膏浆罩面　石膏浆罩面层用于高级室内抹灰，抹灰后表面平整、细腻、光洁。顺序是先用 1：2.5 的石灰砂浆打底，再用 1：2～1：3 的麻刀灰找平。切记不准用水泥砂浆或水泥混合砂浆打底，以防返潮或面层脱落。

石膏浆罩面必须在底层灰完全干燥后进行。抹灰前底层稍作湿润，不要湿透。准备好调配石膏浆用的石膏稀浆。石膏浆要随用随调，纯石膏浆一次搅拌均匀要在 3～4min 内用完；3：2 的石膏浆应在 10min 内用完。抹在墙面上的石膏浆应在 20min 以内压光。石膏面层在同一平面内，应一次抹完，直至表面密实、平整、光滑，不准出现接槎。

石膏浆罩面时可以两个人同时操作。从一个墙角开始，一人前面抹面，一人后面洒水压光，直至光滑、密实时止。

5. 一般抹灰分层做法及施工要点

一般抹灰的分层做法及施工要点见表 2-1。

一般抹灰的分层做法及施工要点　表 2-1

名称	分层做法	厚度(mm)	施工要点
普通砖墙抹石灰砂浆	1. 1：3 石灰砂浆打底找平 2. 纸筋灰、麻刀灰或玻璃丝灰罩面	10～15 2	1. 底子灰先由上往下抹一遍，接着抹第二遍，由下往上刮平、用木抹子搓平 2. 底子灰五六成干时抹罩面灰，用铁抹子先竖着刮一遍，再横抹找平，最后压一遍
普通砖墙抹水泥砂浆	1. 1：3 水泥砂浆打底找平 2. 1：2.5 水泥砂浆罩面	10～15 5	1. 同上 1，表面须划痕 2. 隔一天罩面，分两遍抹，先用木抹子搓平，再用铁抹子揉实压光，24h 后洒水养护 3. 基层为混凝土时，先刷水泥浆一遍
墙面抹混合砂浆	1. 1：0.3：3（或 1：1：6）水泥石灰砂浆打底找平 2. 1：0.3：3 水泥石灰砂浆罩面	13 5	基层为混凝土时，先洒水湿润，再刷水泥浆一遍，随即抹底子灰
混凝土基层，大模板或大板混凝土基层	1. 石膏腻子［石膏：聚醋酸乳液：甲基纤维素溶液（浓度为 5%）＝100：5～6：60（质量比）］填缝补角 2. 大白腻子（大白粉：滑石粉：乳液：浓度 5%的甲基纤维素溶液＝60：40：2～4：75 满刮三遍）	0～1 2～3	1. 基层表面均匀喷 108 胶使胶水深入基体表面 1～1.5mm 2. 用钢片刮板或胶皮刮板将基层表面 0.5 以上的蜂窝凹陷，及高低不平处用石膏腻子刮实 3. 满刮大白腻子时，要用胶皮刮板分遍刮过，操作时按同一方向往反刮，刮板要拿稳，吃灰量要一致，注意上下左右接槎处，两刮板间要干净，不允许留浮腻子，甩槎都赶到阴角处，且要找直阴角和阳角，要用直尺和方尺检查，不要有碎弯 4. 头道腻子刮后即要用 0 号砂纸打磨至平整光滑，二遍腻子同样要磨平

名称	分层做法	厚度(mm)	施工要点
混凝土墙、石墙、抹纸筋灰	1. 刷水泥浆一遍 2. 1:3:9水泥石灰砂浆打底找平 3. 纸筋灰、麻刀灰或玻璃丝灰罩面	13 2	操作方法同上
加气混凝土墙抹石灰砂浆	1. 1:3:9水泥石灰砂浆打底 2. 1:3石灰砂浆找平 3. 纸筋灰、麻刀灰或玻璃丝灰罩面	3 13 2	抹灰前先洒水湿透，操作方法同上 3

6. 内墙抹灰常见的质量问题及预防措施

内墙抹灰常见的质量问题、产生原因及预防措施见表 2-2。

内墙抹灰常见的质量问题、产生原因和预防措施　　　　　　　　　表 2-2

序号	通病名称	现象	产生原因	预防措施	治理方法
1	砖墙、混凝土基体抹灰空鼓、裂缝	门窗框与墙面交接处，木基层与砖石、混凝土基体相交处，基层平整偏差较大的部位，以及墙裙、踢脚板上口等处出现空鼓、裂缝	① 基体处理不净，处理方法不对或基体浇水不透 ② 砂浆质量不好 ③ 一次抹灰层超厚 ④ 门窗框周围塞灰不严，抹灰后过早碰撞门窗口	① 按前述施工要点，认真处理基体、认真浇水湿润墙面 ② 砂浆必须使用合格材料，砂浆稠度、保水性及粘结力等指标应符合规定要求 ③ 分次抹灰厚度不能超过规定厚度，凡大于 8mm 的分层厚度，均应分两次涂抹 ④ 门窗框应采取可靠的措施固定，边沿缝隙要用小溜子将砂浆塞严 ⑤ 加强成品保护，施工中不要碰撞门框 ⑥ 对于较光滑的混凝土表面，不应抹灰找平，应剔凿平整后，局部修理，满刮腻子	空鼓面积较大的，应轻轻刨凿，不要振动周围灰层，刨凿后涂刷聚醋酸乙烯胶水后补抹顺平
2	轻质隔墙抹灰空鼓、裂缝	沿板缝处产生纵向裂缝，条板与顶板间产生横向裂缝，墙面抹灰空鼓和不规则裂缝	① 在加气混凝土条板、炭化板等轻质隔墙板面上抹灰时，没掌握这些板材的特性和采取相应的施工措施 ② 墙体刚度差，受有外力振动 ③ 板缝处理不严实 ④ 基体处理不好	① 认真处理基体表面，表面应先刷内墙用胶水溶液 ② 各抹灰层砂浆要符合"软、中、硬"的原则，底层砂浆强度等级千万不要过高 ③ 板缝间应填充严实，施工中不准碰撞	
3	抹灰面不平，阴阳角不方正，不垂直		① 抹灰前没按要求找规矩 ② 操作方法不对	① 按前述施工要求认真测量，做标志块及标筋（阴、阳角两侧要做标筋） ② 分层涂抹砂浆时，中层必须找平 ③ 操作中随时用方尺及托线板检查阴阳角，发现问题及时返工 ④ 抹阴角的砂浆稠度要小，要用阴角抹子或阴角器上下抽平，尽量多压几遍	

序号	通病名称	现象	产生原因	预防措施	治理方法
4	墙面开花	抹罩面灰后，过一段时间墙面出现爆灰，即产生起泡、开花，有抹纹	① 抹完罩面灰后，压光跟得太紧（灰浆没有收水），压光后就产生气泡 ② 底灰太干，罩面前没浇水湿润，抹罩面后，容易出现抹纹 ③ 石灰膏熟化时间不够，未完全熟化的颗粒上墙后继续熟化而炸裂爆灰，出现开花和麻点	① 纸筋石灰或麻刀石灰罩面，须待底灰 5～6 成干后进行，如果底灰太干，须浇水湿润 ② 水泥砂浆罩面时，待抹完底灰后，第二天罩面，先薄薄抹一层，紧跟抹第二遍，刮平、搓平后，再压光，底灰较干时，应洒水后再压 ③ 纸筋石灰和麻刀石灰用石灰膏，要充分保证其熟化时间，且一定要用筛子过滤后再用 ④ 抹后的墙面如产生爆灰，有时需经一个多月的过程，才能使混在灰浆内未完全熟化的石灰颗粒继续熟化和膨胀完毕，因此要处理时，应待墙面确实不再爆灰时，才可以挖去开花处的松散表面，重新用腻子补平刮平，最后喷浆	空鼓面积较大的，应轻轻刨凿，不要振动周围灰层，刨凿后涂刷聚醋酸乙烯胶水后补抹顺平
5	混凝土顶板抹灰空鼓、裂缝	顶板四角往往产生不规则裂缝，中部产生通长裂缝，预制楼板则沿板缝产生纵向裂缝和空鼓	① 基体清理不干净，抹灰前浇水不透 ② 预制混凝土楼板基底安装不平，相邻板底高低偏差大，造成抹灰厚薄不均产生空鼓、裂缝 ③ 楼板安装排缝不匀，板缝灌得不密实 ④ 砂浆配合比不当	① 预制楼板安装要平整，板缝、对头缝必须清扫干净，用 C20 豆石混凝土振捣密实 ② 现浇混凝土楼板板底表面一定要将木丝、油毡等杂物清净，使用钢模、组合钢模现浇混凝土楼板或预制楼板时，应用清水加 10%的火碱，将隔离剂、油污等刷净，楼板有蜂窝麻面情况，应事先用 1∶2 水泥砂浆修补抹平，凸出的部分需剔凿平整，预制板缝应先用 1∶2 水泥砂浆勾缝找平 ③ 抹灰前一天顶板应喷水湿润，抹灰时再洒水一遍 ④ 严格按规定配合比抹底层、中层砂浆 ⑤ 混凝土顶板抹灰，应在上层地面做完后进行	

（二）外墙抹灰

建筑物外墙抹灰主要抹水泥砂浆或水泥石灰混合砂浆。近年来推出的外墙机械喷灰的新工艺，不仅减轻了抹灰工的劳动强度，还大大地提高了墙面抹灰的生产率。

1．抹灰前的准备工作

（1）找规矩 外墙抹灰同内墙抹灰一样，也要做标志块和做标筋。因外墙抹灰有檐口、地面，抹灰看面大，阳台、门、窗、腰线和明柱等看面，都要横平竖直，而且抹灰时必须自上而下，一步架一步架地施抹，故外墙抹灰找规矩要在四角先自上而下挂好垂直通线（多层、高层建筑应用钢丝线挂垂线），然后根据大致的抹灰厚度再拉出水平通线，并弹出水平线做标志块，竖向每步架做一个标志块，然后做出标筋。

（2）粘分格条 为保证抹灰墙面的质量和美观，避免罩面砂浆收缩后产生裂缝，一般都设分格条。粘分格条是在底灰抹完后进行，但要求底灰抹平。粘法是按已弹好的水平线和分格大小用粉线包或墨斗弹出分格线。横向以水平线为依据校正其水平，竖向分格线用经纬仪或线锤校正垂直。分格条在使用前要用水泡透，以便于粘贴，同时可以防止分格条自身变形；另外；因分格条本身水分蒸发而收缩也易于起出，还可以保证分格条两侧灰口整齐。

根据分格线的长度将分格条尺寸分好，然后用钢抹子将素水泥浆抹在分格条背面，水平分格条宜粘贴在水平线的下口，垂直分格条要粘在垂直线左侧，以便于观察。粘贴完一条横向或竖向分格条后，要用直尺核测其平整度，并将分格条两侧用水泥浆抹成；八字形斜角。当天抹面的分格条，两侧八字形斜角可抹成 45°；当天不抹面的"隔夜条"，两侧八字形斜角应抹得陡一些，可抹成 60°角，如图 2-6 所示。

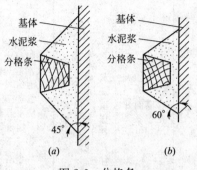

图 2-6　分格条
(a)呈 45°斜角；(b)呈 60°斜角

面层抹灰与分格条平，然后按分格条厚度刮平、搓实，并将分格条表面的余灰清除干净，以免起条时因表面余灰与墙面砂浆粘结而损坏墙面的抹灰层。当天粘的分格条在面层交活后即可以起出来。起分格条的方法一般从分格线的端头开始，用抹子轻轻敲动，分格条即自动弹出，若遇起条困难，可在分格条端头钉一个小钉子，轻轻地将其向外拉出。"隔夜条"不宜当时起条，应待罩面层达到一定强度之后再起。分格条起出后应立即清理干净，收存待用。分格线处用水泥浆勾缝。分格线不准出现错缝和掉棱掉角现象，且缝深和缝宽应均匀一致。

2. 外墙抹灰做法

(1) 抹水泥砂浆　建筑物外墙抹水泥砂浆其配合比一般是：水泥：砂子＝1：3。抹底层时必须将砂浆压入灰缝内，并用木抹子压实、刮平，然后在底层上扫毛，并浇水养护。底层砂浆养护第二天，先在底层上弹线分格，粘分格条。后抹一薄层 1：2.5 的水泥砂浆，接着抹第二遍至抹平分格条，然后用木杠刮平，再用木抹子搓平，用钢抹子压光，最后用刷子蘸水按同一方向轻刷一遍，起出分格条，并用水泥浆勾缝。"隔夜条"需待水泥砂浆达到强度之后起出。如底层灰较湿，面层收水慢，可在面层上撒上 1：2 的干水泥砂，待干水泥砂吸水后，刮掉吸水的干水泥砂层，再用钢抹子压光，通常，水泥砂浆面层施抹后 24h，再浇水养护＞7d 以上。

(2) 抹混合砂浆　外墙所抹混合砂浆配合比一般为：水泥：石灰：砂子＝1：1：6，用于打底和罩面(也可打底用 1：1：6，罩面用 1：0.5：4)，待基层处理、四角与门窗洞口护角线、墙面标志块和标筋等完成后即可进行。外墙底、中层抹灰方法与要求同内墙。当用刮杠刮平、砂浆收水后，则可用木抹子打磨。如果面层太干，可边洒水，边打磨，且不要干磨，以免造成面层颜色不一致。经打磨后的饰面层应密实、平整，抹纹顺直，色泽均匀。

(3) 抹滴水线(槽)　外墙抹灰时，在檐口、雨篷、窗台、窗楣、压顶和凸出墙面的腰线等部位都要做出流水坡度，流水坡及滴水线(槽)距外表面不小于 40mm，滴水线深度和宽度一般不小于 10mm，抹灰时应先立面后平面地顺序施抹。滴水线(槽)要求抹的棱角整齐、光滑平整，起到挡水的作用。若设计无要求时，可抹出 10%的泛水，下面应做滴水线或滴水槽，其做法示意图如图 2-7 所示。

(三) 柱的一般抹灰

柱子按形状不同分为方柱、圆柱和多角柱等。柱的一般抹灰指的是用水泥砂浆、石灰

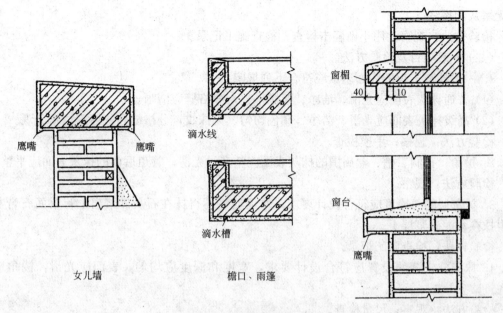

鹰嘴　鹰嘴
滴水线
滴水槽
女儿墙
窗楣
40　10
窗台
鹰嘴
檐口、雨篷

图 2-7　滴水线(槽)做法示意图

砂浆和混合砂浆抹灰。室外柱面抹灰都是用水泥砂浆。柱面抹灰同样要先处理基层、找规矩，其做法大体与砖墙、混凝土墙相同。

方形截面柱抹灰时，应先在两侧面卡粘住八字靠尺抹正、反面的灰，再用八字靠尺卡粘在正、反面，抹两侧面。抹灰分层做法可参照外墙抹灰做法。底、中层抹灰用抹子压实、搓平，第二天抹罩面灰并压实、抹平、压光。抹灰过程中始终要注意检查柱面上、下的垂直度和平整度，保证阳角方正，柱子的踢脚线高度应一致。

圆形截面柱面抹灰过程中与方形截面柱不同点是抹灰时需用长木杠随抹随找圆，并随时用抹灰圆形套板核对。当抹面层灰时，应用圆形套板沿柱面上下滑动，将抹灰层刮抹成圆形，最后由上而下再抹光滑、搓平。

三、一般抹灰工程施工质量要求及检验方法

按国家标准《建筑装饰装修工程质量验收规范》(GB 50210—2001)对一般抹灰工程施工质量要求分为主控项目和一般项目两部分。

(一)主控项目及检验方法

1. 抹灰前基层表面的尘土、污垢、油渍等应清除干净，并应洒水湿润。

检验方法：检查施工记录。

2. 一般抹灰所用材料的品种和性能应符合设计要求。水泥的凝结时间和体积安定性复验应合格。砂浆的配合比应符合设计要求。

检验方法：检查产品合格证书、进场验收记录、复验报告和施工记录。

3. 抹灰工程应分层进行。当抹灰总厚度大于或等于 35mm 时，应采取加强措施。不同材料基体交接处表面的抹灰，应采取防止开裂的加强措施，当采用加强网时，加强网与各基体的搭接宽度不应小于 100mm。

检验方法：检查隐蔽工程验收记录和施工记录。

4. 抹灰层与基层之间及各抹灰层之间必须粘结牢固，抹灰层应无脱层、空鼓，面层应无爆灰和裂缝。

检验方法：观察；用小锤轻击检查；检查施工记录。

（二）一般项目及检验方法

1. 一般抹灰工程的表面质量应符合下列规定：

（1）普通抹灰表面应光滑、洁净、接槎平整，分格缝应清晰。

（2）高级抹灰表面应光滑、洁净、颜色均匀、无抹纹，分格缝和灰缝应清晰美观。

检验方法：观察；手摸检查。

2. 护角、孔洞、槽、盒周围的抹灰表面应整齐、光滑；管道后面的抹灰表面应平整。

检验方法：观察。

3. 抹灰层的总厚度应符合设计要求；水泥砂浆不得抹在石灰砂浆层上；罩面石膏灰不得抹在水泥砂浆层上。

检验方法：检查施工记录。

4. 抹灰分格缝的设置应符合设计要求，宽度和深度应均匀，表面应光滑，棱角应整齐。

检验方法：观察；尺量检查。

5. 有排水要求的部位应做滴水线（槽）。滴水线（槽）应整齐顺直。滴水线应内高外低，滴水槽的宽度和深度均不应小于10mm。

检验方法：观察；尺量检查。

6. 一般抹灰工程质量的允许偏差和检验方法应符合表 2-3 的规定。

一般抹灰的允许偏差和检验方法   表 2-3

项次	项　目	允许偏差（mm）		检　验　方　法
		普通抹灰	高级抹灰	
1	立面垂直度	4	3	用 2m 垂直检测尺检查
2	表面平整度	4	3	用 2m 靠尺和塞尺检查
3	阴阳角方正	4	3	用直角检测尺检查
4	分格条（缝）直线度	4	3	拉 5m 线，不足 5m 拉通线，用钢直尺检查
5	墙裙、勒脚上口直线度	4	3	拉 5m 线，不足 5m 拉通线，用钢直尺检查

注：1. 普通抹灰，本表第 3 项阴角方正可不检查；

　　2. 顶棚抹灰，本表第 2 项表面平整度可不检查，但应平顺。

第二节 装 饰 抹 灰

墙面装饰抹灰是在一般抹灰的基础上发展起来的一种早期的墙面装饰做法。装饰抹灰利用材料的特点与抹灰技术和艺术处理相结合的方法，使抹灰面层具有线条丰富、颜色、纹理质感多样的自然美观的装饰效果。装饰抹灰一般是在中层抹灰基础上做出不同罩面装饰层而成。

装饰抹灰根据所用材料、施工方法和装饰效果的不同有拉毛灰、洒毛灰、搓毛灰、扒拉灰、扒拉石、拉条灰、仿石抹灰和假面砖等水泥石灰类装饰抹灰；有彩色砂浆的弹涂喷涂以及水泥石粒类装饰抹灰。从装饰工程施工实际看水泥石灰类装饰抹灰、彩色砂浆弹涂、喷涂装饰已基本不再采用。一些工业建筑和三级及三级以下的小型公共建筑还在应用水泥石粒类装饰抹灰。水泥石粒类装饰抹灰包括水刷石、干粘石、剁假石（剁斧石）、现制水磨石和机喷石等。

一、水刷石

水刷石饰面是将施抹完毕的水泥石渣浆的面层尚未干硬的水泥浆用清水冲掉，使各色石渣外露，形成具有"绒面感"的装饰表面。这种饰面耐久性好，装饰效果好，造价又低，所以一直是应用较广泛的传统的外墙装饰做法之一。

（一）施工准备

1. 材料准备

（1）水泥　宜选用普通硅酸盐水泥 32.5MPa 或 42.5MPa。

（2）砂　宜选用河砂、中砂，并要用 5mm 筛孔直径的筛子严格过筛。

（3）彩色石渣　见本章前部分。

水泥石渣浆几种常用配合比见表 2-4。

水泥石渣浆配合比

表 2-4

石 渣 规 格	大 八 厘	中 八 厘	小 八 厘	米 粒 石
水泥：石渣	1：1	1：1.25	1：1.5	1：2.1, 1：2.5, 1：3
备　注	根据工程需要也可用经筛选的 4～8mm 豆石			

施工前，应根据选定的彩色石渣粒径的大小及颜色的比例做出若干个样板，经设计部门选定后确定应用。

2. 机具准备

包括：水泥砂浆、水泥石渣浆搅拌机、喷雾器、线盒、分格条、钢抹子、木抹子、平尺、角尺和阴阳角抹子等。

（二）施工过程

1. 基层处理

砖墙表面应清除残灰、浮尘，堵严大的孔洞，然后砌底浇水湿润；混凝土墙要高凿、低补，光滑表面要凿毛，表面油污要先用 10% 的火碱溶液清除，然后用清水冲洗干净。

2. 抹砂浆找平层

抹找平层前先在基层表面刷一层界面剂，随即抹一层薄薄的 1：0.5：0.3 的水泥混合砂浆，用扫帚在表面扫毛，待混合砂浆达到 6～7 成干时，在表面弹线、找方、挂线、贴灰饼，接着抹 1：3 的水泥砂浆并刮平、搓毛。两层砂浆的总厚度不超过 12mm。若为砖墙面，可在基层清理后直接找规矩，并分层抹灰，将砂浆压入砖缝内，再用木抹子搓平、搓毛，如果觉得表面粗糙度不够，还可使用钢抹子在表面划痕，待水泥浆完成终凝后浇水养护。

3. 抹面层水泥石渣浆

找平层砂浆养护至七成干后，经检查合格随即按设计要求弹线，粘贴分格条，然后洒水湿润，紧接着刷一道水灰比为 0.37～0.40 的水泥素浆，抹水泥石渣浆，石渣浆的稠度以 50～70mm 为宜。面层施抹应一次成活，随抹随用钢抹子压紧、揉平，但不要将石渣压得过死。每一块方格内应自下而上地进行，抹完一块后，用直尺检查一下平整度，发现不平处应及时修补并压实平整。同一平面的面层要求一次完成，不要留施工缝。如果必须留施工缝，也要留在分格条的位置上。

抹阳角时，先抹的一侧不要用八字靠尺，但要将石渣浆抹过转角，然后抹另一侧时再用八字靠尺将角靠直找齐。这样做可以避免因两侧都用靠尺而在阳角处出现明显的接槎。

4. 修整

待水泥石渣浆面层收水后，再用钢抹子压一遍，将遗留孔、缝挤严、抹平。被修整的部位先用软毛刷子蘸水刷去表面的水泥浆，阳角部位要往外刷，并用钢抹子轻轻拍平石渣，再刷一遍，再压实，直至修整平整时止。

5. 喷刷面层

喷刷、冲洗面层是确保水刷石饰面质量的重要环节之一，若冲洗不净，会使水刷石表面色泽灰暗或明暗不一致而影响装饰效果。

水泥石渣浆中的水泥浆完成初凝后，用手指试压一下表面，有指印但无坍痕，或用软毛刷刷不掉石渣时，即可开始喷刷。喷刷时要两个人配合操作。一人用毛刷蘸水轻轻刷掉表面水泥浆，另一个人用喷雾器(石渣浆中的石渣粒径为 4mm)或用手压喷浆机(石渣粒径为 6~8mm)紧跟其后喷刷。喷刷时先将分格条四周喷湿，然后自上而下顺序喷水，并要喷射均匀。喷头至面层距离控制在 150mm 左右。喷刷要求不仅要将表面的水泥浆冲掉，还要将石渣之间的水泥浆冲出来，以石渣露出灰浆表面 1~2mm 为宜，使之清晰可见，分布均匀。接着用软塑料水管或小水壶盛清水冲洗干净。最后取出分格条，修饰好分格缝并描好颜色。

（三）水刷石饰面施工要点

1. 弹线分格要确保平直，不显接槎。分格条的材料宜选用质地较软的松、杉木制作。分格条粘贴前要先在水中浸泡一天，取出风干后才准使用。这样做可以增加分格条的韧性，同时便于粘贴。粘分格条可用水泥素浆或聚合物水泥浆。

2. 找平层达到六七成干后即可抹水泥石渣浆面层。找平层太干，易使面层造成假凝而不易压实、抹平，石渣不易转动，喷刷、冲洗后石渣稀疏分布不匀、不平，装饰效果不明显。

3. 面层喷刷时间要适宜。过早，石渣易脱落；过晚，水泥浆不易冲净，影响面层的清晰度。

4. 喷刷阳角时，喷头要骑角自上而下地进行，在一定宽度内一喷到底。

5. 起分格条时可先用抹子柄轻轻敲击木条，使其松动，再用小鸭嘴抹子扎入分格条中，然后上下活动几次轻轻地取出来。分格条起出后用小溜子和棕刷修整缝角，用水泥素浆修补好缝格，使分格缝横平、竖直，宽窄一致，颜色一致。

6. 4 级以上的风天不宜进行水刷石施工。

二、干粘石

干粘石饰面的装饰效果与水刷石相近，但比做水刷石饰面湿作业量少，可以节省原材料 10% 以上，工效还能提高 30%。近年来各种新型粘结材料的出现，使干粘石正在逐步替代水刷石饰面，但干粘石饰面不宜做在建筑物的首层外墙面。

（一）施工准备

干粘石的施工准备基本同水刷石施工准备。

（二）施工过程

1. 基层处理

干粘石施工的基层处理方法与要求同水刷石施工。

2. 抹找平层

找平层施抹方法与要求见水刷石施工。

3. 抹粘结层

找平层抹完后达到七成干经验收合格，随即按设计要求弹线、分格、粘分格条，然后洒水湿润表面，接着刷水泥素浆一道，抹粘结层砂浆。粘结层砂浆稠度控制在 60～80mm，要求一次抹平不显抹纹，表面平整、垂直，阴阳角方正。按分格大小，一次抹一块或数块，不准在块中甩槎。

4. 甩石渣

干粘石选用的彩色石渣粒径应比水刷石稍小，一般用小八厘。甩粘时对每一分格块要先甩四周，后甩中间，自上而下，快速进行。石渣在甩板上要摊铺均匀，反手往墙上甩，甩射面要大，用力要平稳均匀，方向应与墙面垂直，使石渣均匀地嵌入粘结砂浆中。

5. 压石渣

压石渣是一道重要的工序，在粘结层的水泥砂浆完成终凝前至少进行拍压三遍。拍压时要横竖交错进行。头遍用大抹子横拍，然后再用一般抹子重拍、重压，也可以用橡胶辊子作最后的滚压。一般以石渣嵌入砂浆层的深度不小于石渣粒径的 1/2 为宜。

6. 起分格条、修整

饰面层做到平整、石渣均匀饱满时，起出分格条。对局部有石渣脱落、分布不匀、外露尖角太多或表面平整度差等不符合质量要求的地方应立即进行修整、拍平。凡分格缝处出现的缺陷，应用水泥素浆修补，以求饰面层平整、色泽均匀、分格缝横平、竖直、宽窄一致。

（三）施工要点

1. 甩粘石渣时应掌握好粘结层砂浆的干湿程度。过湿，砂浆流淌，带着石渣下坠；过干，石渣又不易粘上。

2. 干粘石施工完毕，不要立即浇水养护，应待粘结层砂浆完成终凝后再进行。炎热季节应背光施工，避免强光直射。

三、斩假石

斩假石又称剁斧石饰面。它是用水泥作胶凝材料，包裹天然石屑并与颜料、水均匀地拌制水泥石屑浆，抹在建筑物的外墙面上，待其硬化到一定程度后，用剁斧等工具进行剁琢加工而形成一定纹路的仿石饰面。

（一）施工准备

1. 原材料准备

水泥 斩假石使用的水泥多为普通硅酸盐水泥，强度等级为 32.5MPa 或 42.5MPa，要求用同一生产厂家、同一批号，并要按用量一次备齐，以保证饰面层色泽一致。

砂 砂子宜选用粗砂或中砂，其含泥量应不大于 3%。

石屑 石屑要坚韧有棱角，但不能过于坚硬，且不准使用风化了的石屑。

2. 制作样板

按设计的配合比1:(1.25～1.5)，稠度为50～60mm的水泥石渣浆，做出若干个样板，经设计部门和甲方认可后作为斩假石施工的依据。

（二）施工过程

1. 底中层抹灰

斩假石施工的基层处理要求同水刷石施工。基层处理后进行底中层抹灰。底层、中层表面都要求平整、粗糙，必要时还应划毛。中层灰达到七成干后，浇水湿润表面，随即满刮水灰比为0.37～0.40的水泥素浆一道。待素浆凝结后，在墙面上按设计要求弹线分格并粘分格条。斩假石一般按矩形分格分块，并实行错缝排列。

2. 抹面层水泥石渣浆

面层水泥石渣浆一般分两遍抹成，厚度一般控制在10mm左右，不宜过厚。在一个分格区内的水泥石渣浆，要一次抹完，上下顺势溜直，要密实不准留有空隙。石渣浆抹完后，用软毛刷子蘸水顺纹清扫一遍，刷去表面的浮浆至石渣均匀外露。面层抹完后不要遭冰冻或烈日暴晒，石渣浆中的水泥浆完成终凝后进行洒水养护。

3. 试剁

常温下面层经3～4d养护后即可进行试剁。试剁中墙面石渣不掉，声音清脆，且容易形成剁纹即可以进行正式剁琢。

4. 分块剁琢

分块正式剁琢的顺序是"先上后下，先左后右，先剁转角和四周边缘，后剁中间墙面"。凡转角和四周边缘剁水平纹，中间剁垂直纹。剁法是先轻剁一遍，再按原剁纹剁深。剁纹要深浅一致，深度控制在不超过石渣粒径的1/3为度，所有边框的斧纹应垂直，并要选用锐利的小斧子轻剁，以防发生掉边缺角的现象。

5. 修整

剁琢完毕，用刷子沿剁纹方向清除浮尘，也可以用清水冲刷干净，然后起出分格条，并按要求修补分格缝。

（三）施工要点

1. 斩假石饰面施工必须待主体结构完工各种管线和墙面设施安装完毕，经验收合格后进行。

2. 抹阳角石渣浆时，应将两角边先抹上石渣浆，后贴木引条，刮平抹压，不要先贴木引条后抹石渣浆，以免造成阳角的操作接缝。阳角抹出后要倒成圆角，以防剁琢时掉角，琢成后自成方角。

四、装饰抹灰工程施工质量要求及检验方法

按国家标准《建筑装饰装修工程质量验收规范》（GB 50210—2001）规定，对装饰抹灰工程施工质量控制要求分为主控项目和一般项目两部分。

（一）主控项目及检验方法

1. 抹灰前基层表面的尘土、污垢、油渍等应清除干净，并要洒水湿润。

检验方法：检查施工记录。

2. 装饰抹灰所用材料的品种和性能应符合设计要求。水泥的凝结时间和体积安定性复验应合格。砂浆的配合比应符合设计要求。

检验方法：检查产品合格证书、进场验收记录、复验报告和施工记录。

3. 抹灰工程应分层进行。当抹灰总厚度大于或等于 35mm 时，应采取加强措施。不同材料基体交接处表面的抹灰，应采取防止开裂的加强措施，当采用加强网时，加强网与各基体的搭接宽度不应小于 100mm。

检验方法：检查隐蔽工程验收记录和施工记录。

4. 各抹灰层之间及抹灰层与基体之间必须粘结牢固，抹灰层应无脱层、空鼓和裂缝。

检验方法：观察；用小锤轻击检查；检查施工记录。

（二）一般项目及检验方法

1. 装饰抹灰工程的表面质量应符合下列规定：

（1）水刷石表面应石粒清晰、分布均匀、紧密平整、色泽一致，应无掉粒和接茬痕迹。

（2）斩假石表面剁纹应均匀顺直、深浅一致，应无漏剁处；阳角处应横剁，并留出宽窄一致的不剁边条，棱角应无损坏。

（3）干粘石表面应色泽一致、不露浆、不漏粘，石粒应粘结牢固、分布均匀，阳角处应无明显黑边。

（4）假面砖表面应平整、沟纹清晰、留缝整齐、色泽一致，应无掉角、脱皮、起砂等缺陷。

检验方法：观察；手摸检查。

2. 装饰抹灰分格条（缝）的设置应符合设计要求，宽度和深度应均匀，表面应平整、光滑，棱角应整齐。

检验方法：观察。

3. 有排水要求的部位应做滴水线（槽）。滴水线（槽）应整齐顺直，滴水线应内高外低，滴水槽的宽度和深度均不应小于 10mm。

检验方法：观察；尺量检查。

4. 装饰抹灰工程质量的允许偏差和检验方法应符合表 2-5 的规定。

装饰抹灰的允许偏差和检验方法　　　　　　　　　　　　表 2-5

项次	项　目	允许偏差（mm）				检验方法
		水刷石	斩假石	干粘石	假面砖	
1	立面垂直度	5	4	5	5	用 2m 垂直检测尺检查
2	表面平整度	3	3	5	4	用 2m 靠尺和塞尺检查
3	阳角方正	3	3	4	4	用直角检测尺检查
4	分格条（缝）直线度	3	3	3	3	拉 5m 线，不足 5m 拉通线，用钢直尺检查
5	墙裙、勒脚上口直线度	3	3	—	—	拉 5m 线，不足 5m 拉通线，用钢直尺检查

第三节　装 饰 混 凝 土

装饰混凝土是利用混凝土塑性成型、材料构成特点以及本身的庄重感，在墙体、构件成型时，采取一定的技术措施，使其表面具有装饰性线型、纹理、质感和色彩效果，以满足建筑外墙的各种装饰功能的工艺称为装饰混凝土。

装饰混凝土是经过建筑艺术加工的一种混凝土外墙装饰技术，它可以在大模板、滑升模板等现浇混凝土墙体表面上进行装饰；也可以在装配式大型墙板上做装饰。若为预制混凝土外墙板生产工艺，其施工方法有正打成型和反打成型两种。正打成型工艺是当混凝土墙体浇筑后，在混凝土表面再压轧成要求的线型和花饰；反打工艺则是在混凝土墙体成型前，在底模上设置各种线型或花饰的衬模后再浇筑混凝土，形成能同时满足结构、热工与装饰效果要求的综合功能的建筑物外墙。

装饰混凝土在各生产力发达国家早已得到了广泛地应用，公共建筑墙体采用装饰混凝土成功的实例如法国巴黎的戴高乐机场候机大厅和美国肯尼迪机场候机大楼。我国装饰混凝土尚处于初级阶段，从 20 世纪 70 年代开始研制混凝土外墙板，80 年代中期上海在四平路建成 1 万多平方米，高 18 层的剪力墙装饰混凝土大楼；北京近几年应用的装饰混凝土多为反打工艺成型的外墙板。

装饰混凝土的生产工艺简单合理、省工省料，可减轻建筑物自重及减少施工过程的湿作业，充分反映混凝土的内在素质与独特的装饰效果并较好地将构件生产和装饰处理相互统一起来，提高了工效，缩短了工期，从而取得良好的技术经济效果。

一、现浇墙板的装饰混凝土施工

现浇墙板的装饰混凝土是在模板内侧采取衬垫具有不同凹凸深度的线条、图案或纹理的内衬材料，待浇筑混凝土脱模后，使其表面形成良好的装饰效果面层。这个面层可以是混凝土本色，也可以在混凝土内掺入或在表面干撒上耐晒、耐光和耐碱等优良性能的矿物颜料而形成彩色饰面；也可以在墙面再刷、喷设计要求的建筑涂料。

（一）衬模

为达到现浇装饰混凝土理想的成型质量，衬模应满足以下基本要求：

1. 衬模应能保证牢固地固定在钢模板上，具有一定的耐磨性，可多次重复使用；

2. 衬模表面应不吸水，不易与混凝土粘结，脱模后的混凝土棱角能保持完整、清晰；

3. 衬模所选用的材料应具有一定的可塑性，在其上面可按设计要求加工出各种花饰。

满足以上要求，装饰工程所用的衬模材料主要有氯丁橡胶、聚氯乙烯和聚氨酯以及有机硅模型料等。

（二）衬模的固定

衬模固定多在施工现场进行，固定的方法是采取粘贴或螺钉固定在底模上。装饰混凝土成型所用底模为钢模板，表面平整、外形尺寸准确且整体刚度好。

固定时，先将模板放平，清除模板表面的油渍、浮尘和残灰。按图纸要求排列衬模，排列时要使相邻两块模板表面的纹理、图案准确拼接，不准中断和错位。衬模排布完毕，随即弹线，确定出粘贴固定时的基准。粘贴时要将胶粘剂涂刷在模板和衬模的背面。衬模四周要均匀满刷，中间可呈梅花点状地间隔刷胶。同时将模板的上下(楼层标高处)腰带压在衬模上面，以防衬模的上下边翘曲。

（三）钢筋的布置与绑扎

装饰混凝土必须按设计要求配筋。外层钢筋到饰纹或图案最深处表面的距离，不准小于 25mm，钢筋不准严重锈蚀，绑丝要用镀锌钢丝，铅丝头要折向墙中。

（四）混凝土浇筑与振捣

装饰混凝土的配合比应经过严格设计，并经实验室试配合格，符合要求的坍落度，砂率值选用合理，粗集料的最大粒径适宜，水灰比在满足其他条件的前提下力求不要过大，若实在觉得浇模、振捣工艺有困难，难达到质量要求时，可适当掺入些减水剂进行调整。

混凝土浇筑前要检查模板的拼缝是否严密，穿墙螺栓是否采取了防漏浆的措施，衬模和底模的安装精度是否得到了保证，钢筋的保护层是否合理等。各项检查确认无误后，即可进行混凝土浇筑。

装饰混凝土浇模应采取多点密集灌筑，每次浇筑高度不超过 600mm，即执行分层浇筑、分层振捣的要求。装饰混凝土墙浇筑后一般要求进行二次振捣。第一次是在混凝土浇筑后振捣，30min 以后进行第二次振捣，这样做的目的是为保护混凝土充模密实，内部不会出现孔洞，拆模后表面光滑，衬模上设计的线型、花饰、图案更显得逼真，即不会出现麻面与破损。

（五）混凝土养护

承重的装饰混凝土墙体，浇筑、振捣之后，必须进行认真养护。养护的作用是：首先使混凝土在适宜的温度和湿度条件下强度得到正常的增长，其次由于混凝土中的水分挥发较慢，水泥可以充分地进行水化反应而不至于出现干缩裂缝的现象。装饰混凝土表面即使出现发丝裂缝，在大气中尘埃积聚时，也会使裂缝处变黑而破坏了饰面层的美观。

（六）拆模与清理

装饰混凝土养护到规定的时间后即可拆模，要求是先作水平方向拆除，再垂直吊运模板。模板吊运时要平稳缓慢，统一指挥，不准碰撞墙面。拆模后进行检查、清理，对墙体上的穿墙螺栓洞、锥形螺母洞（防止漏浆而使用的特殊形式的螺母）等孔洞进行嵌补。嵌补应用的材料是与墙体相同强度等级的混凝土配合比但是去石的水泥砂浆。嵌补的方法是分层填塞，第一次嵌塞后约 30～40min，进行第二次嵌塞并抹平表面。

发现局部表面线型、花饰或图案由于拆模造成轻度破损时，可用 1：(1～1.5) 的水泥砂浆进行修补，要注意修补部位的颜色应与墙体表面一致，且不准显出接槎。

二、预制墙板装饰混凝土施工

外挂内浇混凝土外墙板和全装配式混凝土大板外墙的装饰混凝土都采取工厂化预制，其工艺分为正打法和反打法两种。预制饰面可以是混凝土本身，也可以利用不同的面层材料，一般以薄板块和石渣进行面层装饰。

（一）装饰混凝土墙板的反打工艺

反打工艺是指混凝土的外墙板的外墙面朝下与底模直接接触，将外墙面所需要的装饰线型和图案塑造或雕刻在底模上；或者在钢制的平底模上铺垫所需要的装饰图案衬模，用铸造的原理来浇筑外墙板，经过一定温度、湿度环境养护后脱模，再取下花饰模具，即得到具有装饰面层的混凝土外墙板。

装饰混凝土墙板上的花饰、图案、线型及其分布形式需由设计单位、施工单位和阴模加工厂共同商定，然后加工阴模，施工单位再将阴模固定在大模板上进行反打工艺。

装饰混凝土墙板反打工艺常用的阴模形式有刨槽阴模、镶条阴模和拼模等。

1. 刨槽式阴模

模板的面板材料为木板或胶合板，厚度较大，要求凸出的线条尺寸又不大时，此时可以直接在模板的面板上刨槽，于是模板既是阴模，又是底模。由于木材吸水性较大，而吸水后又会引起变形，导致饰面质量下降，所以使用这种阴模之前，要先在板面涂刷一层环氧树脂或其他隔绝面层类的涂膜，避免阴模直接接触新浇筑的混凝土。

刨槽阴模槽口的截面形式多为梯形和半圆形，槽深一般不超过15mm，其构造如图2-8所示。

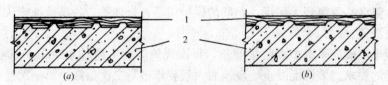

图 2-8 木模板面板的刨槽形式

(a)刨梯形槽；(b)刨圆弧形槽

1—模板面板；2—浇筑的混凝土墙板

2. 镶条式阴模

根据设计要求，将镶条固定在大模板上而形成的阴模称双镶条式阴模。若镶条较细且排列又较稀疏，浇筑出的装饰混凝土墙板正面即形成具有凹线条的装饰效果；如果镶条较粗且又排列较密，则会浇筑出有凸线条感觉的装饰混凝土面层。

镶条阴模制作时，常用的镶条材料有木材、塑料和金属材料。木材做镶条阴模，应选用质地坚硬，又不易发生翘曲变形的阔叶树木材，固定方法是用胶粘剂粘在大模板上或用螺栓拧固在模板上，然后在木条的表面均匀地刷上一层环氧树脂隔湿层，以防其因受潮湿而膨胀变形；金属材料镶条可选用角钢、扁钢或方钢，选定后要在其侧面加工出一定的坡度，用螺栓拧固或焊接在模板上。金属镶条会增加阴模的刚度，且轮廓分明，使用寿命也长。

镶条的截面形式多数为半圆形、三角形和梯形等。镶条的排列，应保证门窗洞口两侧对称，线条也应完整(即不准使洞口边咬线)。因此，在绘制镶条排列图时，要认真进行计算，并在模板上按着实样进行调整，弹出镶条位置线，经校核合格后再将镶条固定，镶条式阴模构造如图2-9所示。

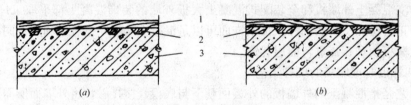

图 2-9 镶条式阴模构造图

(a)镶条小而少板面呈凹线；(b)镶条大而密板面呈凸线

1—模板；2—镶条；3—混凝土墙板

阴模安装时，阴模与底模连接必须牢固，并且不准留有缝隙。连接固定不牢靠，浇入混凝土后振捣时易出现跑模；连接处有缝隙，振捣时要跑浆，最终都会影响饰面层的质量。

阴模与模板固定好，除保证整体刚度好，还要使表面平整度不超过允许的偏差范围。混凝土必须符合技术要求，绑筋、浇筑、振捣、后期养护与拆模等要求同前所述。

(二)装饰混凝土墙板的正打工艺

正打工艺是指在装配式混凝土墙板外表面运用压花、印花或滚花等装饰工艺取得装饰艺术效果的一种装饰形式。

1. 压花工艺

压花工艺是利用预先按设计要求加工好的模具，在浇筑并经振捣、抹平的混凝土或砂浆表面压出花纹、图案，从而达到一定的装饰效果。

模具材料可选用硬质塑料、玻璃钢制作，也可以用角钢等金属型材经过焊接而成。模具上的线型或花饰要根据图纸要求加工。压花工艺同印花工艺相同，线型和花饰的凹凸度差较大，立体感强，装饰效果较好，但压花的操作技术要求较高。

2. 印花工艺

印花工艺是利用刻有漏花图案的模具，在浇筑并经振捣成型的混凝土墙板表面印出凸形纹理或花饰，本质上属于印刷技术中的漏印方法在建筑外墙装饰中的应用。

印花工艺所用模具多用橡胶或塑料板材制成，具有较好的柔韧性和弹性，使用寿命也较长。模具的厚度应根据花纹凸出的程度确定，但一般不超过 10mm；模具的大小要按墙板立面分块大小而定。

因为混凝土中粗集料较多，为取得较理想的模印装饰效果，一般都是先在浇筑、振平的混凝土墙板表面铺抹一层 1∶2 的水泥砂浆，然后在其上面进行印花操作；或者是模具铺放在已经抹平，表面无泌水的刚浇筑完的混凝土墙板面层上，再用水泥砂浆将模板上的漏花处填满抹平，形成凸出的类似浮雕式的图案，满足墙面装饰的要求。

印花正打工艺的主要优点是：技术难度不大，设备与饰面操作均比较简单，且便于线型和花式的灵活多样化；缺点是线型和图案的凹凸度差较小，立体感较差。

3. 辊花工艺

辊花工艺是在已成型的预制混凝土墙板表面，再抹上一层厚度为 10~15mm 的 1∶(2~3) 的水泥砂浆面层，待砂浆中的水泥浆完成初凝后，用专门设计加工的辊压工具，在砂浆层表面辊压出具有一定装饰效果的线型、花饰和图案的装饰工艺。这种工艺可以实现装饰效果的多样化，同时简便易行。

除以上三种正打工艺外，还有一种挠刮工艺，即在浇筑并经振捣、抹平的预制混凝土墙板上，用硬毛棕刷等工具在其表面进行挠刮，以形成具有一定粗犷质感的装饰表面的工艺。

复习思考题

1. 一般抹灰按建筑物使用标准不同分哪三级？它们之间有什么主要不同点？
2. 一般抹灰施工前都要做哪些准备工作？
3. 试述内墙抹灰前的"打饼"和"冲筋"做法及作用？
4. 内墙抹灰的面层抹灰有几种做法？各自主要特点如何？
5. 内墙抹灰常见的质量问题有哪些？如何防止？
6. 外墙抹灰为什么要镶分格条？简述其镶条过程？
7. 方形柱和圆形柱面抹灰的要点是什么？
8. 一般抹灰质量要求有哪些内容？
9. 装饰抹灰有几种传统做法？各适合用在什么墙面？
10. 试述装饰抹灰（水泥石粒类）的质量要求？
11. 装饰混凝土的主要优点有哪些？适合在什么地方用？
12. 装饰混凝土有哪两种基本做法？

第三章 门 窗 工 程

　　门窗是贯穿室内外的关键部位，是装饰装修工程施工中的重要组成部分。在门窗工程中，除了门窗制作材质造型，还有安装位置、规格尺寸、开启方向和功能等应满足设计要求外，门窗贴检的材质、线条形式以及门窗洞口镶边框，对提高整体装饰效果都很重要。

　　根据门窗用途不同可分为普通门窗、保温门窗、隔声门窗、防火门窗、防爆门窗、防射线门窗和屏蔽门窗等。

　　普通门窗又分为木门窗、塑料门窗、钢门窗、塑钢门窗和铝合金门窗等。

　　根据门窗的结构不同分有平开门窗、推拉门窗、上旋窗、中旋窗、下旋窗、弹簧门、自动门、转门、卷帘门和折叠门等。

第一节　木门窗制作与安装

一、木门窗的材料、制作与技术要求

　　木门窗的制作是在专门的木制品加工厂内进行，属于机械化大生产。生产工艺流程包括选料、配料、下料、刨料、划线、打孔、开榫、铲口、起线和拼装等工序。

　　木材的选用应按设计要求并符合《木结构工程施工质量验收规范》（GB 50206—2002）的规定，要严格控制木材疵病的程度。

　　木材选定后都要进行干燥处理，其含水率不得大于12%，并要涂底漆一道，防止受潮变形。门窗与砖石砌体、混凝土或抹灰层接触的部位或在主体结构内预埋的木砖，都要做防腐处理，必要时还应设防潮层，如果选用的木材为马尾松、桦木及杨木等易虫蛀和易腐朽的木材制作门窗时，整个木构件都要进行防腐、防虫蛀处理。

　　门窗框及厚度大于50mm的门窗扇，应采取双榫连接。框、扇拼装时，榫槽应严密嵌合，并要刷胶粘结。

　　木门窗的制作和安装的精度要求应符合表3-1和表3-2中的规定。

木门窗制作的允许偏差和检验方法　　　　　　　　　表 3-1

项次	项　　目	构件名称	允许偏差（mm） 普通	允许偏差（mm） 高级	检 验 方 法
1	翘曲	框	3	2	将框、扇平放在检查平台上，用塞尺检查
		扇	2	2	
2	对角线长度差	框、扇	3	2	用钢尺检查，框量裁口里角，扇量外角
3	表面平整度	扇	3	2	用1m靠尺和塞尺检查

项次	项 目	构件名称	允许偏差(mm) 普通	高级	检 验 方 法
4	高度、宽度	框	0；-2	0；-1	用钢尺检查，框量裁口里角，扇量外角
		扇	+2；0	+1；0	
5	裁口、线条结合处高低差	框、扇	1	0.5	用钢直尺和塞尺检查
6	相邻棂子两端间距	扇	2	1	用钢直尺检查

木门窗安装的留缝限值、允许偏差和检验方法　　　　　表3-2

项次	项 目		留缝限值(mm) 普通	高级	允许偏差(mm) 普通	高级	检 验 方 法
1	门窗槽口对角线长度差		—	—	3	2	用钢尺检查
2	门窗框的正、侧面垂直度		—	—	2	1	用1m垂直检测尺检查
3	框与扇、扇与扇接缝高低差		—	—	2	1	用钢直尺和塞尺检查
4	门窗扇对口缝		1～2.5	1.5～2	—	—	用塞尺检查
5	工业厂房双扇大门对口缝		2～5		—	—	
6	门窗扇与上框间留缝		1～2	1～1.5	—	—	
7	门窗扇与侧框间留缝		1～2.5	1～1.5	—	—	
8	窗扇与下框间留缝		2～3	2～2.5	—	—	
9	门扇与下框间留缝		3～5	3～4	—	—	
10	双层门窗内外框间距		—	—	4	3	用钢尺检查
11	无下框时门扇与地面间留缝	外 门	4～6	5～6			用塞尺检查
		内 门	5～8	6～7			
		卫生间门	8～12	8～10			
		厂房大门	10～20	—			

　　木制门的主要构造形式有夹板门、拼板门、双扇门、推拉门、平开木大门和弹簧门等，其外形构造如表3-3中所示。

木门主要构造形式　　　　　表3-3

名称	图形	名称	图形	名称	图形
夹板门		夹板门		夹板门	
				镶板（胶合板或纤维板）门	

名称	图形	名称	图形	名称	图形
镶板（胶合板或纤维板）门		双扇门		联窗门	
半截玻璃门		拼板门		钢木大门	
				推拉门	
		弹簧门		平开木大门	

木窗的主要构造形式有平开窗、推拉窗、旋转窗、提拉窗和百叶窗等，其外形构造见表 3-4。

木窗主要构造形式　　　　　　　　　　　　　　表 3-4

名称	图形	名称	图形	名称	图形
平开窗		立转窗		提拉窗	
推拉窗		百叶窗		中悬窗	

胶合板门、纤维板门和模压门不准脱胶。胶合板不准刨透表层单板，不准有戗槎。制作胶合板及纤维板门时，边框和横楞必须在同一平面上，面层边框及横楞应加压胶结。应在横楞和上下冒头各钻出两个以上的透气孔，以防受潮而脱胶，透气孔应畅通。

二、木门窗安装

（一）作业条件

1. 建筑物主体结构工程已完成并经验收合格。

2. 室内墙面已弹出 500mm 水平准线。

3. 安装前再仔细检查门窗框、扇窜角、弯曲、翘扭、劈裂、崩缺和榫槽间结合处有无松离现象，发现问题要及时修复。

4. 门窗框进场后，应将框嵌入结构内的表面涂刷防腐涂料，刷完涂料后，要分类码放。

5. 门窗预留洞口已按要求埋好防腐木砖，木砖中心距不大于1200mm，每边且不少于2块；轻质砌块墙体应预先砌入带木砖的混凝土块。

6. 带贴脸的木门窗，为使门窗框与抹灰面平齐，应在安框前做出抹灰标筋。

7. 门窗框应在室内外抹灰前安装完毕，门窗扇的安装在饰面层做完后进行。

（二）弹准线

在通长的走道或墙体上安装门、窗框时，要先拉出通长的水平线，用以控制门、窗框底面的水平基准；并以此水平准线为基准向内量取统一的进深线，以保证多组门、窗框安装完后都处在同一垂直面内；分别安装各洞口的门、窗框之前，还要在洞口两侧主体结构墙体上用线坠吊垂直，并画出垂直线，以此线为准进行安装，以保证每个洞口的门、窗框都处于垂直状态。每个结构层的门、窗的安装都照此要求进行，就可保证一个建筑物所有门、窗安装的整体精度要求。

（三）木门、窗安装

木门、窗的安装有立口法安装和塞口法安装两种方法。

1. 立口法安装

立口法安装又称为立樘子，是指将加工合格的门、窗框先立在墙体的设计位置上，再砌两侧的墙体。这种安装方法多用于砖结构或砖混结构的主体。立口之前，先在地面或砌筑好了的墙面(顶面)画出门、窗框的中心线和边线，然后按线将门、窗框立上，接着校正好门、窗框的垂直度及上下槛的水平度，最后以支撑支牢，如图3-1所示。

立框时，要注意门、窗的开启方向和墙体的抹灰厚度，各门、窗框都要立在同一水平面和同一垂直面内，并要与地面垂直，各楼层的窗框也要对齐。

门窗框临时支撑的另一种做法是使用工具式的钢筋拉杆，如图3-2中(a)所示。做法是将 $\phi16$ 或 $\phi18$ 的钢筋拉杆的端部加高温后锻打成扁平状，也可以在拉杆端部焊接上一块钢板，然后在台钻上钻削出一个钉子孔，尾部再做成图示的弯钩，用50mm或70mm的圆钉穿过钉子孔，将钢筋拉杆钉固在门窗框上，拉杆的下端砸入地下固定，如图3-2中(b)所示。若在二层及以上的建筑立门窗口时，可以将钢筋拉杆翻过来使用，尾部用砖或预制的混凝土块压牢。这种立门窗框的支撑方法比用木支撑省工、省料，并且拉杆可以重复使用，施工也比较方便。

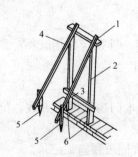

图3-1 立口支撑方法之一

1—走头；2—框；

3—横撑；4—临时支撑；

5—木桩；6—锯口线

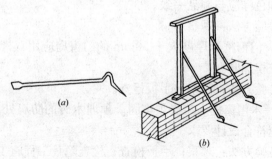

图3-2 立口支撑方法之二

(a)工具式钢筋拉杆；(b)立口法支撑示意图

2. 塞口法安装

塞口法安装门窗框是指在主体结构施工时按设计要求的门窗位置预留出门窗洞口，主体结构施工完毕经验收合格后，再将门窗框塞入并进行固定。塞口法安装门窗墙体结构预留洞口的尺寸应大出 20mm 左右，门窗框塞入后，先用木楔临时固定，校正后应横平、竖直，缝隙宽窄一致，确认无误后，再用钉子将门窗框钉固在墙体的预埋木砖上。

3. 门窗扇安装

门窗扇安装前先测量一下门窗框内口的净尺寸，然后，根据测得的准确尺寸来修刨门窗扇。修刨要在扇的两边同时进行。门窗冒头的修刨顺序是，先刨平下冒头，并以此为基准，再修刨上冒头。修刨时要注意留出风缝，一般门窗扇的对口处及扇与框之间的风缝需留出约 2mm 左右。

门窗扇安装时应保持冒头、窗芯水平，双扇门窗的冒头要对齐，开关应灵敏，但不准出现自开或自关的现象。

三、木门窗制作与安装质量要求及检验方法

根据国家标准《建筑装饰装修工程质量验收规范》（GB 50210—2001）的规定，木门窗的制作与安装工程质量控制及检验方法分为主控项目和一般项目。

（一）主控项目及检验方法

1. 木门窗的木材品种、材质等级、规格、尺寸、框扇的线型及人造木板的甲醛含量应符合设计要求。

检验方法：观察；检查材料进场验收记录和复验报告。

2. 木门窗制作所用木材应烘干，含水率应符合现行标准《建筑木门窗》（JG/T 122）的规定。

检验方法：检查材料进场验收记录。

3. 木门窗的防火、防腐、防虫处理应符合设计要求。

检验方法：观察；检查材料进场验收记录。

4. 木门窗的结合处和安装配件处不得有木节或已填补的木节。木门窗如有允许限值以内的死节及直径较大的虫眼时，应用同一材质的木塞加胶填补。对于清漆制品，木塞的木纹和色泽应与制品一致。

检验方法：观察。

5. 门窗框和厚度大于 50mm 的门窗扇应用双榫连接。榫槽应采用胶料严密嵌合，并应用胶楔加紧。

检验方法：观察；手扳检查。

6. 木门窗框安装必须牢固。预埋木砖的防腐处理、木门窗框固定点数、位置及固定方法应符合设计要求。

检验方法：观察；手扳检查；检查隐蔽工程施工验收记录和施工记录。

7. 木门窗扇安装必须牢固，并应开关灵活，关闭严密，无倒翘。

检验方法：观察；开启和关闭检查；手扳检查。

8. 木门窗配件的型号、规格、数量应符合设计要求，安装应牢固，位置应该正确，功能应满足使用要求。

检验方法：观察；开启和关闭检查；手扳检查。

（二）一般项目及检验方法

1. 木门窗表面应整洁，不得有刨痕、锤印。

2. 木门窗的割角、拼缝应严密平整。门窗框、扇裁口应顺直，刨面应平整。

3. 木门窗上的槽、孔应边缘整齐，无毛刺。

检验方法：以上三项检验方法均为观察。

4. 木门窗与墙体间缝隙的填嵌材料应符合设计要求，填嵌应饱满。寒冷地区外门窗（或门窗框）与砌体间的空隙应填充保温材料。

检验方法：轻敲门窗框检查；检查隐蔽工程验收记录和施工记录。

5. 木门窗批水、盖口条、压缝条、密封条的安装应顺直，与门窗结合应牢固、严密。

检验方法：观察；手扳检查。

6. 木门窗制作的允许偏差和检验方法应符合表 3-1 的规定。

7. 木门窗留缝限值、允许偏差和检验方法应符合表 3-2 规定。

第二节　金属门窗安装

一、钢门窗

（一）钢门窗的类型及主要特点

1. 普通钢门窗

（1）实腹钢门窗

实腹钢门窗是将普通低碳钢经热轧成型材，再经过切割下料、冲（钻）孔、焊接并与相应的附件组装而成。这种门窗因其用钢量大、自重大、保温、隔热、隔声性能差，装饰效果也不理想，进入 20 世纪 90 年代已很少再用。

（2）空腹钢门窗

空腹钢门窗是利用冷轧带钢经过高频焊管机组轧制、焊接成各种型材，再经过机械加工组装而成。同实腹钢门窗相比，空腹钢门窗具有用钢量少，自重轻、刚度大，有一定的保温、隔声性能，但耐腐蚀性能差，一些工业建筑和档次较低的民用建筑门窗还在使用。

总体上看，钢门窗不仅耐腐蚀性能差，密闭性（气密性、水密性）也不好，导热系数大，热损耗多，所以，高级建筑物，特别是有集中空调设备的大型公共建筑已不再采用。

2. 镀锌彩板门窗

镀锌彩板门窗又称"涂层镀锌钢板门窗"、"彩板钢门窗"，是一种新型的钢门窗。我国于 20 世纪 80 年代中从国外引进这种门窗的生产线，生产的产品 1988 年投放市场，获得了广泛地应用。

镀锌彩板门窗是以涂色的镀锌钢板和 4mm 厚的玻璃或双层中空玻璃为主要原料，经过机械加工而成，色彩有乳白、绿色、棕色、红色和蓝色等。门窗组装时，四角用插接件连接，玻璃与门窗框的交接处及门窗框与扇之间的缝隙，都用密封胶和橡胶密封条进行密封。这种门窗表面涂层不仅色彩鲜艳，同时提高了门窗的抗腐蚀性能；门窗玻璃使用了 4mm 厚的平板玻璃或中空玻璃，使门窗的保温、隔声和节能的性能得到提高，经试验，室外温度处于−40℃时，室内玻璃仍不结霜。

镀锌彩板门窗根据其构造不同，有带副框和不带副框的两种类型。凡建筑物外墙为花岗石板材、陶瓷贴面砖装饰或门窗与内墙面需要平齐时，使用带副框的镀锌彩板门窗；外墙为涂料装饰，门窗与墙体直接连接时，使用不带副框的镀锌彩板门窗。

镀锌彩板门窗广泛用于高级宾馆、大型影剧院、超级市场、学校教学楼及高级民用住宅的门窗工程，具有质量轻、强度高、刚度好、彩色鲜艳、质感均匀柔和、采光面积大、防水、防尘、隔声、保温、密闭性能好，造型美观、装饰性好，使用过程中不需要任何保养，较好地解决了普通钢门窗易腐蚀、密封性差，隔声、保温性能不好，耗费钢材多和装饰效果不好等缺陷。

（二）镀锌彩板门窗的安装及质量要求

1. 安装前的准备

（1）安装材料准备　镀锌彩板门窗安装所需要的材料有：膨胀螺栓、自攻螺钉、连接件、小五金、焊条、密封胶条（塑料垫片）、密封膏、硬木条、木楔、钢钉和抹布等。

（2）安装机具准备　电动冲击钻、电焊机、射钉枪、手锤、扁铲、丝锥、螺丝刀、扳手、刮刀、塞尺、靠尺板、水平尺、钢卷尺、扫帚、灰线包和吊线坠等。

2. 镀锌彩板门窗安装

镀锌彩板门窗安装分带副框和不带副框的两种门窗安装。

（1）带副框的彩板门窗安装

① 在组装完毕，符合设计要求的副框两侧用自攻螺钉固定好连接件，然后将副框在预留洞口的安装线上就位，用木楔临时固定。

② 校正副框正面、侧面的垂直度和对角线并用木楔进行调整好，将连接件与洞口预埋件焊接牢固。

③ 涂饰内外墙和洞口。涂饰副框底时，应先嵌入木条或玻璃条，副框两侧预留槽口的涂层干燥后，要清除表面浮尘，注入密封膏进行密封。

④ 室内外墙面和洞口装饰完毕，在副框与门窗外框接触的侧面、顶面粘密封胶条，将门窗框装入副框内，经校正、调整后，用自攻螺钉将门窗的外框与副框拧固，扣上孔盖。

⑤ 在门窗框与副框之间，副框与预留洞口之间的缝隙处填塞密封胶条或密封膏封堵严密。

⑥ 门窗框安装完毕进行全面检查，确认无误后撕去门窗框表面的保护胶纸并擦净门窗框扇表面。

（2）不带副框的彩板门窗安装

① 室内、外及预留洞口已装饰完毕，且洞口的成型尺寸符合门窗外廓尺寸加高宽方向应留的间隙要求，一般宽度方向间隙为 3～5mm，高度方向为 5～8mm。

② 根据门窗外框连接螺栓的位置，在洞口内侧弹线，并在洞口侧墙规定的位置，用电锤打孔，预埋膨胀螺栓。

③ 将门窗框装入预留洞口在安装准线上就位，调整好门窗框的垂直度、水平度，量测对角线，确认合格后用木楔临时固定，用膨胀螺栓、螺母将门窗框与洞口墙体连接牢固，盖上螺钉盖，用密封胶将门窗框与洞口之间的间隙嵌堵严密。

④ 门窗框、扇安装完毕并进行检查合格后撕去门窗表面的保护胶纸、擦净框、扇表面。

不带副框的彩板门窗也可以采取先在预留洞口内安装外框，后做内、外墙和洞口装饰的安装方法，但要对门窗外框做好保护，待装饰施工完后再装入内扇。

3. 镀锌彩板门窗安装质量要求

镀锌彩板门窗安装的允许偏差和检验方法应符合表 3-5 的规定。

镀锌彩板门窗安装的允许偏差和检验方法 表 3-5

项次	项 目		允许偏差(mm)	检 验 方 法
1	门窗槽口宽度、高度	≤1500mm	2	用钢尺检查
		>1500mm	3	
2	门窗槽口对角线长度差	≤2000mm	4	用钢尺检查
		>2000mm	5	
3	门窗框的正、侧面垂直度		3	用垂直检测尺检查
4	门窗横框的水平度		3	用1m水平尺和塞尺检查
5	门窗横框标高		5	用钢尺检查
6	门窗竖向偏离中心		5	用钢尺检查
7	双层门窗内外框间距		4	用钢尺检查
8	推拉门窗扇与框搭接量		2	用钢直尺检查

二、铝合金门窗

（一）铝合金门窗主要性能特点

同普通木、钢门窗相比，铝合金门窗具有以下主要性能特点。

1. 重量轻、强度高

铝合金的密度仅为钢材密度的 1/3，且由于是空腹薄壁挤压的型材，因而每平方米耗用的铝合金型材质量仅为 8～12kg（每平方米钢门窗耗钢量为 17～20kg），而其强度却接近普通低碳钢，可达 300MPa 以上。

铝合金门窗的强度通常用窗扇中央最大位移量小于窗框内沿高度的 1/70 时所能承受的风压等级表示。试验是在压力箱内对窗进行压缩空气加压试验，如 A 类（高性能窗）平开铝合金窗抗风压强度值为 3000～3500Pa。

2. 密闭性能好

密闭性能好坏，对门窗是很重要的，它将直接影响到门窗的使用功能和能源的消耗。铝合金门窗的密闭性能之所以明显的优于钢木门窗，主要是因为它的加工精度高，组装的严密性好，并且采用了橡胶压条及性能优良的密封材料封缝，加之在施工验收规范中，对其作了十分严格而具体的技术规定，所以它的密闭性能好。

（1）气密性 所谓气密性是指在一定压力差的条件下，铝合金门窗空气渗透性的大小。气密性检测方法通常是在专门的压力试验箱中，使窗的前后形成 10Pa 以上的压力差，测定每平方米面积在每小时内的通气量。如 A 类铝合金平开窗的气密性为 0.5～1.0m³/(m²·h)；而 B 类（中性能窗）窗则为 1.0～1.5m³/(m²·h)。

(2) 水密性　水密性是指铝合金门窗在不渗漏雨水的条件下所能承受的脉冲平均风压值。检测时也是在专用压力试验箱内，对窗的外侧施加周期为 2s 的正弦脉冲风压，同时向窗以每分钟每平方米喷射 4 升的人工降雨，进行连续 10min 的风雨交加试验，而在室内一侧不应发现可见的渗漏水的现象。如 A 类铝合金平开窗的水密性为 450～500Pa，而 C 类(低性能窗)为 250～350Pa。

(3) 隔热性　铝合金门窗的隔热性能常按传热阻体($m^2 \cdot K/W$)分为三级，即 Ⅰ 级≥0.50；Ⅱ 级≥0.33；Ⅲ 级≥0.25。隔热性能也称为保温性能，对实腹或空腹的钢窗却没有隔热性能要求。

(4) 隔声性　铝合金门窗的隔声性能通常用隔声量(dB)来表示。它是在音响实验室内对窗进行音响透过损失试验，当音响频率达到一定的数值后，铝合金门窗的音响透过损失趋于恒定。用这种方法可以检测出隔声等级曲线。我国按隔声量的不同将隔声性能分为五个等级，铝合金门窗应在 25～40dB 以上，即为 Ⅱ～Ⅴ 级。

3. 耐久性好，使用维修方便

铝合金门窗表面有一层极薄而又坚固的氧化铝薄膜，故不锈蚀、不脱落、不褪色，在使用过程中几乎不需要维修，零、配件的使用寿命也长。如尼龙导向轮的耐久性，对推拉窗活动窗扇，用电动机经曲柄连杆机构进行往复行走试验，当尼龙绳直径为 12～16mm 时，试验一万次；绳径为 20～24mm 时，试验五万次；绳径为 30～60mm 时，试验十万次，窗及导向轮等均未发现各种损坏现象。再如，开启锁的耐久性，在试验台上用电动机拖动，以每分钟 10～30 次的运行速度进行连续开闭试验，可以达三万次以上而不损坏。

另外，由于铝合金门窗的加工、装配精度高而准确，自重又轻，因而开闭灵敏、轻便、无噪声。

4. 装饰效果好

前面业已讲到，铝合金门窗表面都经过阳极氧化及电解着色处理。从引进的国外生产线的产品看，多数产品采用了复合膜层，即阳极氧化后进行电泳涂漆处理，氧化膜厚度在 9μm 以上，漆膜厚度为 7μm 以上，颜色呈银白、古铜等色。这种复合膜不仅耐蚀、耐磨，有一定的耐热和防火能力，而且光泽度很高。若在大面积铝合金门窗上再配装适当的并有一定色彩的热反射玻璃或吸热玻璃，建筑物的立面就更显得挺拔而优雅。

5. 可以组织工业化大生产

铝合金门窗型材框料加工，密封件、配套零件的制作，到门窗组装、试验，都可以组织在工厂内进行大批量的工业化生产，因而有利于实现门窗产品设计的标准化、产品系列化和零件、配件通用化，使经济效益和社会效益进一步提高。

(二) 铝合金门窗安装

1. 安装前的准备

(1) 材料准备

① 铝合金门窗框、扇的选定　选定不同产品系列的铝合金门窗框、扇应符合设计的要求。产品运到施工现场，检查其表面应洁净，不准有油污、划痕。进场后应竖立排放在清洁、干燥、通风的室内，下部用枕木垫离地面 100mm 以上。

② 密封材料　铝合金门窗安装所用密封材料品种、性能及应用见表 3-6。

铝合金门窗安装用密封材料品种 表 3-6

品 种	特 性 与 用 途
聚氯酯密封膏	高档密封膏中的一种，适用于±25％接缝形变位移部位的密封，价格较便宜，只有硅酮、聚硫的一半
聚硫密封膏	高档密封膏中的一种，适用于±25％接缝形变位移部位的密封，价格较硅酮便宜15％～20％，使用寿命可达 10 年以上
硅酮密封膏	高档密封膏中的一种，性能全面，变形能力达50％，高强度、耐高温（−54～260℃）
水膨胀密封膏	遇水后膨胀能将缝隙填满
密封带	
密封垫	用于门窗框与外墙板接缝密封
膨胀防火密封件	主要用于防火门
底衬泡沫条	和密封胶配套使用，在缝隙中它能随密封胶形变而形变
防污纸质胶带纸	贴于门窗框表面，防嵌缝时污染

③ 五金配件 铝合金门窗上所用的五金配件主要有门锁、插销、滑轮、半月形执手和滑撑铰链等，详见表 3-7。

铝合金门窗安装用五金配件 表 3-7

品 种	用 途
门锁（双头通用门锁）	配有暗藏式弹子锁，可以内外启闭，适用于铝合金平开门
勾锁（推拉式门锁）	分单面、双面两种形式，可作推拉式门、推拉式窗的拉手和锁闭器用（带锁式）
暗插锁（扳动插销）	适用于铝合金弹簧门（双扇）及平开门（双扇）用
滚轮（滑轮）	适用于推拉门、窗（90 系列、70 系列及 55 系列等用），可承载门窗扇在滑轮中运行，常与勾锁或半月形执手配套使用
半月形执手（半月形锁紧件）	有左、右两种形式，适用于推拉窗的扣紧
滑撑铰链（滑移铰链或平行铰链）	能保存窗扇开启在 0°～90°或 0°～60°之间自行定位，可作横向或竖向窗扇滑移使用
铝窗执手	适用于平开式、上悬式铝窗的启闭
联动执手	适用于密闭式平开窗的启闭，能在窗扇上、下两处联动扣紧
地弹簧	装置于门扇下部的一种缓速自动闭门器

（2）机具准备

铝合金门窗安装使用的主要机具有：手电钻、电锤、砂轮切割机、射钉枪、电焊机、线锯、角尺、水平尺、螺丝刀、扳手、手锤、钢錾子、打胶筒和灰线袋等。

2. 安装要点

（1）弹线找基准、检查门窗洞口

多层建筑在最高层找出门窗口的位置后，以门窗的边线为准，用大线坠将门窗边线下引，并在各层的门窗口处画出标记，发现不直的口边应立即进行剔凿处理至合乎要求时止。

门窗口的水平位置应以楼层墙上的 500mm 水平线为基准往上返，量出窗的下皮标高，并弹线找直。一个房间应保持窗的下皮标高一致，每一楼层窗的下皮标高也要一致。

高层建筑在最高层门窗口位置找出后，分别用经纬仪将窗两侧直线打到墙上，窗的下皮标高线仍按上述方法找平。

因为铝合金门窗为塞口法安装，故在安装前要对洞口进行检查，要求洞口的实际尺寸应稍大于门窗框的实际尺寸，其差值应与墙面的装饰做法不同而不同，一般情况下，洞口尺寸应符合表 3-8 中的规定。

门窗洞口尺寸（mm）   表 3-8

墙面装饰类型	宽　度	高　度	
一般粉刷面	门窗框宽度+50	窗框高度+50	门框高度+25
玻璃马赛克贴面	+60	+60	+30
大理石贴面	+80	+80	+40

门窗洞口尺寸的允许偏差：宽度和高度为 ±5mm；对角线长度为 ±5mm；洞口下口面水平标高为 ±5mm；垂直度偏差为 1.5/1000；洞口中心线与建筑物基准轴线偏差为 ±5mm。另外，有预埋件的门窗洞口，还要检查预埋件的位置、数量以及埋设方法是否符合设计要求，发现有问题时，应及时进行处理。

（2）门窗框就位与固定

按弹线确定的位置将门窗框安装就位，吊直、找平后用木楔临时固定。

铝合金门窗框与墙体的固定方法有三种：一是将门窗框上的拉接件与洞口墙体的预埋钢板或剔出的结构钢筋（非主筋）焊接牢固；二是用射钉枪将门窗框上的拉接件与洞口墙体射钉固定；三是沿门窗框外侧墙体上用电锤打孔，孔径为 6mm，孔深为 60mm，然后将厂形的直径为 6mm，长度为 40～60mm 的钢筋强力砸入孔中，再将其与门窗框侧面的拉接件（钢板）焊接牢固。

无论采用哪一种固定方法，门窗框与洞口墙体的连接点距门窗角的距离都应不大于 180mm，连接件之间的距离，应小于 600mm。

（3）处理缝隙

铝合金门窗框在封缝前要再进行平整和垂直度等安装质量的复查，确认符合安装精度要求后，再将框的四周清扫干净、洒水湿润基层，填筑 1：2 的水泥砂浆。对于较宽的窗框，仅靠内外挤灰是达不到饱满的，还要按设计要求，选用指定的填缝材料进行封缝。不管使用什么样的封缝材料，必须达到接缝处密闭和防水的目的，图 3-3 所示为铝合金门窗框安装节点及封缝处理。

封缝时，要注意不要直接碰撞门窗框，以免造成划痕或变形。

（4）抹接缝处面层灰

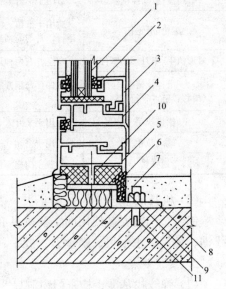

图 3-3　铝合金门窗框安装节点及缝隙处理示意图

1—玻璃；2—橡胶条；3—压条；4—内扇；
5—外框；6—密封膏；7—砂浆；8—地脚；
9—软填料；10—塑料垫；11—膨胀螺栓

门窗框四周填筑的砂浆过夜，达到一定的强度后，取下临时固定的木楔，继续抹好面层灰，并抹平、压光。

（5）门、窗扇安装

由于门窗扇与框是按同一洞口尺寸制作的，所以，一般情况下，门窗扇都能较顺利地安装上，但要求周边密封，启闭灵活。

门窗扇安装应在室内外装饰基本完成后进行。推拉门窗扇的安装要将配好的门窗扇分内扇和外扇，先将外扇插入上滑道的外槽内，外窗扇的下部落入对应的下滑道的外滑道内，然后再用同样的方法安装内扇。对于可以调节的导向轮，应在门窗扇安装之后调整导向轮，以调节门窗扇在滑道上的高度，并使门窗扇与边框间保持平行。

平开门窗扇的安装，应先将合页按要求的位置固定在铝合金门窗框上，然后将门窗扇嵌入框内临时固定，待调整合适后，再将门窗扇拧固在合页上，但必须保证上、下两个转动的部分在同一轴线上。

地弹簧门扇的安装，应先将地弹簧的主机埋设在地面上，并浇筑 1∶2 的水泥砂浆或细石混凝土，使其固定。地弹簧的主机轴应与中横档上的顶轴处在同一垂线上，且主机顶面应与地面齐平，待灌注的砂浆或混凝土达到设计强度后，调节上门顶轴将铝合金门扇装上，最后调整好门扇的间隙及门扇开启的速度。

（6）安装玻璃

铝合金门窗上常用的玻璃有：有机多彩玻璃、宝石蓝玻璃、热反射玻璃、中空保温玻璃、夹丝玻璃、茶色玻璃、吸热玻璃、钢化玻璃、白光玻璃和曲面玻璃等。

铝合金门窗所用玻璃的厚度都在 4mm 以上，中空玻璃厚度一般为 10～20mm，按设计要求在专业工厂中制作，然后运至现场。一般玻璃都在现场按实际要求的尺寸进行裁割。

玻璃安装前，应先清扫槽框内的杂物，排水小孔要清理通畅。

大块玻璃安装前，槽底要加胶垫，胶垫距竖向玻璃边缘应大于 150mm。玻璃就位后，前后面槽用胶块垫实，留缝均匀，再扣槽压板，然后用胶轮将硅酮系列密封胶挤入溜实或用橡胶条压入挤严封固。

吸热玻璃安装时，在玻璃与框之间的间隙中嵌入发泡聚氯乙烯等具有独立密封气泡的隔热材料。

平开窗的小块玻璃用双手操作就位；单块玻璃尺寸较大时，可以使用玻璃吸盘就位。玻璃就位后应即以橡胶条固定。为了保证胶条对玻璃的挤紧和固定作用，安放玻璃时应置于门窗型材凹槽的中间，内外两侧的间隙应不窄于 2mm，但也不要超过 5mm，否则将会影响到固定和密封的作用。

门窗扇下部凹槽内预先放置的橡胶垫，是为防止因玻璃膨胀而造成的型材变形，同时，因玻璃不直接与铝合金型材接触，一旦受震动后橡胶垫尚可起缓冲的作用。

铝合金门窗玻璃安装完毕，要统一进行安装质量检查，确认符合安装精度要求时，将型材表面的胶纸保护层撕掉。发现型材表面局部胶迹，又难于擦净时，可以用香蕉水清理干净，玻璃也要随之擦拭明亮、光洁后交活。

3. 铝合金门窗安装质量要求

铝合金门窗安装的允许偏差和检验方法应符合表 3-9 的规定。

项次	项 目		允许偏差（mm）	检 验 方 法
1	门窗槽口宽度、高度	≤1500mm	1.5	用钢尺检查
		＞1500mm	2	
2	门窗槽口对角线长度差	≤2000mm	3	用钢尺检查
		＞2000mm	4	
3	门窗框的正、侧面垂直度		2.5	用垂直检测尺检查
4	门窗横框的水平度		2	用1m水平尺和塞尺检查
5	门窗横框标高		5	用钢尺检查
6	门窗竖向偏离中心		5	用钢尺检查
7	双层门窗内外框间距		4	用钢尺检查
8	推拉门窗扇与框搭接量		1.5	用钢直尺检查

三、铝合金百叶窗安装

利用铝合金薄板制成的百叶片，再用尼龙绳串联起来，即为铝合金百叶窗。铝合金百叶窗的角度可以根据室内光线的明暗及通风量大小的要求，借助于尼龙绳的拉动而得到调节。

铝合金百叶窗的宽度一般为 650～5000mm，高度为 650～4000mm 之间。颜色有天蓝、乳白、淡果绿和淡蓝色等。这种铝合金帘式的百叶窗，不仅可以起遮阳作用，而且极富有装饰效果。

铝合金百叶窗的安装有侧面安装法和朝天安装法两种。侧面安装法是在墙体的一侧进行安装，这种安装方法较多，其优点是安装工艺简便，安装牢固；朝天法安装是在墙体底朝上方安装，比侧面安装法的难度要大，一般采用较少。

四、铝合金自动门

铝合金自动门是近年来发展起来的一种新型金属自动门，广泛地用于高级宾馆、饭店、写字楼、候机大楼、车站、办公大楼、高档净化车间和计算机房等建筑中。

铝合金自动门由铝合金型材和玻璃组成门体结构，加上控制自动门的指挥系统共同组成，门的特点是：外观新颖、构造精巧、启闭灵敏、运行噪声小、安全可靠，并且节约能源。

（一）铝合金自动门主要构造特点及技术性能

铝合金自动门主要构造特点及技术性能见表 3-10。

名称	构 造 特 点	技 术 性 能
ZM-E2 型微波自动门	其传感系统是采用微波感应方式，当人或其他活动目标进入或离开微波传感器的感应范围时，门扇自动开启和关闭。门扇运行时有快、慢两种速度自动变换，使启动、运行、停止等动作达到最佳协调状态。同时，可确保门扇之间的柔性合缝，安全可靠。自动门的机械运行机构无自锁作用，可在断电状态下作手动移门使用，轻巧灵活	电源：AC200V 50Hz 功耗：150W 门速调节范围：0～350mm/s(单扇门) 微波感应范围：门前 1.5～4m 感应灵敏度：现场调节至用户需要 报警延时时间：10～15s 使用环境温度：−20～+40℃ 断电时手推力：＜10

名称	构造特点	技术性能
TDLM100 系列推拉自动门	由电脑逻辑记忆控制系统和无触点可控硅交流传动系统以及超声波、远红外、微波、传感器组成。自动门的滑动扇上部为吊挂滚轮结构，下部有滚轮导向结构和槽轨导向结构两种 自动门有普通型和豪华型两种。普通型门扇为有框式结构，豪华型门扇为无框茶色玻璃结构	手动开门力：35N 电源：AC200V 50Hz 电功率：130W 探测距离：1～3m(可调) 探测范围：1.5m×1.5m 保持时间：0～60s
PDLM100 系列平开自动门	由电子识别控制系统和直流伺服传动系统以及传感器(超声波或微波或远红外)组成，结构新颖、噪声小、开闭灵活，并有各种防堵反馈装置(遇有障碍自动回归)，可以装成内开或外开形式 有普通型和豪华型两种，普通型门扇为有框结构、豪华型门扇为无框茶色玻璃结构	手动开门力：20N 电源：AC220V 50Hz 功耗：130W 探测距离：1～3m(可调) 探测范围：1.5m×1.5m
YDLM100 系列圆弧自动门	电脑控制系列和传感器方面与 TDLM100 系列自动门相同，但其作弧线往复运动的传动机构比较新颖复杂 这个系列的产品(整圆形)相当于两重推拉自动门的节能、隔声功能，而所占用的空间又比较小，且圆弧造型立体感强 活动门扇部分为茶色全玻结构。此门为保温型人流出入用门，不适于车辆、货物的进出	手动开门力：35N 电源：AC220V 50Hz 功耗：130W 探测距离：1～3m(可调) 探测范围：1.5m×1.5m
DN001 滑动式自动门	无框全玻璃自动门，一体化安装结构、不预埋、无预焊、安装简单、造型新颖美观 采用交流电机驱动，噪声小，无电磁辐射干扰、体积小 接头采用超声波、微波、红外等，并可遥控	电源：AC220V 50Hz±10% 功能：不大于 150W 探测范围：不小于 1.2m² 连续工作时间：8h 运行速度：35cm/s 绝缘电阻：不小于 20MΩ 运行噪声：不大于 70dB
京光 86-Ⅱ型自动门	控制器采用微波传感(必要时可换用红外线传感器)、控制电路为 CMOS 集成电路，灵敏度和精度高，可靠性好，抗干扰能力强，功耗低 其传统机构反行成不自锁，可随转手动不会夹人	总能耗：不大于 100W 电源电压：AC220V ±10% 作用距离：不小于 5m(根据需要调整) 开闭速度：不低于 1m/s 　　　　(根据需要调整) 动作时间：0.08～5.2s 连续可调 环境要求：-20～50℃ 工作方式：24h 连续
遥控伸缩式自动门	有豪华型(2m 高)、雅致型(1.7m、1.3m 高)、静雅型(1.3m 高)、新雅型(1.7m 高)等系列制品。颜色分红、黄、蓝、绿、灰、黑六种。是采用铝合金、不锈钢等材料制作	豪华型(2m 高) 片数：7～42 片组 适应通道：2.0～16.0m 收合退缩地：0.65～3.35m 雅致型(1.7m 高) 片数：15～42 片组 适应通道：4.94～15.2m 收合退缩地：0.9～2.4m

名称	构 造 特 点	技 术 性 能
微波自动门	无框全玻璃中分门(镀膜玻璃、钢化玻璃)	门宽：1200～2000mm 门洞：门宽×4(两固定、两平开) 功耗：150W 手动开门力：<100N 感应距离：1.5～4m 保持时间：10～15s
电控自动门 (对讲防盗门)	该自动门宜作住户单元门，各住户配备对讲机，来防者可与住户主人通话确认后，主人通过话机上的按键遥控打开大门口锁(住户配有钥匙)在人员进门后即由闭门器关死。可保证停电一周内系统正常工作	
FHM-防火式 自动门	该门配有高灵敏度烟雾装置及能绝对隔离火源的钢板石棉门，一旦附近发生火灾时，它能起到隔离火源，压缩受灾区域作用，并有自动报警设备。分透光型和遮光型两种 透光型又分有框和无框两种，有框型选用优质古铜色或银白色铝合金型材制成门框，内装5～8mm茶色或透明玻璃。无框型选用进口10～12mm特厚茶色玻璃，用铝合金型材作门托遮光型分有四种： 1. 用经过电化着色的优质铝合金制成门扇 2. 用镀锌铁板作门扇 3. 用3～8mm钢板(或中间夹石棉板)制成门扇 4. 用彩色塑料板或木质板材制成门扇	传感控制区域(m²)：4×4 传感控制机构：烟雾 运行噪声(dB)：<70 开门运行时间(s)：5 电动机功率(W)：500～1340 电压(V)：AC220V±15% 手动推力(N)：≤300 使用环境温度(℃)：60
FDM 防盗自 动门	系用金属钢板制成门扇，一旦外人闯入禁区作案时，高度灵敏的微波传感系统立即在数秒钟将自动门关闭自锁，使作案人不能深入其他区域，或无法逃离现场，门上并设有自动报警装置。适用于金库、博物馆、高级展览厅、监狱以及需要严格防盗、防窃的场所	传感控制区域(m²)：3×3 传感控制机构：烟雾 运行噪声(dB)：<55 开门运行时间(s)：2.5 关门运行时间(s)：4 电动机功率(W)：≤180 电压(V)：AC220V±15% 手动推力(N)：40 使用环境温度(℃)：-20～45℃

(二) 铝合金自动门的安装要点

铝合金自动门安装主要是地面导向轨道和自动门横梁的安装。

1. 地面导向轨道的安装

全玻璃自动门和铝合金自动门安装前都要先在地面上门的启闭位置线下做出导向下轨道，轨道的做法是，土建施工做地坪时，在地面的准线位置下面预埋50～75mm长的方木一根，待自动门安装时，撬出方木，埋设下轨道，下轨道的长度应为开启门宽的2倍。

2. 自动门横梁的安装

自动门上部机箱层主梁需安装在建筑物主体结构上，故要求支承结构的强度足够。机箱内装有自动门的机械和电气控制装置。

五、金属门窗安装工程质量要求及检验方法

根据国家标准《建筑装饰装修工程质量验收规范》（GB 50210—2001）的规定，金属门窗的安装工程质量控制及检验方法分为主控项目和一般项目。

（一）主控项目及检验方法

1. 金属门窗的品种、类型、规格、尺寸、性能、开启方向、安装位置、连接方式及铝合金门窗的型材壁厚应符合设计要求。金属门窗的防腐处理及填嵌、密封处理应符合设计要求。

检验方法：观察；尺量检查；检查产品合格证书、性能检测报告、进场验收记录和复验报告；检查隐蔽工程验收记录。

2. 金属门窗框和副框的安装必须牢固。预埋件的数量、位置、埋设方式、与框的连接方式必须符合设计要求。

检验方法：手扳检查；检查隐蔽工程验收记录。

3. 金属门窗扇必须安装牢固，并应开关灵活、关闭严密，无倒翘。推拉门窗扇必须有防脱落措施。

检验方法：观察；开启和关闭检查；手扳检查。

4. 金属门窗配件的型号、规格、数量应符合设计要求，安装应牢固，位置应正确，功能应满足使用要求。

检验方法：观察；开启和关闭检查；手扳检查。

（二）一般项目及检验方法

1. 金属门窗表面应洁净、平整、光滑、色泽一致，无锈蚀。大面应无划痕、碰伤。漆膜或保护层应连续。

检验方法：观察。

2. 铝合金门窗推拉门窗开关力应不大于100N。

检验方法：用弹簧秤检查。

3. 金属门窗框与墙之间的缝隙应填嵌饱满，并采用密封胶密封。密封胶表面应光滑、顺直，无裂纹。

检验方法：观察；轻敲门窗框检查；检查隐蔽工程验收记录。

4. 金属门窗扇的橡胶密封条或毛毡密封条应安装完好，不准脱槽。

检验方法：观察；开启和关闭检查。

5. 金属门窗有排水孔时，排水孔应通畅，位置和数量应符合设计要求。

检验方法：观察。

6. 钢门窗安装的留缝限值、允许偏差和检验方法应符合表3-11的规定。

7. 铝合金门窗安装的允许偏差和检验方法应符合表3-9的规定。

钢门窗安装的留缝限值、允许偏差和检验方法　　　　　　　表3-11

项次	项 目		留缝限值(mm)	允许偏差(mm)	检验方法
1	门窗槽口宽度、高度	≤1500mm	—	2.5	用钢尺检查
		>1500mm	—	3.5	
2	门窗槽口对角线长度差	≤2000mm		5	用钢尺检查
		>2000mm		6	

项次	项　　目	留缝限值(mm)	允许偏差(mm)	检验方法
3	门窗框的正、侧面垂直度	—	3	用1m垂直检测尺检查
4	门窗横框的水平度	—	3	用1m水平尺和塞尺检查
5	门窗横框标高	—	5	用钢尺检查
6	门窗竖向偏离中心	—	4	用钢尺检查
7	双层门窗内外框间距	—	5	用钢尺检查
8	门窗框、扇配合间隙	≤2	—	用塞尺检查
9	无下框时门扇与地面间留缝	4～8	—	用塞尺检查

第三节　塑料门窗安装

世界各国使用塑料门窗已有40多年的历史，为了发展我国的塑料建材制品工业，1984年以来，先后从德国、意大利和奥地利等国引进塑料门窗生产线100多条，其基本生产工艺是用双螺旋挤压机挤出低填料的改性聚氯乙烯（PVC）中空异型材，然后经切割组装成塑料门窗。塑料门窗用在建筑上之后，其优良的技术性能正在被人们逐步认识与认可，国内建材市场已敞开供货，塑料门窗工业已进入蓬勃发展的新阶段。

一、塑料门窗的主要优点

1. 密闭性能好

塑料门窗使用经挤压成型的中空异型材，尺寸准确，且型材的侧面带有嵌固弹性密封条的凹槽，密封条嵌装后，门窗的气密性和水密性能大大提高。试验证明，当风速为40km/h时，门窗空气的泄漏量仅为 $0.0283 m^3/min$。

2. 隔热性能好

建筑上使用的PVC塑料导热系数虽然与木材接近，但由于塑料门窗框、扇都是中空异型材，故密闭空气层的导热系数低，所以，塑料门窗的保温、隔热的性能优于木门窗，更比钢门窗节省大量的能源。表3-12中列出了常用门窗材料的隔热性能；表3-13举出了双层塑料窗节能的计算实例。

常用门窗材料的隔热性能　　　　　表3-12

导热系数〔W/(m·K)〕					窗的传热系数〔W/(m²·K)〕		
铝	钢	松、杉木	PVC	空气	铝窗	木窗	PVC 窗
173	58	0.17～0.35	0.13～0.29	0.05	5.89	1.69	0.43

双层塑料窗节能计算实例　　　　　表3-13

地　　区		沈阳	长春	哈尔滨
年传热耗热量	双层塑料窗	44840	55902	64437
(×10³W·h/年)	双层钢窗	56153	70006	80694
年传热耗煤量	双层塑料窗	11783	14690	16933

地　　区		沈阳	长春	哈尔滨
（kg/年标准煤）	双层钢窗	14756	18396	21 205
塑料窗比钢窗年节煤量 （kg/年标准煤）		2973	3706	4272
1m² 建筑面积年节煤量 ［kg/(m²·年)标准煤］		0.91	1.14	1.31

注：本表按建筑面积为 3260m² 计算。

在其他条件完全相同的情况下，塑料窗框、扇处的表面温度要比钢窗高 3～4℃，室内平均温度高 1℃。

3. 经久耐用，不需要维修

我国长江以南湿度大的地区，沿海盐雾大的地区以及环境潮湿、有腐蚀性介质的建筑中，使用钢木门窗极易锈蚀和腐朽；寒冷地区窗上冷凝水严重，常要在双层玻璃窗之间的窗台上铺一层锯末吸水，这种做法不仅有碍卫生，冷凝水又加速了钢窗的锈蚀、木窗的变形；由于窗面上出现大面积霜冻，透光、透视的效果也受到严重的影响。而塑料门窗的耐水、耐蚀的性能好，掺用氯化聚乙烯等改性成分的改性 PVC 塑料门窗还具有优异的耐候性和耐风化的性能。国外的应用实践证明，没有涂饰维修过的塑料门窗，经过 30 年的使用，仍处于完好的无损状态。

4. 隔声性能好

实测塑料门窗的隔声性能在 30dB 以上，优于钢、木门窗。

5. 可加工性能好

塑料材料具有易加工成型的优点，根据设计要求的不同，只要改变成型的模具，即可挤压出适合不同的风压强度及建筑功能要求的复杂断面的中空型材，并为在一个框、扇上安装两层以上的玻璃创造了条件。

6. 装饰性能好

塑料门窗一次挤压成型，尺寸准确，外形挺拔秀丽、线条流畅，且可以装饰要求进行着色。从国外引进的"共挤出成型"的先进技术，即将耐久性好的彩色丙烯酸酯和白色的 PVC 共同挤出，使窗子的外侧为彩色的丙烯酸酯，而室内一侧为洁白色的 PVC 型材，因而满足了不同色调的装饰要求。

二、塑料门窗的主要类型、特点及应用

1. 改性聚氯乙烯内门

改性聚氯乙烯内门是以聚氯乙烯为基料，加入适量的改性剂和助剂，经挤压机挤出各种截面形式的中空的型材，再根据设计要求组装成不同品种、规格的内门。这种门窗具有质轻、隔声、隔热、耐蚀、色泽鲜艳和装饰效果好等优点，且采光性能好，不需要油漆，可用于宾馆、饭店和民用住宅内，取代普通木门。

2. 钙塑门窗

钙塑门窗是以聚氯乙烯树脂为基料，加入适量的改性、增强材料和稳定剂、抗老化剂、抗静电剂等加工而成。钙塑门窗具有耐酸、碱蚀、耐热、不吸水、隔声和可加工性好，可以根据设计、组装的需要进行锯切、钉固、拧固等，且不需要油漆。

钙塑门窗品种、类型较多，有室门、壁橱门、单元门、商店门及各种不同规格的窗子，还可以根据建筑设计图纸的要求进行再加工。

3. 改性全塑整体门

全塑整体门是以聚氯乙烯树脂为基料，加入适量的增塑剂、抗老化剂和稳定剂等辅助材料，经机械加工而成。这种门在生产中采用一次成型的工艺，门扇为一个整体，无需再经过组装，因此，它不仅具有坚固、耐久性能好，而且隔热、隔声性能好，同时可以制作成各种单一颜色，安装施工也比较简便，是一种比较理想的"以塑代木"的产品。

改性全塑整体门适用于医院、办公楼、饭店、宾馆及民用建筑的内门，也适合化工建筑内门的安装。改性全塑整体门适合在零下 20℃ 至零上 50℃ 的温度范围内使用，而不会产生变形和变性。

4. 改性聚氯乙烯夹层门

改性聚氯乙烯夹层门是采用聚氯乙烯塑料的中空型材为骨架，内衬芯材，表面再以聚氯乙烯装饰板复合而成。这种门的门框是用抗冲击性能好的聚氯乙烯中空异型材，经过热熔焊接后拼装而成，它具有整体重量轻、刚度好、耐腐蚀、不易燃烧、防虫蛀、防霉，且门的外形美观等优点，适合用于宾馆、学校、住宅、办公楼和化工车间内门安装。

5. 全塑折叠门

全塑折叠门也是用聚氯乙烯为主要原料，掺入适量的防老化剂、增塑剂、阻燃剂和稳定剂，经过机械加工而成。全塑折叠门具有重量轻、安装及使用方便，自身体积小，但遮蔽面积大，推拉轨迹顺直，且能显现出豪华、高雅的装饰效果，适用于大、中型厅堂的临时隔断、更衣间的屏幕和浴室、卫生间的内门。

全塑折叠门的颜色和图案都可以按设计要求定，如仿木纹及各种印花等。全塑折叠门安装时所用的附件有铝合金导轨和滑轮等。

6. 玻璃钢门窗

在合成树脂的基料中，掺入玻璃纤维增强材料，经过成塑加工而成，其主要的构造形式有空腹窗、实心窗、隔断门和走廊门扇等。

空腹薄壁玻璃钢窗是以无碱无纺方格玻璃布为增强材料，不饱和聚酯树脂为胶粘剂而制成的一种空腹薄壁的玻璃钢型材，再经过机械加工拼装而成。这种窗与传统的木、钢窗相比，具有制造成本低、生产效率高和产品表面光洁等优点。

玻璃钢门窗除在一般建筑上应用外，特别适合用于湿度大、腐蚀性较强的冷库、化工车间及火车车厢的保温门，比钢、木门的重量轻、刚度好、耐热、绝缘、抗冻和抗腐蚀的性能好。

7. 塑料百叶窗

塑料百叶窗是使用硬质改性聚氯乙烯、玻璃纤维增强聚丙烯及尼龙等热塑性塑料加工而成，主要品种有垂直百叶窗帘和活动百叶窗等，塑料百叶窗的传动机构采用丝杠和蜗轮蜗杆机构，可以自动启闭及 180°的转角，起到随意调节光照，使室内形成一种光影交错的气氛。

塑料百叶窗具有优良的抗湿和调节光照的性能，比较适合于地下坑道、人防工事等湿度大的建筑和宾馆、饭店、影剧院、图书馆和科研计算中心等各种窗的遮阳和通风。

三、塑料门窗的安装

（一）安装前的准备

1. 塑料门窗安装前的检查

安装前对运到现场的塑料门窗应检查其品种、规格、开启方式等是否符合设计要求；检查门窗型材有无断裂、开焊和连接不牢固等现象，发现不符合设计要求或被损坏的门窗，应进行及时修复或更换。

2. 分发门窗

按门窗预留洞口所需要安装的门窗分发、运输到位。搬运时要防止门窗相互撞击与磨损，存放时要竖直排放，远离热源，不准直接受日晒、雨淋。

3. 弹安装准线

用水准仪抄平，用墨线在洞口四周弹线，洞口中线的弹法，若为多层建筑时，应从顶层一次垂吊。

4. 机具准备

塑料门窗安装所用的主要机具有 $\phi6\sim\phi13$ 的手电钻、射钉枪、钢尺、锤子、吊线线坠、螺丝刀、鸭嘴榔头和平铲等。

（二）门窗安装

1. 固定连接件

门窗框入洞口之前，先将镀锌的固定钢片按照铰链连接的位置嵌入门窗框的外槽内，也可用自攻螺钉拧固在门窗框上。连接件固定的位置应符合设计间距的要求，若设计上无要求时，可按 500mm 的间距确定。

2. 门窗框就位

将塑料门窗框就位于洞口中线位置上，再按中心线找正、找平，然后在门窗框四角和立档的对称位置，用木楔塞紧临时固定。门窗框的位置可用木楔进行调整，调整到横平、竖直，框的两对角线偏差不超过 2‰。

3. 门窗框固定

门窗框定位后，将门窗扇做好标记，取下备用。然后在洞口墙体上相应的位置用电锤打孔，预埋膨胀螺栓，固定镀锌钢片，将门窗框与墙体固定。门窗框固定完毕，可以拔掉木楔。

有预埋木砖的洞口墙体，可以用木螺钉将门窗框直接拧固在木砖上进行固定。

4. 接缝处理

由于塑料门窗的膨胀系数较大，故要求门窗框与洞口墙体间应留出一定宽度的缝隙，以便调节塑料门窗的伸缩变形，一般取 10~20mm 的缝隙宽度即可。

门窗框与洞口墙体之间的缝隙，应使用泡沫塑料或油纸卷条填塞，且填塞的不要过紧，以防门窗框变形。门窗框内外四周的接缝，应用密封材料嵌塞密实，也可以采用硅橡胶嵌缝条密封，但不适合用水泥砂浆嵌塞的做法。

5. 安装门窗扇

在门窗框安装合页处剔好合页的安装槽，剔槽时应注意不要将框边剔透，然后将门窗扇装入框内，用合页固定。固定好的门窗扇应保证开关灵敏、不崩扇，不坠扇。

6. 安装玻璃

建筑内外墙饰面完成后，将玻璃用橡胶压条压固在门窗扇上，并在铰链内滴注机油等润滑剂。玻璃具体安装过程与技术要求同铝合金门窗玻璃安装。

7. 安装五金配件

塑料门窗安装五金配件时，应先在杆件上钻孔，然后用自攻螺钉拧入。不准在杆件上采取锤击直接钉入。

四、塑料门窗安装工程质量要求及检验方法

根据国家标准《建筑装饰装修工程质量验收规范》（GB 50210—2001）的规定，塑料门窗安装工程质量控制及检验方法分为主控项目和一般项目。

（一）主控项目及检验方法

1. 塑料门窗的品种、类型、规格、尺寸、开启方向、安装位置、连接方式及填嵌密封处理应符合设计要求，内衬增强型钢的壁厚及设置应符合国家进行产品标准的质量要求。

检验方法：观察；尺量检查；检查产品合格证书、性能检测报告、进场验收记录和复验报告；检查隐蔽工程验收记录。

2. 塑料门窗框、副框和扇的安装必须牢固。固定片或膨胀螺栓的数量与位置应正确，连接方式应符合设计要求。固定点应距窗角、中横框、中竖框 150～200mm，固定点间距离应不大于 600mm。

检验方法：观察；手扳检查；检查隐蔽工程验收记录。

3. 塑料门窗拼樘料内衬增强型钢的规格、壁厚必须符合设计要求，型钢应与型材内腔紧密吻合，其两端必须与洞口固定牢固。窗框必须与拼樘料连接紧密，固定点间距应不大于 600mm。

检验方法：观察；手扳检查；尺量检查；检查进场验收记录。

4. 塑料窗应开关灵活、关闭严密，无倒翘。推拉门窗扇必须有防脱落措施。

检验方法：观察；开启和关闭检查；手扳检查。

5. 塑料门窗配件的型号、规格、数量应符合设计要求，安装应牢固，位置应正确，功能应满足使用要求。

检验方法：观察；手扳检查；尺量检查。

6. 塑料门窗框与墙体间缝隙应采用闭孔弹性材料填嵌饱满，表面应采用密封胶密封。密封胶应粘结牢固，表面应光滑、顺直、无裂纹。

检验方法：观察；检查隐蔽工程验收记录。

（二）一般项目及检验方法

1. 塑料门窗表面应洁净、平整、光滑，大面应无划痕、碰伤。

2. 塑料门窗扇的密封条不得脱槽。旋转窗间隙应基本均匀。

以上两项检验方法均为观察。

3. 塑料门窗扇的开关力应符合下列规定：

（1）平开门窗扇平铰链的开关力应不大于 80N；滑撑铰链的开关力应不大于 80N，并不小于 30N。

（2）推拉门窗的开关力应不大于 100N。

检验方法：观察；用弹簧秤检查。

4. 玻璃密封条与玻璃槽口的接缝应平整，不得卷边、脱槽。

5. 排水孔应畅通，位置和数量应符合设计要求。

检验方法：以上两次检验方法均为观察。

6. 塑料门窗安装的允许偏差和检验方法应符合表 3-14 的规定。

塑料门窗安装的允许偏差和检验方法　　　　　　　表 3-14

项次	项　　　目		允许偏差(mm)	检　验　方　法
1	门窗槽口宽度、高度	≤1500mm	2	用钢尺检查
		>1500mm	3	
2	门窗槽口对角线长度差	≤2000mm	3	用钢尺检查
		>2000mm	5	
3	门窗框的正、侧面垂直度		3	用1m垂直检测尺检查
4	门窗横框的水平度		3	用1m水平尺和塞尺检查
5	门窗横框标高		5	用钢尺检查
6	门窗竖向偏离中心		5	用钢直尺检查
7	双层门窗内外框间距		4	用钢尺检查
8	同樘平开门窗相邻扇高度差		2	用钢直尺检查
9	平开门窗铰链部位配合间隙		+2；−1	用塞尺检查
10	推拉门窗扇与框搭接量		+1.5；−1	用钢直尺检查
11	推拉门窗扇与竖框平行度			用1m水平尺和塞尺检查

第四节　特种门窗安装

一、卷帘门窗

卷帘门窗是商业建筑上广泛使用的一种门窗，具有结构紧凑、造型美观新颖、密闭性好、防风、防尘、启闭灵敏、刚度好、防盗、防火、坚固耐用、不占地面面积，且操作简便等特点。

（一）卷帘门窗的构造类型及应用

1. 按卷帘门窗的外形分

根据卷帘门窗的外形不同可分为全鳞网状卷帘门窗、帘板卷帘门窗、直管横格式卷帘门窗和压花帘板式卷帘门窗四种。

2. 按卷帘门窗制作所用材质分

根据材质不同可将卷帘门窗分为铝合金卷帘门窗、电化铝合金卷帘门窗、不锈钢钢板卷帘门窗、镀锌铁板卷帘门窗和钢管及钢筋卷帘门窗等。

3. 按卷帘门窗的传动方式分

按传动方式的不同将卷帘门窗分为电动卷帘门窗、手动卷帘门窗、电动手动卷帘门窗和遥控电动卷帘门窗。

4. 按门扇构造不同分

根据门扇构造的形式不同,可将卷帘门分为帘板结构卷帘门和通花结构卷帘门两种。

帘板式构造卷帘门的门扇由若干帘板组成。帘板的形状不同,其卷帘门的型号也不一样,其特点是防风、防砂、防盗,还可以制成防烟和防火的卷帘门。

通花构造式卷帘门的门扇是由若干根圆钢、扁钢或钢管组成,其主要特点是轻便灵活、美观大方。

5. 按卷帘门窗的功能不同分

根据卷帘门窗功能的不同,可将卷帘门窗分为普通型卷帘门窗、抗风型卷帘门窗和防火型卷帘门窗三种。

卷帘门窗广泛地应用于各类商场、商店、仓库、银行、宾馆、医院、厂矿、车站、码头;工业厂房和变(配)电室等。

(二)防火卷帘门的安装

防火卷帘门的构造一般都是由帘板、卷筒、导轨和传动系统等组成。帘板用 1.5mm 厚的冷轧带钢经轧制而成,再配装上烟感、温感、和光感报警系统、喷淋系统,火情出现可以自动报警,喷淋,卷帘门可以自控下降,定点延时关闭,起到防火的作用。

防火卷帘门一般都安装在预留洞口墙体的预埋件上,其安装与调试的顺序如下:

1. 按设计要求检查卷帘门的规格、尺寸、表面处理和安装附件;测量洞口尺寸是否与卷帘门安装需要的尺寸相符;检查导轨、支架的预埋件数量、位置是否正确;在洞口两侧弹出卷帘门导轨的垂线及卷筒的中心线。

2. 将垫板焊接在预埋件上,用螺钉拧固好卷筒的支架并安装卷筒。卷筒安装完毕应保证转动灵活,连接可靠。

3. 安装减速装置、传动系统和电气控制系统并进行试运转。

4. 将装配好的帘板安装在卷筒上。

5. 按图纸设定的位置将上方及两侧的导轨借助于焊接固定在洞口墙体的预埋件上。固定后的各导轨应处于同一垂直平面上。

6. 安装温感、烟感和水幕喷淋装置,并与总控制系统相连接。

7. 试运转前再对卷帘门各部安装情况进行检查,确认无误后可以进行试运转。试运转应先用手去运行,再启动电动机进行若干次启闭运行,中间要进行相应部位的调整,直至调整到卷帘门没有阻滞、卡住及异常噪声等现象时止。

8. 防护罩的大小应与门的宽度和门条板卷起后的直径相适应,且当卷筒将门的条板卷满后与防护罩内壁仍留有一定的间隙,不准相互接触或碰撞。

防护罩的外形可加工成半圆形,也可以做成方形,经检验合格后再将其与预埋件焊接牢固。

(三)普通卷帘门窗

普通卷帘门窗一般有两种结构类型。一种是门扇由钢管、圆钢或扁钢组成为通花结构,门的外形美观大方,启闭灵活轻便;另一种是由若干帘板组成帘板结构,这种门窗具有较好防盗、防风和防砂的功能,应用较为广泛。

普通卷帘门窗的启闭可为手动、电动兼手动或自动启闭三种方式,在不停电的正常情况下，门窗皆为电动。

卷帘门窗的安装方法与安装要求基本与防火卷帘门窗的安装，但其安装方式有三种：

卷帘板安装在洞口内，帘板在内侧卷起。

卷帘板安装在洞口外，帘板在外侧卷起。

卷帘板安装在门窗洞口中，帘板可向外侧或内侧卷起。

二、金属转门

高档宾馆、饭店、大使馆及公共建筑中安装金属转门，可以起到控制人的流量、保持室内温度的作用，并且具有较好的装饰效果。

金属转门有钢质和铝合金两种型材结构。钢质结构是采用 20 号优质碳素结构钢无缝异型管，冷拉成各种类型的转门、转壁框架，然后饰面油漆而成；铝合金结构是将铝、镁、硅合金挤压型材，经阳极氧化成古铜、银白等颜色而成，这种门的外形美观，抗大气腐蚀性强。

（一）金属转门的构造类型、主要特点及应用

1. 金属转门的构造形式

图 3-4 所示为几种常用的金属转门的立面形式。选用时应根据门扇的回转直径、门扇的高度、制作的材料及门壁装饰材料品种、做法等综合考虑，以满足设计和使用上的需要。

图 3-4　金属转门的立面形式

2. 金属转门的主要特点

（1）密封性好　钢结构转门的玻璃厚度为 6mm，用油面腻子与活扇固定；铝合金结构转门的玻璃厚度为 5～6mm，采用合成橡胶密封固定，活扇与转壁之间的密封粘结有聚

丙烯毛刷条，具有较好的密闭性、抗震和耐老化的性能。

（2）金属转门的门扇多为逆时针旋转，转动平稳性好，且清洁和维修也方便。

（3）门扇旋转主轴下部安装有可调节的阻尼装置，用来控制门扇因惯性产生偏快的转速，以确保运行平稳。转门需关闭时，只要将门扇插销插入在地面上预埋的插壳内即可。

金属转门适用于机场、宾馆、饭店、商场、使馆、高级公共建筑和民用建筑设施的启闭。

（二）金属转门的安装要点

1. 安装准备

转门安装前，应检查转门的品种、结构类型和各类安装零件是否符合设计要求；量测门樘外廓尺寸与预留洞口尺寸是否相符；检查预埋件的数量和位置是否准确以及安装所用的机具是否完好、齐全等。

2. 固定木桁架

将木桁架在洞口就位，找好其左右、前后的位置，保证水平后与预埋件固定。一般转门与弹簧门、铰链门或其他固定扇组合，可以先安装其他组合部分。

3. 安装转轴，固定底座

底座要先垫实，不准下沉，临时点焊轴承轴座于底座上，装上转轴，转轴应与地面垂直。

4. 安装圆转门顶与转壁

为了便于调整转壁与活扇之间的间隙，转壁先不要固定。装门扇时应保持 90°的夹角，旋转转门，调整并保持上下的间隙适当。

5. 调整

调整转壁的位置，保持门扇与转壁之间的间隙适当；调整好门扇的高度和旋转的松紧度。

6. 固定

先利用焊接的方法固定轴承座，再利用细石混凝土固定底座，埋下插销的下壳并固定转壁。

7. 安装玻璃、喷交活漆

安装玻璃，进行试运转，作最终检查。

若为钢结构转门要进行最后喷漆。

三、防火门

（一）防火门的分类及主要特点

1. 根据制作材料不同分

（1）木质防火门　门体用木材加工制作，在门体表面涂刷耐火涂料；也可以在木门表面粘贴装饰防火胶板，以达到防火的目的。木质防火门的防火性能较差，用于要求不高的建筑防火门。

（2）钢质防火门　用普通碳钢钢板作门扇，在门扇夹层中填塞岩棉等耐火材料而制成的防火门，它要比木质防火门的防火性能好。

2. 根据耐火极限不同分

防火门的国际标准(ISO)根据耐火极限的不同,将建筑防火门分为甲、乙、丙三个等级

(1)甲级防火门 耐火极限为1.2h,构造形式为全钢板门,没有玻璃窗。甲级防火门的作用以火灾发生时防止火灾扩大为目的。

(2)乙级防火门 耐火极限为0.9h,构造形式也为全钢板门,但在门上开一小玻璃窗,玻璃应选用5mm厚的耐火玻璃或夹丝玻璃。乙级防火门以火灾发生时防止开口部火灾蔓延为主要目的。

(3)丙级防火门 耐火极限为0.6h,构造形式为全钢板门,也在门上开一小玻璃窗,玻璃选用5mm厚的夹丝玻璃。大多数木质防火门都属这一级的范围。

防火门的规格、品种较多,且具有表面光滑、平整、启闭灵活、安全可靠、坚固耐用、美观大方和使用方便等特点,是近年来为了适应越来越高的建筑防火要求而发展起来的一种新型门。

(二)防火门的安装要点

1. 安装准备

检查已运至现场的防火门质量、品种和防火等级是否符合设计要求;安装用的配件是否齐全、完好;安装机具是否准备到位。

按设计要求的尺寸、标高和方向,画出门框框口的位置线。

2. 防火门安装

(1)立门框 立框前,先拆掉门框下部的固定板,门框要埋入±0.000面以下20mm,并保持框口上下尺寸一致,其偏差应不大于1.5mm,对角线偏差应小于2mm,经校正达到此要求后,将框与预埋件焊接牢固。在门框两上角墙上开洞,然后向框内浇筑水泥砂浆或细石混凝土,待水泥浆完成终凝后安装门扇。

(2)安装门扇和附件 门扇安装完毕,门的配合部位的内侧宽度尺寸偏差应不超过2mm;两对角线的长度差、门扇关闭后的配合间隙等应小于3mm。门框与门扇及附件安装均应牢固可靠,表面平整、光洁,门体表面喷漆应符合相关的技术要求。

四、隔声门

隔声门主要起隔声作用,多用于播音室、会议室、音像室和演播大厅等有隔声要求的房间。隔声门制作材料要求用吸声材料做门扇,门缝用弹性较好的海绵橡胶条封严。

(一)隔声门的构造类型

1. 外包隔声门

外包隔声门是在普通木门扇外面包上一层人造革,在人造革内填塞上矿棉或岩棉,并将通长的人造革用泡钉钉牢,四周缝隙用橡皮条粘牢、封严。

2. 填芯隔声门

用岩棉或玻璃丝棉填充在门扇芯内,门扇的缝处用海绵橡胶皮条封严。

3. 隔声防火门

隔声防火门是在木框架中嵌填岩棉等吸声材料,外部用镀锌铁皮、石棉板或耐火纤维板镶包,四周缝隙再用海绵橡皮条粘牢、封严。

(二)隔声门的制作与安装要点

1. 隔声门的制作

（1）制作隔声门时，往门芯内填塞岩棉或玻璃丝棉时不要填塞的太密实，应保持松软状态，以免影响隔声效果。

（2）门框与门扇之间的缝隙，应用海绵橡皮条等弹性材料嵌入门框上的凹槽中，并卡紧、粘牢。海绵橡皮条的截面尺寸应比凹槽宽度稍大，并凸出框边 2mm 左右，以确保门扇关闭后能将缝隙处挤压严密。

（3）外包隔声门用人造革包面，在人造革与门扇之间填塞岩棉毯，然后用双层人造革压条压在门扇表面，人造革应包紧、绷平，最后用泡钉将人造革钉固。

（4）双扇隔声门的门扇搭接缝，应加工成双 L 形缝口。在搭接缝的中间设置海绵橡皮条。门扇关闭时，搭接缝两边应将海绵橡皮条挤严，门扇之间应留出缝隙，一般缝宽为 2mm 左右，接头处的木材与木材不能直接接触。

2. 隔声门的安装

（1）门扇安装应保证门扇底部与地面间留出 5mm 宽的缝隙，然后将 3mm 的橡皮条用通长的扁钢压钉在门扇底部，与地面接触处的橡皮条应伸出 5mm，用来封闭门扇与地面之间的缝隙。

（2）有防水、防火要求的隔声防火门，门扇可以用耐火纤维板制作，安装前，门的两面再铺钉 5mm 厚的石棉板，再用镀锌薄钢板满包，外露的门框也要包满镀锌薄钢板。

（3）五金配件的安装同其他各类门五金配件安装要求，但五金配件自身的功能应与隔声门的功能相适应，如合页应选用无声合页等。

五、防盗门

防盗门属于保安用门，近年来在民用住宅楼中得到了广泛的应用。防盗门是用金属材料在专门的生产厂中加工制作，然后在现场进行安装。

（一）防盗门的类型、特点及应用

市场上供应的防盗门种类很多，其主要形式有：平开式栅栏防盗门、推拉式栅栏防盗门、塑料浮雕防盗门和多功能豪华型防盗门等。

防盗门的主要特点是保安性好、坚固耐用、外形美观和启闭灵活。

公共建筑单位的财务、档案、机要室和民用建筑中的住宅等，都安装使用各种形式的防盗门，以确保安全、防盗。

（二）防盗门的安装要点

1. 防盗门的门框固定有两种方法。一是通过焊接将门框上的连接件与洞口墙体的预埋件焊接牢固；另一种方法是洞口墙体未做预埋件，可按要求的间距，在洞口墙体上用电锤打孔，预埋膨胀螺栓，将门框固定在墙体上。

两种固定门框的方法，每边均不得少于 3 个连接锚固点，且应牢固可靠。

2. 防盗门框在洞口就位后，要先找正、找直，用木楔临时固定，再进行校正、调整，确认无误后，才准连接固定。

固定好的防盗门要求启闭灵活，关闭严密。

3. 防盗门上的五金配件，如拉手、门锁和观察孔等应安装齐全，位置准确；多功能防盗门上面的密码护锁、电子报警密码系统和门铃传呼等装置，必须按设计要求安装，且要完善、有效。

4. 防盗门安装完毕与地平面的间隙应不大于 5mm。

六、特种门安装工程质量要求及检验方法

根据国家标准《建筑装饰装修工程质量验收规范》（GB 50210—2001）的规定，特种门安装工程质量控制及检验方法分为主控项目和一般项目。

（一）主控项目及检验方法

1. 特种门的质量和各项性能应符合设计要求。

检验方法：检查生产许可证、产品合格证书和性能检测报告。

2. 特种门的品种、类型、规格、尺寸、开启方向、安装位置及防腐处理应符合设计要求。

检验方法：观察；尺量检查；检查进场验收记录和隐蔽工程验收记录。

3. 带有机械装置、自动装置或智能化装置的特种门其机械装置、自动装置或智能转化装置的功能应符合设计要求和有关标准的规定。

检验方法：启动机械装置、自动装置或智能化装置；观察。

4. 特种门的安装必须牢固。预埋件的数量、位置。埋设方式、与框的连接方式必须符合设计要求。

检验方法：观察；手扳检查；检查隐蔽工程验收记录。

5. 特种门的配件应齐全，位置应正确，安装应牢固，功能应满足使用要求和特种门的各项性能要求。

检验方法：观察；手扳检查；检查产品合格证书；性能检测报告和进场验收记录。

（二）一般项目及检验方法：

1. 特种门的表面装饰应符合设计要求。

2. 特种门表面应洁净，无划痕、碰伤。

检验方法：以上两项检验方法均为观察。

3. 推拉自动门安装的留缝限值、允许偏差和检验方法应符合表 3-15 的规定。

推拉自动门安装的留缝限值、允许偏差和检验方法   表 3-15

项次	项　　目		留缝限值(mm)	允许偏差(mm)	检　验　方　法
1	门槽口宽度、高度	≤1500mm	—	1.5	用钢尺检查
		>1500mm	—	2	
2	门槽口对角线长度差	≤2000mm	—	2	用钢尺检查
		>2000mm	—	2.5	
3	门框的正、侧面垂直度		—	1	用1m垂直检测尺检查
4	门构件装配间隙		—	0.3	用塞尺检查
5	门梁导轨水平度		—	1	用1m水平尺和塞尺检查
6	下导轨与门梁导轨平行度		—	1.5	用钢尺检查
7	门扇与侧框间留缝		1.2～1.8	—	用塞尺检查
8	门扇对口缝		1.2～1.8	—	用塞尺检查

4. 推拉自动门的感应时间限值和检验方法应符合表 3-16 的规定。

推拉自动门的感应时间限值和检验方法 表 3-16

项次	项　目	感应时间限值(s)	检　验　方　法
1	开门响应时间	≤0.5	用秒表检查
2	堵门保护延时	16～20	用秒表检查
3	门扇全开启后保持时间	13～17	用秒表检查

5. 旋转门安装的允许偏差和检验方法应符合表 3-17 的规定。

旋转门安装的允许偏差和检验方法 表 3-17

项次	项　目	允许偏差(mm)		检　验　方　法
		金属框架玻璃旋转门	木质旋转门	
1	门扇正、侧面垂直度	1.5	1.5	用 1m 垂直检测尺检查
2	门扇对角线长度差	1.5	1.5	用钢尺检查
3	相邻扇高度差	1	1	用钢尺检查
4	扇与圆弧边留缝	1.5	2	用塞尺检查
5	扇与上顶间留缝	2	2.5	用塞尺检查
6	扇与地面间留缝	2	2.5	用塞尺检查

第五节　门窗玻璃安装

一、木门窗玻璃安装

1. 检验、分配玻璃

按建筑物设计所需要的玻璃品种、规格、质量要求及数量进行检验，确认合格后，根据具体尺寸进行裁割，然后按当天所需要的数量进行分配。分配到各安装地点的玻璃，不准堆放在靠近门窗开闭摆动的范围之内和其他不安全的地方，以免损坏玻璃。

2. 清理玻璃槽口

玻璃安装之前，要认真将门窗玻璃槽口（门窗玻璃裁口）清理干净，以保证油灰与槽口能够粘结牢固。

3. 涂底油灰

在门窗框裁口与玻璃底面之间，沿门窗框裁口的全长均匀连续地涂抹一层底油灰，涂抹厚度为 1～3mm。然后用双手将玻璃就位槽口，推铺平整，轻压玻璃，使部分底油灰挤出槽口，待油灰初凝后，有了一定的强度时，顺槽口的方向，将挤出的底油灰刮平，并清除多余的灰渣。

4. 固定玻璃

木门窗的玻璃一般用 1/2～1/3 时的小圆钉固定。钉固时，要沿玻璃四周下钉，注意不要让钉身靠近玻璃。所用钉子的数量每边不准少于一颗，若玻璃的边长超过 400mm 时，每边的钉子不准少于两颗，且钉距不宜超过 200mm。钉钉完毕，用手轻敲玻璃，测听一下底灰涂抹的是否饱满，若音响不正，应取下玻璃，重新涂抹底灰，进行固定。

5. 抹表面油灰(刮腻子)

表面油灰要软硬适宜，不含有其他杂质和硬颗粒物。涂抹一层后，用油灰刀紧靠槽边从一角开始，向另一个方向刮出斜坡形，然后再向反方向压刮至光滑。刮时用力要均匀一致，经过反复修刮，消除表面的裂纹、麻面和脱皮的现象。油灰与玻璃、裁口接触的边缘应平齐，四角呈规则的八字形。

修刮油灰的过程中，若发现固定圆钉钉帽外露而顶抗油灰刀时，应将钉帽砸入油灰内。

木门窗的玻璃采用木压条固定时，也需要先涂抹底油灰，后装玻璃。木压条不要选用易劈裂和易变形的木材制作。做出来的木压条尺寸应大小一致，光滑顺直。使用前需将木压条的端部加工成45°斜面，涂上干性油，卡入槽口内，然后用砸扁了钉帽的圆钉斜向钉入门窗扇上。木压条应紧靠玻璃钉固，每根木压条用钉子不准少于2～3颗。木压条钉完后，在木压条与玻璃之间，再涂抹油灰，消除缝隙。

二、镀锌彩板门窗玻璃安装

1. 安装前的准备

清除框扇槽口内的杂物、灰尘和污垢等。裁割出的玻璃尺寸应符合设计要求，各边缘应平直无曲斜现象，与槽口的间隙要适当。框扇下缘的排水孔要疏通通畅。

2. 安装玻璃

按设计要求的玻璃朝向，将玻璃放在定位垫块上，开扇和玻璃面积较大时，要在垂直边位置上设置隔片。定位垫块的宽度应大于所支撑的玻璃厚度，长度不小于25mm。定位垫块下面可以设铝合金垫片，垫块与垫片都固定在框扇上。

玻璃装入槽口内，塞以填充材料，嵌入嵌条，使玻璃受力均匀，平整无翘曲。逆风面的玻璃，应使用垫片或通长的压条嵌镶固定，在转角处还应涂刷少量的密封胶进行密封缝隙，以提高其密闭性能。

三、天窗玻璃安装

斜天窗安装玻璃时应顺流水方向，采取盖叠搭接的方法，用卡子扣牢。当斜天窗的坡度小于25%时，两块玻璃的搭接量为50mm左右；若坡度大于25%时，搭接量为35mm左右。搭接部位的重叠缝隙应垫好油纸，并以掺有红丹的防锈油灰嵌塞密实。

斜天窗所用的玻璃品种、规格应符合设计要求，若无设计要求时，最好选用夹丝玻璃，既可保证坚固，不易损坏，同时可以保证安全。若只能安装普通平板玻璃时，则要在玻璃的下面增装钢丝网，以防玻璃损坏。

四、门窗玻璃安装工程质量要求及检验方法

根据国家标准《建筑装饰装修工程质量验收规范》（GB 50210—2001）的规定，门窗玻璃安装工程质量控制及检验方法分为主控制项目和一般控制项目。

（一）主控制项目及检验方法

1. 玻璃的品种、规格、尺寸、色彩、图案和涂膜朝向应符合设计要求。单块玻璃大于1.5m² 时应使用安全玻璃。

检验方法：观察；检查产品合格证书、性能检测报告和进场验收记录。

2. 门窗玻璃裁割尺寸应正确。安装后的玻璃应牢固，不准有裂纹、损伤和松动。

检验方法：观察；轻敲检查。

3. 玻璃的安装方法应符合设计要求。固定玻璃的钉子或钢丝卡的数量、规格应保证玻璃安装牢固。

检验方法：观察；检查施工记录。

4. 镶钉木压条接触玻璃处，应与裁口边缘平齐。木压条应互相紧密连接，并与裁口边缘紧贴，割角应整齐。

检验方法：观察。

5. 密封条与玻璃、玻璃槽口的接触应紧密、平整。密封胶与玻璃、玻璃槽口的边缘应粘结牢固、接缝平齐。

检验方法：观察。

6. 带密封条的玻璃压条，其密封条与玻璃全部贴紧，压条与型材之间无明显缝隙，压条接缝应不大于 0.5mm。

检验方法：观察；尺量检查。

（二）一般项目及检验方法

1. 玻璃表面应洁净，不得有腻子、密封胶、涂料等污渍。中空玻璃内外表面均应洁净，玻璃中空层内不得有灰尘和水蒸气。

2. 门窗玻璃不应直接接触型材。单面镀膜玻璃的镀膜层及磨砂玻璃的磨砂面应朝向室内。中空玻璃的单面镀膜玻璃应在最外层，镀膜层应朝向室内。

3. 腻子应填抹饱满、粘结牢固；腻子边缘与裁口应平齐。固定玻璃的卡子不应在腻子表面显露。

检验方法：以上三项检验方法均为观察。

复习思考题

1. 木门窗安装的"立口法"和"塞口法"有什么区别？各自应用场合如何？

2. 木门窗安装工程的作业条件有哪些？

3. 普通钢门窗为什么应用甚少？彩板钢门窗为什么广泛应用？

4. 铝合金门窗的主要优点有哪些？

5. 试述铝合金门窗的安装要点及质量控制？

6. 试述塑料门窗主要性能特点和安装要点？

7. 按卷帘门窗的功能不同分几种？各适合在什么地方应用？

8. 试述防火门的耐火极限分级标准及安装要点。

9. 试述防盗门的主要类型、特点和应用。

第四章 顶棚装饰工程

建筑顶棚是室内空间最富于变化的装饰界面，设计者可以充分利用房间的顶部结构特点和室内净空高度进行平面或立面的装饰造型及面层装饰设计，刻意地融入人文的内涵，以取得最佳装饰效果，所以，顶棚装饰是室内装饰装修工程的重要部分。

第一节 概　述

一、顶棚装饰的两种做法

（一）直接式顶棚装饰

直接式顶棚装饰是在楼板底面或屋顶的下部直接抹灰、喷浆、裱糊或粘贴其他装饰材料（石膏板或塑料板等）。这种装饰做法适合室内净空高度较低、没有通风空调等管线穿过、对装饰性要求也不高的室内装饰，如图4-1所示。

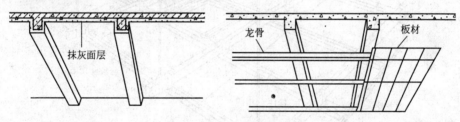

图 4-1　直接式顶棚

（二）悬吊式顶棚装饰

悬吊式顶棚装饰是利用吊筋（杆）一端固定在楼板底面或屋顶的下部，另一端悬挂在顶棚的主龙上（承重龙骨），再安装上罩面板材。这种顶棚装饰可以设计出各种造型，使顶棚装饰美观。且具有保温、隔热、吸声和隔声的功能，另外，隐蔽穿越楼板底下的各种管线、安装通风、照明、防水、消防、音响和其他电气系统终端设备，使顶棚的功能更加齐全，其一般构造如图4-2所示。

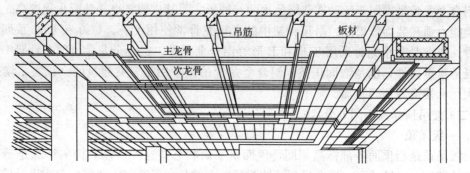

图 4-2　悬吊式顶棚

悬吊式顶棚构造形式有整体式吊顶、活动装配式吊顶、隐蔽装配式吊顶和开敞式吊顶等。

二、悬吊式顶棚装饰的类型

(一) 按吊顶用龙骨材料不同划分

1. 木龙骨吊顶

古建筑物室内吊顶多为木龙骨吊顶，现代建筑吊顶使用木龙骨仅适用于住宅或局部吊顶工程，而不适合作大面积吊顶工程。木龙骨根据其作用不同分主龙骨(承重龙骨)、次龙骨(中龙骨)、横撑龙骨(小龙骨)三种，其主要规格为25mm×30～60mm×80mm。木龙骨在使用之前须作防腐和防火处理。

木龙骨吊顶具有造型容易、施工简便和造价低的特点，因此应用较为广泛。

2. 轻钢龙骨吊顶

室内吊顶装饰面积大且造型要求不高时，适合采用轻钢龙骨吊顶。轻钢龙骨的截面形状有T形、L形、C形和U形等，如U38、U50和U60系列等。以上龙骨系列需配套使用，其外形构造如图4-3所示。

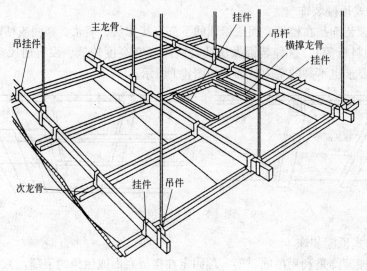

图4-3 轻钢龙骨吊顶

轻钢龙骨吊顶主要特点是装配化程度高、施工速度快、骨架的刚度和强度高，适合大面积一般公共建筑室内吊顶工程采用。

3. 铝合金龙骨吊顶

铝合金龙骨吊顶属于活动式装配吊顶的一种形式，其主要特点是装配化程度高、骨架抗锈蚀能力强和装饰效果好。吊顶骨架中的承重龙骨常使用U38、U50和U60系列的轻钢龙骨，中龙骨和小龙骨采用T形和L形等铝合金龙骨。铝合金龙骨吊顶的骨架中，小龙骨既是承重构件，也是饰面压条。铝合金龙骨吊顶常用于公共建筑的会议室、学校教室、大厅和楼道等顶棚装饰。

(二) 按吊顶标高不同划分

1. 一级吊顶

一级吊顶是指顶面各部标高相同，顶面呈平面状态。这种顶棚装饰的特点是造型简单、整体性好、连续感强，适合吊顶装饰面积较大的公共场所室内顶棚、走廊以及住宅的厨房、卫生间等顶棚装饰，其外形如图 4-4 所示。

图 4-4　公建大厅吊顶示图

2. 二级吊顶

二级吊顶是因为造型设计的需要，顶面装饰出现两个不同的标高，且标高差超过 200mm 的吊顶。二级吊顶的造型多样，构造方法也不同，空间立体感强，适合会议室、门厅和面积较大的住宅客厅的吊顶装饰。

3. 三级与多级吊顶

因为造型设计的需要，顶棚出现三个或三个以上不同的标高，且相邻两级标高相差 200mm 以上的吊顶。三级或多级吊顶的造型比较复杂、空间感强、层次丰富，且有一种豪华气派，故多用于高级宾馆、饭店和大型高档影剧院的吊顶装饰。

（三）按吊顶龙骨装配方式不同划分

1. 暗龙骨吊顶

暗龙骨吊顶又称隐蔽式龙骨吊顶，其主要特点是龙骨架不外露，只用饰面板材来表现整体装饰效果的一种吊顶装饰，如图 4-5 所示。

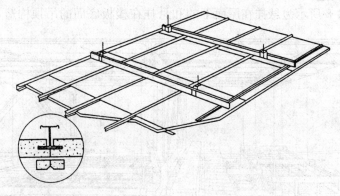

图 4-5　暗龙骨吊顶构造示图

2. 明龙骨吊顶

明龙骨吊顶又称为活动式吊顶，龙骨架安装时用轻钢龙骨和铝合金龙骨等配套使用，龙骨可以是外露或半外露，罩面板材明摆浮搁在龙骨的翼缘上，其外形构造如图 4-6 所示。

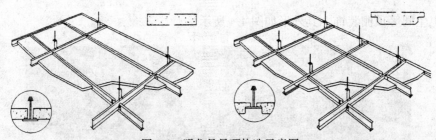

图 4-6　明龙骨吊顶构造示意图

三、吊顶装饰的作用

1. 美化室内空间环境，提高室内装饰效果

室内顶棚装饰容易引起人们的注意，它从造型、空间、色彩、光影和材质等多方面渲染了环境、烘托气氛，因此，顶棚装饰的造型设计应多考虑技术与艺术的完美结合，以取得最佳的装饰效果。

2. 调整室内空间形状和体积

一些建筑结构构件所围合形成的建筑空间不很理想时，可以通过顶棚装饰予以协调，统一室内空间的体积和形状，增强顶棚的整体性。

3. 隐蔽设备管线和主体结构构件

吊顶装饰可以有效地利用顶棚内的空间安装通风、空调、音响、照明和防火等需要的设备管线，并将建筑物主体结构的构件隐蔽在内，使室内顶面更加整洁。

4. 改善室内环境条件，满足使用功能要求

吊顶装饰可以有效地改善室内光环境、声环境和热环境，对室内艺术环境创造和提高舒适度提供了条件。如楼板下面进行吊顶装饰，通过隔绝空气声来降低噪声，可以改善室内的声学环境；吊顶空间可以形成通风层，或在吊顶空间内敷设保温、隔热材料，可以改善室内的热环境；顶棚的色泽和形状、材料质感等能调整室内光线，从而可以改善室内的光环境。室内因吊顶装饰而改善了声、光、热的环境，进而满足了房间使用功能的要求。

四、吊顶的构造

图 4-7、图 4-8 所示为悬挂在屋面下的和悬挂在楼板底面的吊顶构造，总体构造由支

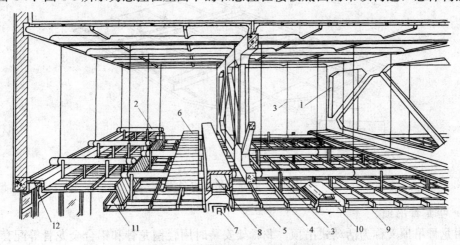

图 4-7　悬挂在屋面下的吊顶构造

1—屋架；2—主龙骨；3—吊筋；4—次龙骨；5—间距龙骨；6—检修走道；
7—出风口；8—风道；9—吊顶面层；10—灯具；11—灯槽；12—窗帘盒

承部分、基层部分和面层部分组成。

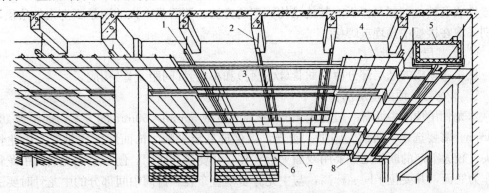

图 4-8 悬挂在楼板底面的吊顶构造

1—主龙骨；2—吊筋；3—次龙骨；4—间距龙骨；5—风道；6—吊顶面层；7—灯具；8—出风口

（一）支承部分

顶棚的支承部分，又称为承载部分，它要承受饰面材料的重量和其他荷载(顶面灯具、消防设施、各种饰物、上人检查和自重等)，通过吊筋传递给屋架或楼板等主体结构上。

组成支承部分的主要骨架构件是承载龙骨，承载龙骨在龙骨中又称为主龙骨或大龙骨，材料上有木制和轻金属两种，一般设置在垂直于桁架(悬挂在屋架下的顶棚)方向，间距在1.5m左右。主龙骨与吊筋(吊杆)相连接，吊筋可以是光圆的普通碳钢、小截面的型钢，也可以用方木。与主龙骨的连接方法可以用螺栓拧固、焊接、钩挂或钉固。一些古建筑物或老式的房间吊顶工程，主龙骨有时直接用檩条代替，次龙骨则用吊筋悬挂在檩条下方。

1. 木龙骨吊顶的支承部分

木龙骨吊顶支承多是在木屋架下面，现代建筑物都是在钢筋混凝土楼板下面吊顶，如以木龙骨作为吊顶的支承部分，其做法是：先在混凝土楼板内预埋的钢筋圆钩上穿 8 号镀锌低碳钢丝，吊顶时用它将主龙骨拧牢；或用 $\phi 8 \sim \phi 10$ 的吊筋螺栓与楼板缝内的预埋钢筋焊牢，下面穿过主龙骨拧紧并保持水平，但楼板缝内的预埋钢筋必须与主龙骨的位置一致；也可以采用光圆的普通碳钢作吊杆，上端与预埋件焊接牢固，下端与主龙骨用螺栓连接；轻型吊顶，又无保温、隔声要求时，还可以采用干燥的木杆，端头与方木主梁及木屋架用木钉子钉固。

木龙骨金属网顶棚吊顶的主龙骨一般用 80mm×100mm 的方木与吊筋绑扎牢固。木屋架下面的板条顶棚吊顶时，主龙骨的截面尺寸和间距大小，要根据设计要求确定，若无设计要求时，主龙骨可以采用 50mm×70mm 的方木，间距为 1m 左右；楼板下面做板条顶棚吊顶时，主龙骨的固定方法是：在楼板缝上垂直于拼缝的方向按主龙骨的间距摆放短钢筋，在每根钢筋处用 $\phi 4$ 的镀锌钢丝绕过钢筋，从板缝中穿下，将主龙骨置于楼板下方，摆好间距及位置，逐个用镀锌钢丝绑扎牢固。

2. 金属龙骨吊顶的支承部分

金属龙骨包括轻钢龙骨与铝合金龙骨，吊顶的支承部分同样由主龙骨与吊筋(吊杆)组成。承载主龙骨的截面形状有 U 形、C 形、L 形和 T 形等，截面尺寸的大小，决定于承受荷载的大小，间距一般为 1～1.5m。

主龙骨与楼板结构或屋顶结构的连接，一般是通过吊筋。吊筋数量的多少要科学、合理，考虑到龙骨的跨度和龙骨的截面尺寸，以 1～2m 设置一根较为合适。吊筋可以使用光圆的普通碳钢、型钢或吊顶型材的配套吊件。吊筋与主龙骨的连接一般使用专门加工的吊挂件或套件；与屋顶楼板或其他结构固定的方法，要看是上人的还是不上人的吊顶，可分别采取在楼板中预埋或焊接。

（二）基层部分

悬吊式顶棚的基层部分由中龙骨（次龙骨）和小龙骨（间距龙骨）构成。

1. 木龙骨吊顶的基层部分

木龙骨吊顶的中龙骨一般选用 40mm×60mm 或 50mm×50mm 的方木，间距为 400～500mm。需要选定一面预先刨平、刨光，以保证基层平顺，饰面层的质量好。中龙骨的接头、较大节疤的断裂处，要用双面夹板夹住，并要错开使用。刨平、刨光面的中龙骨一般作为底面，并要位于同一标高，与主龙骨呈垂直布置。钉固中间部分的中龙骨时要适当起拱，房间跨度为 7～10m 时，按 3/1000 起拱；房间跨度为 10～15m 时，按 5/1000 起拱，起拱高度拉通线检查一处时，其允许偏差为 ±10mm。小龙骨（间距龙骨）的规格也可以是 40mm×60mm 或 50mm×50mm 的方木，其间距为 300～400mm，用 3in 木钉与中龙骨钉固（1in＝25.4mm）。中龙骨与主龙骨的连接可用 80～90mm 的圆钉穿过中龙骨钉入主龙骨。

木龙骨金属网顶棚，为增加金属网的刚度，可以先在中龙骨上钉固 ϕ6mm 的圆钢，间距为 200mm。然后再与圆钢的垂直方向钉固金属网，并用 22 号镀锌低碳钢丝将金属网与圆钢绑扎牢固。金属网在平面上必须绷紧，相互间的搭接宽度应不小于 200mm，搭接口下面的金属网应与中龙骨及圆钢绑牢或钉固，不准悬空。

2. 轻金属龙骨吊顶的基层部分

轻钢龙骨或铝合金龙骨因为它们的自重轻，加工成型比较方便，故可以直接用镀锌低碳钢丝绑扎或用配套连接件将主龙骨、中龙骨和小龙骨连接在一起，形成吊顶的基层部分。

吊顶的基层部分施工时，应按设计要求留出灯具、风扇或中央空调送风口的位置，并做好预留洞穴及吊挂措施等方面的工作。若顶棚内尚有管道、电线及其他设施，应同时安装完毕；若管道外有保温要求时，应在完成保温工作后，并统一经过验收合格，才准许做吊顶的面层。

（三）面层部分

1. 木龙骨吊顶的面层部分

木龙骨吊顶所用的面层多为人造板材，如刨花板、纤维板、胶合板以及金属网与板条抹灰等。人造板材铺钉之前，要锯割成长方形或正方形等，顶面上排板是采用留缝钉固，还是镶钉压条，按设计要求确定。

罩面板的安装一般是由中间向四周对称排列。所以，安装前应按分块尺寸弹线，保证墙面与顶棚交接处接缝交圈一致。面板铺钉完毕，必须保证连接牢固，表面不准出现翘曲、脱层、缺棱掉角和折裂等缺陷。板面若有的部位设电器底座，应予嵌装牢固，底座的下表面应与面板的底面平齐。面板与龙骨的固定方法多为钉固，圆钉的长度应不短于 30mm，钉距控制在 80～150mm，钉固前应先用打钉机将钉帽砸扁，要顺木纹钉入，钉帽应入板面 1～1.5mm，然后用油性腻子腻眼、找平。

面板若选用的是硬质纤维板时，板子应先用水浸透，待晾干后才能安装；刨花板、木丝板作面板时，钉固用钉子的长度要超过板厚的 2 倍，还要加用铁皮垫圈。

木屋架下的木龙骨板条吊顶，板条排列应与中龙骨垂直，所有板条的接头应枕在中龙骨上，不准悬空，且板条之间的间隙应为 7～10mm，板条端部间隙为 3～5mm，接头要分段交错布置，各段接头要相互错开，以加强龙骨架的整体刚度，不致造成抹灰后饰面层开裂。板条的厚度为 7～10mm 较为合适，宽度不超过 35mm。铺钉时，板条的纯棱应向里侧钉固，厚度相差太多的板条不准使用。板条钉固完毕，板面应平整，没有翘曲和松动的现象。抹灰时要将板缝填满灰浆。罩面灰抹完后，应不显板缝和板条接头的痕迹。

2. 轻金属龙骨吊顶的面层部分

轻金属龙骨吊顶的面层属于预制拼装的吊顶装饰施工。这种吊顶的面层都是选用质量轻、吸声性能及装饰功能好的新型板材，如矿棉吸声板、石膏纤维装饰吸声板、钙塑泡沫装饰吸声板和聚苯乙烯泡沫装饰吸声板等，用这些板材作吊顶的面层。龙骨的布置，尤其是小龙骨的布置，应与饰面板材的规格尺寸相适应。预制饰面板材与吊顶龙骨的构造关系一般有两种：一种是龙骨外露，如图 4-9 所示；二是龙骨隐蔽，如图 4-10 所示。前者是将饰面板搁在龙骨的翼缘上，龙骨以框格的形式裸露在外，如常见的外露铝合金明龙骨吊顶等；后者是指龙骨被饰面板遮盖，而龙骨框格不显露，龙骨与板材的连接采用汽钉钉固或自攻螺钉拧固，如图 4-10(a) 所示；若饰面板为企口形状，则可以采取嵌装连接，如图 4-10(b) 所示。

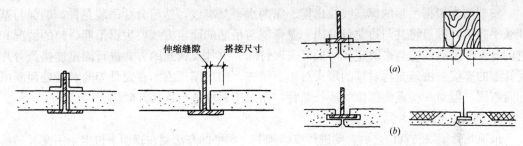

图 4-9　明龙骨吊顶节点　　　　　　图 4-10　隐蔽龙骨吊顶节点

(a)龙骨与饰面板钉固；(b)企口板嵌装

大面积的吊顶装饰工程，还可以采用开敞式单体组合吊顶，如使用塑料片、不锈钢片等成格布置组装成顶棚饰面，使室内上部光线透过格片而形成柔和均匀的光色效果；也有利用高效能的吸声体，重复组合地悬挂在室内顶部，起到装饰和吸声的作用。

第二节　木龙骨吊顶

一、施工准备

1. 放线、找规矩

放标高线　从室内墙面的 500mm 线向上量出吊顶的高度，四面墙兜方弹出水平线，作为吊顶的下皮标高线。

放框格造型位置线　吊顶造型位置线可先在一个墙面上量出竖向距离，再以此画出其他墙面的水平线，即得到吊顶位置的外框线，然后再逐步找出各局部的造型框架线；若室内吊顶的空间不规则，可以根据施工图纸测出造型边缘距墙面的距离，找出吊顶造型边框的有关基本点，将点再连接成吊顶造型线。

2. 拼装龙骨架

为了便于龙骨的安装，可先在地面上进行分片拼装。其拼装的顺序是：根据吊顶骨架面上分片安装的位置和尺寸，选取纵、横龙骨的型材，然后按所需要的大小片龙骨架进行拼装。拼装骨架时的连接方法为咬口拼连，并在咬口处先涂胶，后用圆钉钉固。

二、安装龙骨

1. 安装吊点紧固件

木龙骨吊顶紧固件的安装方法有三种：一种是在楼板底面上按吊点位置用电锤打孔，预埋膨胀螺栓，并固定等边角钢，将吊筋(杆)与等边角钢相连接；二是在混凝土楼板施工时做预埋吊筋，吊筋预埋在吊点位置上，并垂下在外一定的长度，可以直接作吊筋使用，也可以在其上面再下连吊筋；第三种方法是在预制混凝土楼板板缝内按吊点的位置伸进吊筋的上部并钩挂在垂直于板缝的预先安放好的钢筋段上，然后对板缝进行细石混凝土二次浇筑并做地面。

2. 固定边龙骨

边龙骨又称沿墙龙骨。边龙骨的底边要与吊顶标高线居于同一平面。边龙骨的固定方法一般是用电锤打孔，孔要钻在标高线以上 10mm 处，孔径为 12mm，孔的间距为 500～800mm，然后在孔内砸入木楔，将边龙骨钉固在木楔内。

3. 安装龙骨

安装前先根据吊顶的标高线拉出横、纵的水平基准线，然后分片吊装龙骨，确保与基准线平齐后，即可将其与边龙骨钉固。龙骨架与吊筋的固定方法要根据吊筋(杆)的情况和它们与上部吊点的构造来决定，一般可采取钉固、绑扎及钩挂的方式进行固定连接。分片龙骨架的连接方法是先将对接的端头对正、平齐，然后用短方木在龙骨架的对接处顶面或侧面钉固。但对一些重要部位的接长龙骨，需采用钢件进行连接并紧固。

4. 调平

吊顶龙骨架安装就位之后，要进行整体调平，调平的方法是在顶面下拉出十字交叉的标高线，发现顶面上拱部分，应将吊筋放松，使上拱部分下移；顶面下凸的部分，需调整吊筋将骨架收紧拉起来，直至达到吊顶骨架的整体平整，使平整度误差不超过允许的范围。

为了平衡饰面板的重力作用，同时起到减小人们视觉上的下坠感，较大面积的吊顶，通常采取起拱的方法。起拱的程度，要以房间跨度的大小来决定。

三、安装罩面板

1. 排板

为了保证罩面装饰效果，也考虑方便施工，不出现差错，罩面板安装前要进行预排。胶合板罩面多为无缝罩面，即最终不留板缝，其排板形式有两种：一种是将整板铺大面，分割板安排在边缘部位；另一种排法是整板居中，分割板布置在两侧。排板完毕应将板编号堆放，装订时按号就位。

排板时，要根据设计图纸要求，留出顶面设备的安装位置，如安装灯具口、空调冷暖风口、排气口等。也可以将各种设备的洞口先在罩面板上画出，待板面铺装完毕，安装设备时再将面板取下来。

2. 铺钉

胶合板铺钉用 16～20mm 长的小钉，钉固前先用电动或气动打枪机将钉帽砸扁。铺钉时将胶合板正面朝下托起到预定的位置，紧贴龙骨架，从板的中间向四周展开钉固。钉子的间距控制在 150mm 左右，钉头要钉入板面 1～1.5mm 左右。

四、板面装饰

胶合板面板表面装饰可以采取裱糊或铺设新型吸声板材的方法。

1. 裱糊壁纸

胶合板顶棚裱糊壁纸的用胶与裱糊要求，基本同于内墙裱糊。裱糊时，先在顶棚距边墙少于 5mm 处弹线，然后裁好壁纸并刷胶，刷胶后将壁纸折叠，用长杆扫帚托起，对准弹线的位置，随铺贴随打开折叠，直到整幅壁纸贴好为止，然后修整墙边处多余的壁纸或装订挂镜线（与阴角线重叠的挂镜线），也可以做预制灰脚线的粘贴。

2. 铺设新型吸声板材

新型吸声板材品种很多，本章前面已做叙述。如铺设矿棉吸声板，板材的固定方法可以粘贴在胶合板（衬板）上，也可以使用无帽钉气钉枪射钉钉固。

第三节　轻金属龙骨吊顶

轻金属龙骨包括轻钢龙骨和铝合金龙骨。它们是使用镀锌钢带、铝带、铝合金型材、薄壁冷轧退火卷带为原材料，经过机械冷弯或冷冲压而成的顶棚吊顶骨架支承材料。其主要性能特点、主要截面形式、类型及相应的配件形式、规格尺寸等在建筑装饰装修材料课中已做详细介绍，这里不再重复。

一、施工准备

（一）材料准备

1. 连接材料

普通圆钉、扁帽钉、木螺钉等只能用于与木材等软基体的连接；砖或混凝土等硬基体的连接，则要使用射钉、水泥钉或金属膨胀螺栓；轻金属龙骨的固接又常使用自攻螺丝。

（1）水泥钉

水泥钉又称为水泥钢钉、特种钢钉，具有较高的强度和冲击韧性，它可以利用射钉枪直接向砖墙、混凝土墙等硬基体上钉固装饰工程中的连接件和吊顶时金属边龙骨，吊顶工程中常用的水泥钉的规格见表 4-1。

水泥钉的规格　　　　表 4-1

示意图	钉杆尺寸(mm)		1000 个钉的质量约(kg)
钉号(mm)	长度(L)	直径(d)	
7	101.6	4.57	13.38
7	76.2	4.57	10.11
8	76.2	4.19	8.55
8	63.5	4.19	7.17
9	50.8	3.76	4.73
9	38.1	3.76	3.62
9	25.4	3.76	2.51
10	50.8	3.40	3.92
10	38.1	3.40	3.01
10	25.4	3.40	2.11
11	38.1	3.05	2.49
11	25.4	3.05	1.76
12	38.1	2.77	2.10
12	25.4	2.77	1.40

(2) 射钉

常用射钉的种类有一般射钉(细杆件)、螺纹射钉和带孔的射钉等，其外形构造如图 4-11 所示。

射钉的原理是利用射钉枪来击发射钉弹，使弹壳内的火药燃烧爆炸并产生能量而将射钉快速、直接地钉入金属、砖或混凝土等硬的基体内，对要求连接的材料、配件等进行连接。射钉枪的构造及其紧固系统如图 4-12 所示。

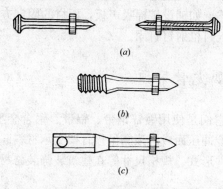

图 4-11　射钉构造形式

(a)一般射钉；(b)螺纹射钉；(c)带孔射钉

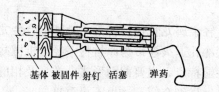

基体　被固件　射钉　活塞　弹药

图 4-12　射钉枪构造及紧固系统图

(3) 膨胀螺栓

膨胀螺栓又叫胀锚螺栓，就制造材料而言有金属(中碳钢)和塑料的两种。金属膨胀螺栓由锥形螺栓、膨胀套管、垫圈、弹簧垫圈和螺母等组成，其外形构造如表 4-2 中图所示；塑料膨胀螺栓有聚乙烯、聚丙烯膨胀螺栓等，作为向轻质多孔材料的基体上连接材料、配件之用(如往加气混凝土基体上固结轻质板材等)。膨胀螺栓使用时，需借助于电锤或手电钻钻孔后安装在各种基体上。

金属膨胀螺栓规格　　　　　　　　　　　　　　　　表 4-2

类 型	规 格 尺 寸(mm)						质量 (kg/ 1000 件)	示 意 图
	规　格	L	l	c	a	b		
Ⅰ型	M6×65	65	35	35	3	8	2.77	
	M6×75	75	35	35	3	8	2.93	
	M6×85	85	35	35	3	8	3.15	
	M8×80	80	45	40	3	9	6.14	
	M8×90	90	45	40	3	9	6.42	
	M8×100	100	45	40	3	9	6.72	
	M10×95	95	55	50	3	12	10	
	M10×110	110	55	50	3	12	10.9	
	M10×125	125	55	50	3	12	11.6	
	M12×110	110	65	52	4	14.5	16.9	
	M12×130	130	65	52	4	14.5	18.3	
	M12×150	150	65	52	4	14.5	19.6	(Ⅰ型金属胀锚螺栓)
	M16×150	150	90	70	4	19	37.2	
	M16×175	175	90	70	4	19	40.4	
	M16×200	200	90	70	4	19	43.5	
	M16×220	220	90	70	4	19	46.1	

类　　型	规　格　尺　寸(mm)						质量 (kg/ 1000 件)	示　意　图
	规　　格	L	l	c	a	b		
Ⅱ型	M12×150	150	65	52	4	14.5	19.6	
	M12×200	200	65	52	4	14.5	40.4	
	M16×225	225	90	70	4	19	46.8	（Ⅰ型金属胀锚螺栓）
	M16×250							
	M16×300							

　　膨胀螺栓的连接，可以代替各种预埋螺栓，其锚固力强，施工方便，是吊顶工程中常用的连接件，其主要规格尺寸见表 4-2。

　　（4）自攻螺钉

自攻螺钉是用来将吊顶工程中各种罩面板拧固在金属龙骨上，常用的自攻螺钉规格尺寸见表 4-3。

埋头自攻螺钉规格　　表 4-3

直　径 (mm)	钉　长 (mm)	直　径 (mm)	钉　长 (mm)
4	16，18，20	5	25，30

　　2. 龙骨、吊筋、吊挂件和配件准备

　　根据设计要求绘制出吊顶组装平面图。按吊顶房间面积大小和选用饰面板的类型进行合理布局，准确地排列出各种龙骨的间距，并根据组装平面图的要求统计出所需要的龙骨、吊筋、吊挂件与配件的数量，使用砂轮切割机下料，截出轻钢龙骨，准备安装使用。

　　检查并安装吊筋，要保证吊筋的位置准确、数量足够且与结构层连接应牢固可靠。若屋顶为装配式混凝土楼板，应在板缝内预埋吊筋或用射钉枪来固定吊筋铁件；若为现浇混凝土楼板，应预先埋设吊筋或吊点预埋件，然后焊上吊筋。

　　凡龙骨表面、吊筋、配件、连接件表面没有金属镀层的，安装之前都必须按要求的遍数刷防锈漆，作好防腐处理，然后才准进行吊筋和龙骨的安装。

　　（二）机具准备

　　用于轻金属龙骨吊顶和饰面板材的安装机具类型较多，如手电锯、手电刨、手电钻、电锤、型材切割机(无齿锯)、电动剪刀及射钉枪等。工具有锤子、卷尺、线坠、线盒和方尺等。

　　二、轻钢龙骨装配式吊顶

　　1. 弹线

　　从内墙面的 500mm 基准线上返找出吊顶的下皮标高，沿房间四周的墙面弹出水平线，再按主龙骨要求的安装间距弹出龙骨的中心线，找出吊点的位置中心(装配式楼板吊点中心应避开板缝)，并充分考虑吊点所承受荷载的大小和楼板自重的强度。吊点的间距一般不应超过 1m，距龙骨的端部应不超过 300mm，以防承载龙骨下坠。

　　2. 安装吊筋

　　所有吊点处理好后即可安装吊筋。吊筋与吊点的连接方法因吊点的预埋件不同而异，一般有焊接、拧固、勾挂或其他方法等。若楼板未做预埋件，可以临时采取射钉或电锤打孔，预埋膨胀螺栓的办法解决。

　　吊筋安装前要计算准确所需要的长度，下端需套制螺纹的应保证螺纹长度留有调节的余地，并要配备好螺母，以备拧固之用。图 4-13 所示为上人吊顶顶棚吊点与吊筋的连接；图 4-14 所示为不上人吊顶顶棚吊点与吊筋的连接。

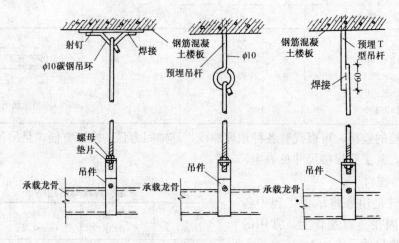

图 4-13　上人吊顶顶棚吊点与吊筋连接

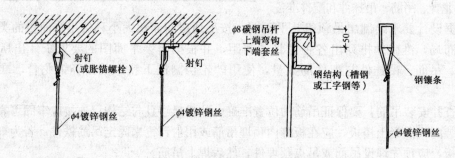

图 4-14　不上人吊顶顶棚吊点与吊筋连接

　　3. 固定边龙骨

　　墙体为砖砌体，边龙骨可直接钉固在预埋的防腐木砖上；混凝土墙体可以钉固在吊顶标高基准线上的预埋木楔内，也可以采取射钉的方法固定。边龙骨固定的钉距控制在 900～1000mm 为宜。

　　4. 安装主龙骨

　　主龙骨与吊挂件连接在吊筋上，并拧紧固定螺母。一个房间的主龙骨与吊筋、吊挂件全部安装就位后，要进行平直的调整，方法是先用 60mm×60mm 的方木按主龙骨的间距钉上圆钉，分别卡住主龙骨，对主龙骨进行临时固定，然后在顶面拉出十字线和对角线，拧动吊筋上面的螺母，作升降调平，直至将主龙骨调成同一平面。房间吊顶面积较大时，调平时要使主龙骨中间部位略有起拱，起拱的高度一般不应小于房间短向跨度的 1/200。

　　5. 安装中龙骨

　　中龙骨应垂直于主龙骨安装，中龙骨是以吊挂件位于交叉点固定在主龙骨之上。挂件的 U 形腿子用钳子卧入主龙骨内，上端则搭接在主龙骨上。中龙骨的中距应计算准确并经翻样确定。中龙骨的中距计算时，要考虑饰面板安装时要求离缝（缝宽尺寸）还是密缝等。

6. 安装横撑龙骨

用中龙骨截取横撑龙骨，横撑龙骨应与中龙骨呈垂直布置，安装在吊顶罩面板的拼缝处。安装时，将截取合适的中龙骨端头插入挂插件，扣在纵向主龙骨上，用钳子将挂件弯入主龙骨内。横撑龙骨的间距要根据所选用的饰面板材的规格和尺寸的大小确定。安装好的主龙骨和横撑龙骨的底面，即饰面板的背面应在同一平面内，图 4-15 所示为 U 形轻钢龙骨安装示意图。

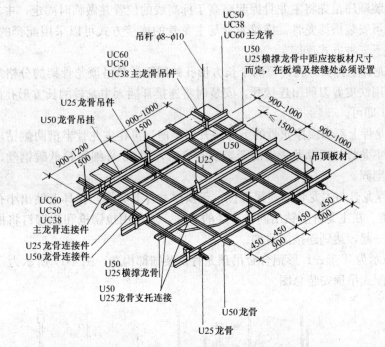

图 4-15　U 形轻钢龙骨安装示意图

三、铝合金龙骨装配式吊顶

铝合金龙骨吊顶也分有上人和不上人的两种。上人龙骨骨架即吊顶要求除了承受本身的重量之外，还需要承受上人检修和吊挂设备等附加荷载的作用。此种吊顶骨架需采用 T 形、L 形铝合金龙骨与 U 形轻钢吊顶龙骨相组合，安装成承载龙骨的吊顶骨架；不上人龙骨骨架只是承受本身的重量，故只用 T 形和 L 形两种铝合金龙骨组装成吊顶骨架即可。

T 形、L 形铝合金吊顶龙骨安装过程与安装要求基本同轻钢龙骨吊顶骨架的安装，其施工要点如下：

1. 固定边龙骨

将角铝边龙骨的底面与事先弹出的吊顶标高线对齐，然后用射钉枪以水泥钉按 400～600mm 的间距钉固在墙面上。

2. 弹线分格

根据饰面板的尺寸确定出纵、横龙骨中心线的间距尺寸，经实测后先画出分格方案图，标准分格尺寸应置于吊顶中部，不标准的分格应置于顶面不显眼的位置。然后将定位的位置线画到墙面或柱面上，并同时在楼板底面弹出分格线，找出吊点，做上标记。

3. 固定吊件

按要求的吊点位置，采用电锤打孔，预埋膨胀螺栓或直接使用射钉枪固定角钢连接件，再借助于角钢上面的孔将吊筋或镀锌低碳钢丝固定。当使用镀锌低碳钢丝作为吊筋时，钢丝的直径应符合承载强度的要求。施工时，一般用单股钢丝悬吊，应不小于 14 号丝；双股钢丝悬吊，应不小于 18 号丝。

4. 安装龙骨

龙骨的安装顺序是先将主龙骨提起略高于标高线的位置并做临时固定，主龙骨全部安装就位后，即可安装横撑龙骨。横撑龙骨与主龙骨的连接方式可以采用配套的钩挂配件，也可以采用以下三种方式连接。

（1）在主龙骨上打长方孔，每两个长方形孔的间距就是吊顶龙骨架的分格尺寸，横撑龙骨安装之前用铁皮剪刀剪出连接耳，安装时将连接耳插入主龙骨的长方形孔内，再用钳子将耳弯成 90°即可。

（2）在主龙骨上部和横撑龙骨的下部各开出半槽，再在主龙骨半槽两侧钻出 $\phi 3mm$ 的小孔，然后将主龙骨与横撑龙骨借助于半槽连接后，用 22 号细镀锌低碳钢丝，穿过主龙骨的小孔绑扎牢固。

（3）在横撑龙骨与主龙骨的连接部位，于横撑龙骨上剪耳，在耳上钻出小孔，安装时将耳弯成 90°角。在主龙骨上钻出同样直径的小孔，然后用拉铆枪和铝铆钉将横撑龙骨与主龙骨铆接在一起，达到连接的目的。

图 4-16 所示为 T 形、L 形铝合金吊顶龙骨安装细部构造，图 4-17 所示为 T 形、L 形铝合金龙骨装配式吊顶安装总图。

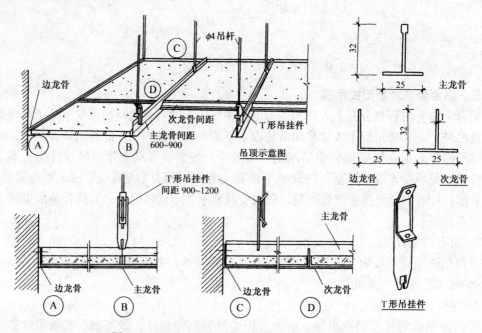

图 4-16　T 形、L 形铝合金吊顶龙骨安装细部构造

四、轻金属龙骨吊顶的质量要求

1. 各种轻金属龙骨的外形要求和尺寸允许偏差分别见表 4-4 和表 4-5。

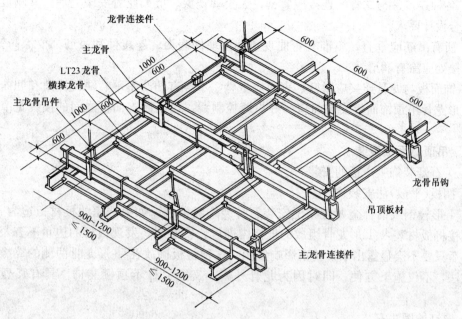

龙骨连接件
主龙骨
LT23龙骨
横撑龙骨
主龙骨吊件
龙骨吊钩
吊顶板材
主龙骨连接件

1000
600
600
600
600
600
1000
600
600
900~1200
≤1500
900~1200
≤1500

图 4-17　T、L 形铝合金龙骨装配式吊顶安装总图

龙骨的外形精度表   表 4-4

技 术 项 目	技 术 指 标	技 术 项 目	技 术 指 标
龙骨外形	光滑平直	涂防锈漆或镀锌，喷漆表面流坠和出现气泡	不准有
各平面的平面度(mm)	每米允许偏差 2mm		
各平面的轴线度(mm)	每米允许偏差 3mm	镀锌连接件黑斑、麻点、起皮、起瘤、脱落	不准有
过渡角裂口和毛刺	不准有		

龙骨的尺寸精度表   表 4-5

龙 骨 品 种	B(宽度)(mm)			H(高度)(mm)		
	基本尺寸	极 限 偏 差		基本尺寸	极 限 偏 差	
		优质品	合格品		优质品	合格品
UC50、TC50 主龙骨	15	±1		50	±0.6	±0.95
UC38、TC38 主龙骨	12	±1		38	±0.31	±0.5
L35 异形龙骨	15	±1		35	±0.5	±0.8
U50 龙骨	50	+0.62 0	+1 0			
U25 龙骨	25	+0.52 0	+0.84 0	20		
T23 龙骨及横撑龙骨	2			38	±0.5	±0.8

注：表 4-4 和表 4-5 技术要求摘自北京建材集团的企业标准《京 Q/J-WU-29-82》。

2. 吊顶的平整度用 2m 长的直尺检查应不超过±3mm，肉眼观察应无下坠感。

3. 吊顶的顶面应在设计标高的平面上，四周允许偏差不大于±5mm。

4. 各种连接件与龙骨的连接应紧密，无松动现象。上人龙骨安装完后，其刚度、强度应符合设计要求。

5. 所有吊筋应垂直，不准有弯曲现象。预埋件表面、连接件和吊筋都要涂防锈漆。螺纹连接处应涂有润滑油。

6. 饰面板与龙骨连接应紧密，表面应平整，不准有凹凸不平、缺棱掉角和翘曲的现象。U形龙骨吊顶饰面板安装前应弹好板缝控制线，以控制饰面板之间的接缝宽窄和平直度。

五、吊顶罩面板安装

（一）石膏装饰吸声板的安装

1. 搁板（平放）法安装

在T形轻钢或铝合金龙骨架上安装石膏装饰吸声板，如果选用的板材板边为直角，可以直接将板材装入T形龙骨组成的框格内即可。安装时，发现板材的边角不齐，装入框格内后只要不会显露出来，就不影响使用。这种将板搁放在T形龙骨两侧的翼缘上的安装方法，不仅施工方便，同时因为龙骨外露，又可以显示顶棚装饰，具有强烈的线型美。

2. 螺钉拧固法安装

吊顶骨架由U形轻金属龙骨组成，石膏装饰吸声板可以用镀锌的自攻螺钉与中、小龙骨拧固。螺钉可用5mm×25mm或5mm×35mm的两种，螺钉要拧入板面0.5~1mm，然后用腻子将钉眼腻平，并用与石膏板同样颜色的色浆将所有的腻眼涂刷一遍，以保证饰面板表面颜色一致。石膏板的拼装应保留8~10mm的接缝，整个顶面板材安装完毕，板缝的处理方法可以刷色浆，也可以用塑料压缝条或铝合金压缝条将缝隙压严，以达到坚固和美观的装饰效果。

吊顶骨架由木龙骨组成，龙骨的规格最小又是50mm×10mm时，可用20~25mm的木螺钉将石膏罩面板拧固在龙骨上。石膏板的规格为500mm×500mm时，紧固螺钉不少于8个；600mm×600mm时，紧固螺钉不少于12个。

3. 企口咬接法安装

吊顶骨架系由T16-40轻钢暗式系列龙骨组成，石膏罩面板可以采用企口咬接的方法进行安装。安装时应保证龙骨与带企口的石膏装饰吸声板配套，并使各企口的相互咬接和图案的拼接自然，安装牢固。

（二）钙塑泡沫装饰吸声板的安装

吊顶骨架由40mm×30mm的方木组成，其龙骨架框格尺寸又与钙塑泡沫板规格尺寸相同时，可以用圆钉或木螺钉将板材固定在木筋上，板材每边的钉点应不少于3~5个。为了满足装饰美感的需要，可在每四块板材的交点处用木螺钉拧上一朵特制的电化铝托花或塑料托花来固定板面；还可以根据板面图案的不同，在板材的拼缝处加钉压条，既遮盖了拼缝，又固定了装饰罩面板。

屋顶若为喷浆、粉刷顶面或为混凝土顶面时，可以选用适宜的胶粘剂，如CX404胶，将板直接粘贴在顶棚的木筋上。

钙塑泡沫装饰吸声板安装完毕，若需进一步提高顶面的装饰效果，还可以在板面上喷涂白色或彩色涂料，但涂料最好选用无光涂料，以免造成光污染。

（三）矿棉装饰吸声板的安装

1. 搁板法（平放法）

顶棚为轻金属 T 形龙骨吊顶骨架，龙骨架安装完毕并找好了平整度，将与骨架框格尺寸相适应的矿棉装饰吸声板直接平放到龙骨的翼缘上。

2. 钉固法

顶棚为轻金属龙骨吊顶，底衬板为胶合板或纤维板，可以使用手持式气钉枪将矿棉装饰吸声板钉固在底衬板上。

3. 粘贴法

喷浆、抹灰顶面或混凝土顶面进行矿棉吸声板装饰时，可以先按板材的规格尺寸在顶面上钉固平顶木筋，然后用适宜的胶粘剂，将板块直接粘贴在平顶木筋（木条）上。

（四）珍珠岩装饰吸声板的安装

1. 木筋固定法

木筋的布置要符合板材的规格尺寸，木筋在顶面上安装完后应保证平整、光洁。珍珠岩装饰板可选用 30mm 左右长度的圆钉直接钉固在木筋上，最后用与板材同颜色的珍珠岩混合粘结腻子补平板面，封盖钉眼。

2. 镶嵌固定法

顶棚为轻金属龙骨吊顶，可以采取饰面板嵌入固定法安装，但必须是 T 形轻钢龙骨。对珍珠岩装饰吸声板材应按尺寸要求先开槽，然后再嵌入；若采用 U 形龙骨吊顶时，则要预先在龙骨上钻孔，然后将饰面板用螺钉与龙骨拧固。

3. 直接粘贴法

粉刷顶面、混凝土顶面，表面十分平整、光洁时，可以利用适宜的胶粘剂将饰面板直接粘贴上。若顶面的平整度差，可以先用混合砂浆找平。粘贴时，在板材的背面按梅花点的形式涂胶，涂好胶用力压板粘贴。在胶粘剂未完全固化之前，饰面板不准受到振动，以免降低胶粘剂的粘结强度。

六、吊顶工程施工质量要求及检验方法

国家标准《建筑装饰装修工程质量验收规范》（GB 50210—2001）规定，吊顶工程施工质量控制要点分为施工前施工准备工作要点、施工过程中主控项目及检验方法和一般项目及检验方法。

（一）吊顶工程施工前准备工作要点

1. 安装龙骨前，应按设计要求对房间净高、洞口标高和吊顶管道、设备及其支架的标高进行交接检验。

2. 吊顶工程的木吊杆、木龙骨和木饰面板必须进行防火处理，并应符合有关设计防火规范的规定。

3. 吊顶工程中的预埋件、钢筋吊杆和型钢吊杆应进行防锈处理。

4. 安装面板前应完成吊顶内管道和设备的调试及验收。

5. 吊杆距主龙骨端部距离不得大于 300mm，当大于 300mm 时，应增加吊杆。当吊杆长度大于 1.5m 时，应设置反支撑。当吊杆与设备相遇时，应调整并增设吊杆。

6. 重型灯具、电扇及其他重型设备严禁安装在吊顶工程的龙骨上。

（二）暗龙骨吊顶工程施工质量控制要点及检验方法

1. 主控制项目及检验方法

(1) 吊顶标高、尺寸、起拱和造型应符合设计要求。

检验方法：观察；尺量检查。

(2) 饰面材料的材质、品种、规格、图案和颜色应符合设计要求。

检验方法：观察；检查产品合格证书、性能检测报告、进场验收记录和复验报告。

(3) 暗龙骨吊顶工程的吊杆、龙骨和饰面材料的安装必须牢固。

检验方法：观察；手扳检查；检查隐蔽工程验收记录和施工记录。

(4) 吊杆、龙骨的材质、规格、安装间距及连接方式应符合设计要求。金属吊杆、龙骨应经过表面防腐处理；木吊杆、龙骨应进行防腐、防火处理。

检验方法：观察；尺量检查；检查产品合格证书、性能检测报告、进场验收记录和隐蔽工程验收记录。

(5) 石膏板的接缝应按其施工工艺标准进行板缝防裂处理。安装双层石膏板时，面层板与基层板的接缝应错开，并不得在同一根龙骨上接缝。

检验方法：观察。

2. 一般项目及检验方法

(1) 饰面材料表面应洁净、色泽一致，不得有翘曲、裂缝及缺损。压条应平直、宽窄一致。

检验方法：观察；尺量检查。

(2) 饰面上的灯具、感应器、喷淋头、风口箅子等设备的位置应合理、美观，与饰面板的交接应吻合、严密。

检验方法：观察。

(3) 金属吊杆、龙骨的接缝应均匀一致，角缝应吻合，表面应平整，无翘曲、锤印。木质吊杆、龙骨应顺直，无劈裂、变形。

检验方法：检查隐蔽工程验收记录和施工记录。

(4) 吊顶内填充吸声材料的品种和铺设厚度应符合设计要求，并应有防散落措施。

检验方法：检查隐蔽工程验收记录和施工记录。

(5) 暗龙骨吊顶工程安装的允许偏差和检验方法应符合表 4-6 的规定。

暗龙骨吊顶工程安装的允许偏差和检验方法　　　　　　　　表 4-6

项次	项　目	允　许　偏　差　(mm)				检　验　方　法
		纸面石膏板	金属板	矿棉板	木板、塑料板、格栅	
1	表面平整度	3	2	2	2	用 2m 靠尺和塞尺检查
2	接缝直线度	3	1.5	3	3	拉 5m 线，不足 5m 拉通线，用钢直尺检查
3	接缝高低差	1	1	1.5	1	用钢直尺和塞尺检查

（三）明龙骨吊顶工程施工质量控制要点及检验方法

1. 主控项目及检验方法

(1) 吊顶的标高、尺寸、起拱和造型应符合设计要求。

检验方法：观察；尺量检查。

（2）饰面材料的材质、品种、规格、图案和颜色应符合设计要求。当饰面材料为玻璃板时，应使用安全玻璃或采取可靠的安全措施。

检验方法：观察；检查产品合格证书、性能检测报告和进场验收记录。

（3）饰面材料的安装应稳固严密。饰面材料与龙骨的搭接宽度应大于龙骨受力面宽度的2/3。

检验方法：观察；手扳检查；尺量检查。

（4）吊杆、龙骨的材质、规格、安装间距及连接方式应符合设计要求。金属吊杆、龙骨应进行表面防腐处理；木龙骨应进行防腐、防火处理。

检验方法：观察；尺量检查；检查产品合格证书；进场验收记录和隐蔽工程验收记录。

（5）明龙骨吊顶工程的吊杆和龙骨安装必须牢固。

检验方法：手扳检查；检查隐蔽工程验收记录和施工记录。

2. 一般项目及检验方法：

（1）饰面材料表面应洁净、色泽一致，不得有翘曲、裂缝及缺损。饰面板与明龙骨的搭接应平整、吻合、压条应平直、宽窄一致。

检验方法：观察；尺量检查。

（2）饰面板上的灯具、烟感器、喷淋头、风口箅子等设备的位置应合理、美观，与饰面板的交接应吻合、严密。

检验方法：观察。

（3）金属龙骨的接缝应平整、吻合、颜色一致，不得有划伤、擦伤等表面缺陷。木质龙骨应平整、顺直，无劈裂。

检验方法：观察。

（4）吊顶内填充吸声材料品种和铺设厚度应符合设计要求，并应有防散落措施。

检验方法：检查隐蔽工程验收记录和施工记录。

（5）明龙骨吊顶工程安装的允许偏差和检验方法应符合表4-7的规定。

明龙骨吊顶工程安装的允许偏差和检验方法　　　　　表4-7

项次	项　　目	允　许　偏　差　（mm）				检　验　方　法
		石膏板	金属板	矿棉板	塑料板、玻璃板	
1	表面平整度	3	2	3	2	用2m靠尺和塞尺检查
2	接缝直线度	3	2	3	3	拉5m线，不足5m拉通线，用钢直尺检查
3	接缝高低差	1	1	2	1	用钢直尺和塞尺检查

第四节　开　敞　式　吊　顶

开敞式吊顶顶面是开敞的，不需要在吊顶龙骨下面再铺钉罩面板，而是将预先加工成型的标准的单体构件进行拼装，所以，悬吊与就位同其他类型顶棚相比要简单些。开敞式吊顶打破了吊顶单一平面的视觉感受，形成独特的韵律，达到既遮又透的顶棚装饰效果，同时使顶部的照明、通风和声学功能得到改善。但开敞式吊顶需要对吊顶以上的部分进行涂黑处理，也可以按设计要求的色彩进行涂刷。上部的设备与管线维修一般不需再爬到顶棚上面，站在下面，通过开口部位便可以进行。

开敞式吊顶所用单体构件有金属格片式、塑料格栅式、金属格栅式和网络式等。单体构件的固定有两种方法，一是将单体构件固定在龙骨架上；另一种是将单体构件直接用吊杆与结构相连接，不用骨架支撑，本身具有一定的刚度。

一、金属格片吊顶

金属格片吊顶又称叶片式或垂帘式金属板吊顶，格片是用特殊断面的金属条形片加工而成，具有重量轻、刚度大、质感强和施工简便等优点。

图4-18　开敞式金属格片吊顶的外形

金属格片与吊挂龙骨相配合，板条立式安装呈垂帘状，充分展示其并列长条形图案效果的开敞式顶棚饰面，如图4-18所示。

金属格片多为铝合金制品，表面经阳极氧化或喷塑处理，颜色有古铜、银白或金黄等，厚度一般为0.5～0.6mm，也可以根据用户需求进行加工。吊杆与吊挂龙骨的连接用专用吊件。格片的高度尺寸有100mm、150mm、200mm；间距尺寸可为50mm、100mm、150mm和200mm，吊顶的吊挂龙骨中距和吊点间距一般不大于1500mm。

金属格片吊顶施工过程：

（一）材料准备

1. 金属格片。

2. 吊筋：$\phi 6$～$\phi 8$热轧光圆钢筋，表面经防腐处理，也可以直接采用镀锌钢筋。

3. 连接固定件：水泥钉、射钉、膨胀螺栓、自攻螺钉和木螺钉等。

（二）机具准备

射钉枪、手锯、砂轮切割机、电锤、自攻螺钉枪、刻丝钳、方尺、水平尺和钢尺等。

（三）安装要点

1. 顶面结构处理　因开敞式吊顶可以看到顶面结构，故要求金属格片单体安装前对吊顶以上的结构面进行涂黑处理，也可以按设计要求进行其他颜色涂饰。

2. 弹线　弹线主要包括标高线、吊挂布局和单体布置线，以保证板面平整，同时要复核内墙的纵横尺寸及四角是否为直角等。单体布置线是根据吊顶的结构形式和单体片的大小弹出。由于材料和工艺的限制，单体和多体吊顶都要分别安装，所以，单体组合可以在地面上进行，同时做好饰面处理。

单体片布置线应光从室内吊顶直角位置开始逐步展开。吊挂点的布局需根据单体布置线来设定。

3. 安装吊杆　由于开敞式吊顶饰面单体较轻，吊杆的承受载荷不大，故常在楼板底部或梁底所设的吊点用电锤钻孔，固定膨胀螺栓，然后将吊杆焊在胀栓上，也可以用软金属丝将吊杆绑扎在胀栓上；还可以用带孔的射钉作为吊点的紧固件，但不能超载。

4. 安装装饰物件　将地面由金属格片、格片龙骨、吊杆和吊挂件组装好的装饰构件，按预先弹线位置安装就位并进行紧固。

5. 顶面调整　调整时需从标高线拉出多条垂线或平行线作为找准线，并根据准线进行顶面的调整，检查顶面起拱量是否符合设计要求；校正单体构件因吊装、安装而产生的变形；对一些受力集中的部位进行加固；检查各连接点固定件是否安全可靠等。

6. 清理交验　顶面调整后确认达到设计要求，进行顶面清理，进入成品保护待验收。

二、金属格栅吊顶

金属格栅开敞式吊顶主要特点是造型新颖、层次分明、立体感强、通风性能好、防火、耐潮湿，且便于灯具、空调出气口、喷淋消防设施和装饰件的安装，是大型超市、公建大厅和室外娱乐场所常用的一种顶棚装饰。

金属格栅有轻钢和铝合金之分，也可以用木材加工出木格栅。

（一）吊顶前的准备

1. 吊顶前，吊顶以上部分的消防管线、空调管线、给水排水管线和供电线路等已安装、调试完毕，并经验收合格。吊顶以上部分已进行涂黑或涂色处理。

2. 弹线　根据设计要求弹出标高线、吊挂布局线和分片布置线，其中标高线要弹在柱面或墙面上，作为吊顶安装的控制线。

（二）顶棚安装

开敞式吊顶安装，因采用标准预先加工成型的单体构件拼装，所以安装就位比其他类型的吊顶要简便些。多数开敞式吊顶不需要龙骨，单体构件既是装饰构件，也能承受自重，故可以直接将单体构件与结构固定，减少了龙骨安装工艺，使安装过程变得简单。

图 4-19 所示为单体构件固定在骨架上，然后再将骨架与楼板或屋面板连接，称为间接固定法。

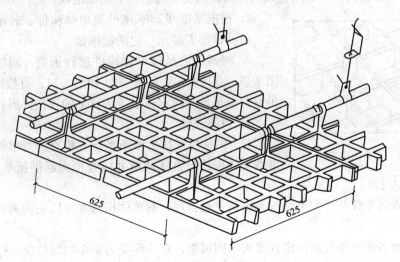

图 4-19　间接固定法安装示图

图 4-20 所示为单体构件直接用吊管与结构相连，不需要骨架作支撑，本身就具有一定的刚度。此法称为直接固定法。

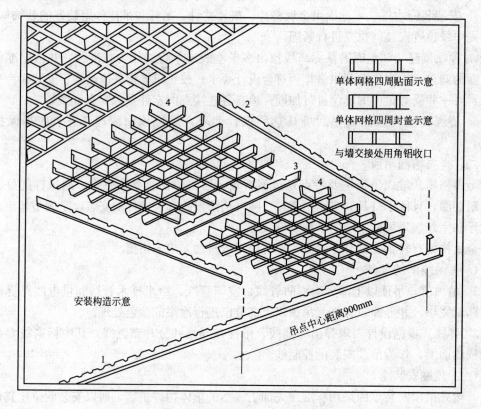

单体网格四周贴面示意

单体网格四周封盖示意

与墙交接处用角铝收口

安装构造示意

吊点中心距离900mm

图 4-20　直接固定法安装示图
1—吊管 1800mm；2—横插管 1200mm；3—横插管 600mm；4—单体网格构件 600mm×600mm

1. 安装从一个墙角开始，将单体构件托起，高度要略高于墙面或柱面的标高线，并临时固定该单体构件。然后用棉线沿标高拉出交叉的吊顶平面基准线。

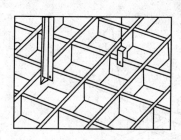

图 4-21　直接固定方法

2. 根据基准线调平该吊顶单体构件。若吊顶面积较大，可使顶面安装出一定的起拱量。

3. 将调平的吊顶单体构件进行固定，间接固定法见图 4-19，直接固定法见图 4-20 和图 4-21。直接固定法可用吊点软金属丝与固定在吊顶构件上的连接件绑扎固定。

4. 顶面调整

（1）沿标高线拉出多条平行或垂直的基准线，根据基准线对顶面进行整体调整并检查顶面起拱量是否正确（一般为 3/400 左右）。

（2）检查各单体构件安装情况及布局是否合理，对单体构件本身因安装而产生的变形进行校正。

（3）检查各连接部位的固定件是否牢固可靠，对一些受力集中的部位应进行加固。

5. 顶面清理　顶面经调整确认没有问题后进入成品保护待验收。

金属格栅开敞式吊顶外观构造如图 4-22 所示。

三、开敞式吊顶与灯具、空调管道的关系

（一）灯具安装

1. 嵌入式安装　将灯具嵌入单体构件的网格内，灯具与吊顶面保持水平，或灯具照明部分伸出吊顶平面。这种安装形式可以在吊顶完成后进行，但灯具的尺寸、规格应与吊顶框格尺寸尽量一致。

2. 内藏式安装　这种安装方式是将灯具布置在吊顶的上部，与顶面保持一定距离，在吊顶前就应该安装完毕。

图 4-22　金属格栅开敞式吊顶外观

3. 吸顶式安装　吸顶灯可以直接固定在顶棚的平面上。

4. 吊灯安装　吊灯安装前吊件先在建筑楼板底面固定，灯具可以借助吊件悬吊在顶棚平面以下。

（二）空调管道安装

空调管道的走向对开敞式吊顶没有多大影响，但空调管道口的选型与布置则与顶棚关系密切。管道口可以安排在开敞式吊顶的上部，与吊顶保持一定距离；也可以将风口嵌入吊顶的单体构件内，使风口箅子与单体构件在同一平面上。风口的形式可采用方形，也可以选用圆形的。若将风口置于吊顶上部，风口箅子的选型和材质标准可以不作过高要求，安装时也较简单；如果将风口箅子嵌入单体构件内，与顶面同一平面，风口箅子的造型、材质与色泽标准要求要高一些，要与顶面装饰效果相协调。

第五节　顶棚灯具与送风口安装

一、装饰灯具的安装

（一）灯具安装所用材料与机具

1. 材料

支撑构件的材料有各种规格的方木、木条和木板，铝合金型材、型钢和钢板等。

装饰构件的材料有塑料、有机玻璃、铜板和电化铝板等。

配件有螺钉、圆钉、铆钉、木螺钉、成品灯具和胶粘剂等。

2. 机具

安装灯具所用的机具主要有电动曲线锯、电锤、手锯、直尺、锤子、钳子、螺丝刀和漆刷子等。

（二）日光灯安装

根据室内照明设计与装饰设计的要求，日光灯可以单组安装，也可以成片安装，灯口可做成方形、圆形，也可以由许多灯排列在一起，形成长条光带，或组成长方形、正方形的一片片或整片管光顶棚。将半透明、透明的玻璃覆盖在灯口下方，也可以装上铝板或塑料板制成的散光格片，即日光灯格栅照明。这类照明装置一般放在顶盒内，盒子嵌入顶

棚，基本构造是在顶棚指定位置开出孔洞，四周用小龙骨支撑开孔洞的边框，边框内侧订板，围合成安装灯具的盒子，盒子两侧隔一定的距离留出气孔和检修口，以便于散热和更换修理灯具。

灯盒内光源的间距，光源距盒子顶面距离都应符合一定的安装尺寸要求，以达到灯具照度的均匀。

（三）吸顶灯安装

大型吸顶灯的安装，因自重大，龙骨的承载力不够，需要先从楼板底面伸出吸顶灯的支承金属架来连接吸顶灯；小型吸顶灯则可以直接安装在龙骨上。

在吸顶灯安装的位置处，用小龙骨按吸顶灯开口的大小围合成孔洞边框，边框外形多为矩形，此边框即为吸顶灯的连接点。较大的吸顶灯可以在安装部位龙骨架处增做补强龙骨，并加斜撑做成圆开口或方开口，作为灯具的连接点。

吊筋与灯具的连接，系指大型吸顶灯的安装。楼板施工时应预埋吊筋，埋筋的位置要准确。为确保灯具安装的位置准确，在与灯具的上支撑件相同的位置另加龙骨，龙骨上与吊筋连接，下与灯具上的支撑件连接，这样既可保证灯具的位置准确，又可使其牢固安全。

大面积的吸顶灯照明都是用普通日光灯、白炽灯外加格栅玻璃片、有机玻璃片或塑料晶体片组成，其安装程序为：在龙骨架上做补强龙骨和边框开口——>将承托、固定格栅片的吊杆、吊件与主龙骨或补强龙骨相连接——>安装灯具——>安装罩面玻璃。

吸顶灯的安装要点：

1. 安装前要了解灯具的形式、大小、连接部位的构造特点，以便确定开口位置的尺寸大小和预埋件的位置。大型吸顶灯要单独预埋吊筋，不准以射钉的方法后补吊筋。

2. 吸顶灯的边缘构件应压住饰面板或遮盖饰面板的板缝。在大面积或长条板上安装吸顶灯时，应用电动曲线锯挖孔。

3. 利用菱形玻璃片、聚苯乙烯晶体片作为组装式吸顶灯的玻璃面效果最好，也可以用普通玻璃或有机玻璃，但要对它们先进行表面磨削处理，以增加折射和减少透射率，避免暗光。

（四）吊灯安装

小型吊灯可以直接安装在主龙骨或补强龙骨上；大型吊灯，因其自重大需要安装在结构层上，如楼板、梁或屋架的下弦杆上。单个吊灯可以直接安装，组合吊灯要经过组合后安装或边组合边安装。

1. 吊杆、吊索与龙骨的连接

悬吊灯具的吊杆、吊索可以直接钉或拧固在中龙骨上，也可以将顶棚罩面板钻孔，吊杆、吊索通过孔眼与主龙骨连接或连接在中龙骨之间另外加装的十字补强龙骨上。

2. 吊杆、吊索与结构层的连接

主体结构施工时，在吊灯吊点要求的位置处做预埋铁件或木砖，预埋件应留出足够的调节余量，安装吊杆、吊索时，在预埋件上焊接、钉固或用螺钉拧固过渡连接件，然后再将吊杆、吊索与过渡连接件相连接。

在同一顶面安装多个吊灯时，应注意它们相互间的位置及长短关系，若安装有困难，可以在安装吊顶龙骨时，同时安装吊杆与吊索，这样可以以龙骨为基准来调整吊灯位置和高低。

吊杆出顶棚顶面可以直接伸出，也可以采取加套管的方法。加套管的方法更有利于安装，仅在出管的板面部位打孔即可。若罩面板板面钻孔有困难，也可以采取先安装吊杆，再截断面板挖孔的方法进行安装，但对顶面装饰效果上有些影响。

吊杆的螺纹部分应有一定的长度富余，以备调节吊灯的高低之用。吊杆、吊索下面悬吊的灯箱，必须连接牢固、可靠。

二、顶棚送风口及安装

（一）现代大型公共建筑，如宾馆、饭店、影剧院和机场候机大厅等，都采用集中空调，于是各室内就要设置送风口。送风口有单个定型的产品，如塑料片、铝合金片和薄木片，连同与其相配套的框格。框格多为矩形、方形或圆形。有些送风口直接做在发光顶棚处，即利用发光顶棚的折光片兼做送风口；影剧院、大型音乐厅堂等顶棚的送风口还常与扬声器组合在一起。

（二）送风口的安装要点：

1. 根据房间空调的要求，选定送风口的定型产品，按产品的规格和空调要求决定送风口的安装位置，并为其加工边框。边框材料可使用吊顶龙骨，其规格应不小于中龙骨。

2. 用木螺钉或圆钉将送风口与边框固定。钉点在格片下面时，可以先安装通风管罩，后安装送风口；钉点在送风口格片上时，应先安装送风口，再安装通风管罩。

复习思考题

1. 悬吊式顶棚构造由哪三大部分组成？各部分的主要作用是什么？
2. 试述木龙骨吊顶的施工过程。
3. 轻金属龙骨吊顶龙骨架安装完毕为什么要调平、调拱？怎样调法？
4. 悬吊式顶棚施工如何找基准（找规矩）？
5. 悬吊式顶棚施工对吊筋有哪些要求？
6. 吊顶罩面板安装方法有几种？安装要求有哪些？
7. 开敞式吊顶的主要特点是什么？在什么地方适用？
8. 试述吸顶灯的安装方法及安装过程。
9. 试述吊灯的安装方法及安装过程。
10. 室内集中空调所用的送风口有几种基本形式？其安装要点是什么？

第五章 饰面板(砖)工程

第一节 建筑墙面石材装饰施工

墙面石材装饰常用的石材品种有大理石、花岗石、青石,人造石材有预制水磨石板材、人造大理石板材、人造花岗石板材等。

石材的装饰板材长宽尺寸小于400mm,厚度小于10mm的称为小规格板材,装饰施工时常采用粘贴工艺做;长宽尺寸大于400mm,厚度在20mm左右的称为大规格板材,装饰施工时多采用干挂法或挂贴法两种工艺。

一、天然大理石板材装饰

大理石因产于我国云南省大理点苍山而得名,大理石又称云石,由方解石和白云石组成,主要化学成分为碳酸钙、碳酸镁,少量的二氧化硅等杂质,化学性质呈碱性。

大理石荒料经锯切、磨削、研磨和抛光等加工成装饰板材,除了汉白玉、艾叶青等少数品种外,天然大理石都用于建筑室内装饰,若用于室外墙面、柱面装饰,碳酸钙在空气中受二氧化硫及水气作用,极易被腐蚀和风化,使板材表面失去光泽,颜色变暗,影响装饰效果,同时降低大理石的使用寿命。

墙(柱)面大理石板材安装过程:

(一)施工准备

1. 绘制施工大样图和节点详图 大理石板材造价高,主要用于高级装饰工程,因此,对其安装技术要求更高、更细致。为了保证安装质量,安装前应根据设计要求的分块规格尺寸,对实际装饰的墙面(柱面)认真校核一遍,并将饰面板间的接缝宽度包括在内,计算出板块的排档,并按安装顺序编号,绘制出分块大样图和节点详图,作为加工订货和安装的依据。

2. 基层处理 饰面板安装前对基层要做认真处理,以防板材安装后出现空鼓、脱落,使之具有足够的稳定性和刚度。

基层表面应平整粗糙;对光滑的基层表面要凿毛,凿毛的深度为5~15mm,间距不大于30mm;基层表面的残灰、浮尘、油渍等要清理干净;表面凸出的部分要剔去,凹坑要用1:3的水泥砂浆补平。

检查基层表面的预埋件是否齐全,位置是否正确,数量不够的要补足,位置不合适的要进行纠正。如果基层未做预埋件,要用电锤打孔,预埋膨胀螺栓做出要求的预埋件。

3. 板材的检查与修整

安装前,对大理石板材要拆包检查,挑出不合格的板块。发现有破碎、缺棱掉角和变色等板块提出另外堆放;对合乎要求的板块要进行边角垂直测量、平整度检验、裂纹检查和棱角缺陷检验，以便控制安装后的实际尺寸，保证宽、高一致。拆检完毕，在空地上按设计要求将板块的预定位置顺次摆开，进行选色、对花纹，要尽可能地使上下、左右邻接的花纹都对上。拼摆满意，符合设计要求后统一编号。然后根据饰面板的规格和饰面的实际面积，通过计算确定出板块的数量及整体图案的位置，分别堆放，以备安装时使用。

有轻度破损的板材，如破裂、缺边、掉角、凹坑及麻点等，可用环氧树脂胶粘剂修补，或用环氧树脂腻子修整。

环氧树脂胶粘剂为：环氧树脂：乙二胺：邻苯二甲酸二丁酯：颜料＝100：6~8：20：适量与石板颜色相同的颜料；环氧树脂腻子的配合比为：环氧树脂：邻苯二甲酸二丁酯：白水泥：颜料＝100：10：10：100~200：适量与石板颜色相同的颜料。

4. 板材的再加工　大理石、花岗石装饰板材都是按一定规格尺寸生产出来的定型产品。但即使是施工单位按施工大样图要求组织的订货，由于未见因素较多，也往往会出现较大的差异。因此，要经过认真检查之后，对板材进行切割、剔槽、钻孔、倒角和磨边等再加工。

为了安装的需要，大理石板材每块的上下两边要用台式钻床钻出 2~3 个盲孔，孔径一般为 4~5mm，深度为 15~20mm，孔位距板材两端 1/4~1/3，直孔应钻在板厚的中心，然后再在板的背面直孔的位置距板边 8mm 左右，钻出横孔，使直孔与横孔连通成"牛轭孔"。孔加工完后在板背面与直孔的正面用錾子轻轻剔出一浅槽，以备绑扎时卧软金属丝之用，不造成安装时板材的拼缝间隙。固定绑扎丝的孔眼可以钻斜孔，还可以只钻直孔，挂上绑丝后往孔眼内灌筑石膏浆进行固定。近年来，板材安装前更有直接用石材切割机在板材顶面(上下顶面)与背面的边长 1/4 处切出三角形锯口，然后在锯口内挂丝进行安装，上述三种孔眼形式如图 5-1 所示。

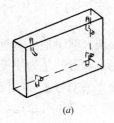
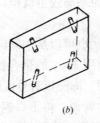
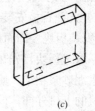

(a)　　　　　　　　　(b)　　　　　　　　　(c)

图 5-1　饰面板三种钻孔构造
(a)直孔；(b)斜孔；(c)三角形锯口

5. 绑扎钢筋网　钢筋网用来连接固定饰面板，它与基层预埋件可借助于绑丝绑扎连接，也可以用手工电弧焊进行焊接。

钢筋网所用的钢筋一般为 $\phi6$~$\phi8$mm 的热轧线材。钢筋网由立筋和横筋构成。横向钢筋为拴挂饰面板用。第一道横筋绑在地面以上约 100mm 处，用作拴挂第一排饰面板的下口固定软金属丝；第二排横筋绑在第一排饰面板上口以下 20~30mm 处，用来固定其上口软金属丝。往上横筋间距与饰面板的高度相同。立筋与横筋共同构成栓连固定饰面板的骨架，如图 5-2 所示。

若基层未做预埋件，可用电锤钻出 25mm 的孔眼，孔深不浅于 90mm，然后在孔眼内

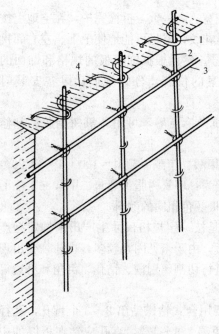

图 5-2 钢筋网构造
1—预埋件；2—立筋；
3—横筋；4—墙体

埋上 M16 的膨胀螺栓，焊接立、横钢筋，形成钢筋网。

饰面板与基层直接固定的方法是先在墙面按弹线的位置钻孔，直径一般为 6.5～8.5mm，孔深不浅于 60mm，然后砸入绑扎有双股 18～20 号的铜丝木塞子，两股铜丝的外露留头为 10mm 长左右，作为锚固饰面板材之用。

若饰面板为厚度在 10mm 以下的薄板，完全可以采取粘贴法安装，故无需设预埋件，绑扎钢筋网。

6. 穿软金属丝　软金属丝一般为铜丝，使用铜丝是为防止锈蚀，因而也就不会反锈于饰面层，不会影响装饰效果。

穿丝前先将铜丝剪成 200mm 长的丝段，要同时取两根，一端使其伸入板眼的底部，并灌石膏浆固定，然后将铜丝顺孔槽弯曲并卧入槽内，要保证饰面板上下端面没有铜丝突出，以保证下块板与上块板的接缝严密。

7. 弹线、找基准　第一排饰面板位置的确定最为关键，其基准的找法是：先用线坠从上至下在墙面上找出垂线，然后根据饰面板的厚度、灌浆的空隙和钢筋网所占的尺寸，确定出饰面板外皮的垂线位置。一般饰面板外皮与基层表面的距离控制在 50mm 为宜。根据以上要求，可先在地面上顺墙面弹出饰面板的外轮廓尺寸，作为第一排饰面板安装的基准线，接着可将编好号的大理石板在弹好了的基准线上就位，进行贴挂。

(二) 大理石板安装(灌浆法)

1. 安装板块　饰面板可从边角，也可以从中间向两侧展开安装。顺序是自下而上地分排安装。取过板块，先在板块的背面用 1：1 的聚合物水泥砂浆刷毛，目的是为使板块与所灌入的水泥砂浆粘结，使板块贴牢固。饰面板对号就位后要看一下是否对好了弹线位置，然后使板材的上口外仰，伸手到板块的背面，将下口铜丝绑挂在横筋上(要留有余地，不要拧绑过紧)，只要将铜丝绑挂在横筋上即可。然后再竖直板块，绑挂上口铜丝，并用木楔调整好位置、垫稳，用靠尺检查板面的垂直度，合格后再拧紧铜丝。板的两侧可塞入纸垫。为了保持在灌浆中板块的位置不变，可以把石膏粉加水捏成小团，紧塞在接缝处，一般每块板的竖缝上不少于两个石膏粘结点。石膏点凝结后，板块即被临时固定下来，可以进行灌浆。

2. 灌浆　第一排板块安装完毕，用直尺找平，找好阴阳角，至缝隙均匀、上口平直、阴阳角方正，表面也平整，都无问题时即可以开始灌浆。

用 1：2.5 或 1：3 的水泥砂浆，稠度为 100～150mm，分三次灌注。第一层的灌注高度为板块高度的 1/3。灌浆时不准碰动板块，也不要只从一处灌注，同时要注意在灌浆中板块有否外移。第一层浆灌入很重要，要锚固下口铜丝及板块，尤其插捣要稳重的操作，一旦发现板块外移错位，应坚决拆除，重新安装。

第一层砂浆完成初凝，经检查各板块确无移动、错位现象，就可以进行第二层灌浆。

第二层灌浆的高度达到板高的 1/2；第三层浆灌到低于板块上口 50mm 处，余量作为上层板块第一次灌浆的接缝。如此分排往上安装板块并灌浆固定。

若大理石板块为浅色，甚至为白色的质地时，应用白水泥和白石屑拌成水泥石屑浆进行灌注，以免因透底而影响饰面层的美观。

3. 清理 灌浆完毕，水泥浆完成初凝，接近终凝时，可以进行饰面层清理。清除板面的余浆，用棉丝擦拭干净板面和各接缝处。隔夜，拆掉木楔和纸垫和板缝处的石膏粘结点，为下排板块的安装创造条件，如此依次进行。

4. 嵌缝 大理石板安装完毕，用干净的湿布将板面擦拭干净，然后根据饰面板的颜色，调制水泥色浆嵌缝。嵌缝要随嵌随擦。缝隙要嵌得均匀密实，颜色保持一致。

5. 打蜡上光 嵌缝水泥浆凝结、硬化后，用棉丝擦洗板面，擦净、擦干后在板面满擦一薄层工业蜡至出现光泽止。

大理石板材安装构造详图如图 5-3 所示。

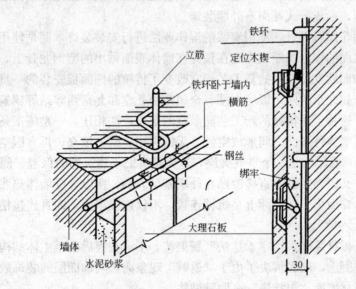

图 5-3 大理石板材安装构造详图

（三）大理石板材粘贴

墙面装饰采用小规格大理石板材，可以采取粘贴的方法，其施工过程如下：

1. 基层抹灰

基层经洒水湿润后，抹 1：2.5 水泥砂浆，分两次进行，厚度 10mm 左右，按中级抹灰标准验收。

2. 弹线、找规矩

先用线锤在墙、柱面和门窗边框吊垂线，确定出饰面板到基层的距离（一般可取 30～40mm）。然后根据垂线在地面上顺墙、柱面弹出饰面板外轮廓线，此外轮廓即为板材粘贴时的基准线。下一步是在墙、柱面上弹出第一排大理石板粘贴的标高线及第一排板的下沿线。再根据墙、柱面的实际尺寸和缝隙弹出分块线。

3. 粘贴

将经过湿润并已阴干的大理石板材背面均匀地抹上 2～3mm 厚的聚合物水泥砂浆或

环氧树脂水泥浆、大理板胶粘剂（AH-93），按照水平基准线，先粘贴底层两端的两块板材，然后以两块板材为准，拉出水平通线，按预先编号依次粘贴。每贴三层应用靠尺检查一遍面层的平整度。

4. 擦缝、清理

白色硅酸盐水泥或设计指定的水泥品种，拌成稠度适宜的水泥浆，在大理石板饰面层满刮一层薄浆，然后用干净的湿抹布沿饰面层的横、纵拼缝反复搓擦，将拼缝镶嵌密实，然后对饰面层统一进行清洁整理，等待验收。

二、天然花岗石板材装饰

天然花岗石又称为麻石，由石英、长石和云母等无机矿物组成，属于火成岩，由于其形成温度高，所以各种矿物晶体结合紧密，故花岗石的硬度高、耐磨性好。主要成分为二氧化硅、三氧化二铝和三氧化二铁等，化学性质呈酸性，抗蚀性好。

大多数深色天然花岗石都含有一定数量的放射性物质，故不宜用于室内装饰，常用于建筑外墙、外柱面，形成幕式花岗石外墙装饰。

大规格的镜面花岗石板材，不用灌浆的湿作业法进行安装装饰，而是使用专门扣件固定在混凝土墙体表面的膨胀螺栓或固定在预先在墙体表面做出的型钢龙骨上，是在镜面花岗石板材作外墙饰面后发展起来的新工艺，它改变了传统的饰面板安装的一贯做法，并取得了成功的经验，如北京的四川饭店大楼、全国政协礼堂和北京西客站等建筑的外墙装饰就是生动的示例。这种干挂板材的新工艺同灌浆的湿作业法相比，一是施工条件得到了改善；在板块和建筑墙体外表面之间形成空腔，无需再用砂浆去填充；再有因空腔的宽度一般为100～120mm，实际上是一个空气夹层，这无疑有助于建筑物的保温、隔热、隔声以及实现建筑节能；又因饰面板不直接镶贴在外墙基层表面，所以，受墙体热胀冷缩的影响也小。除此之外，饰面板干挂实际上是机械连接，不仅连接牢固，而且连接精度高，装饰质量好。

另外，花岗石板材装饰采用"干挂法"新工艺，不再在板后面至主体结构墙面之间灌水泥砂浆或细石混凝土，彻底解决了由于"返碱"现象而影响饰面层的装饰效果。

天然花岗石板材墙面"干挂法"有两种做法：

（一）扣件固定安装法

1. 板材加工

（1）切割与磨边　大块花岗石板材运到施工现场，按设计图纸的要求，利用专用的石材切割机进行下料切割。切割时要保持边角挺直，不要破损。切割后的板块，为使其边角光滑，要用手持式电动磨光机进行打磨。

（2）钻孔　用大型台式钻床在板块上下顶面规定的位置钻出直径为5mm、深度为12mm的盲孔，以供连接销钉插入上下两块板内起连接板块之用。连接销钉应使用不锈钢制作。销钉孔的位置直接关系到板块的安装精度，所以，一定要先划线、后钻孔，以保证销孔相对位置的准确。

（3）开槽　钢扣件只是将板块下口托牢，由于板块的规格尺寸较大，自重大，还需要在板块中部的背面开槽、设置辅助承托扣件，与钢扣件共同支承板材的全重。

（4）涂刷防水剂　为了提高饰面板的防水、抗渗的能力，板块安装前要在背面涂刷一层丙烯酸防水涂料。涂层要求厚薄均匀，不准漏涂。

2. 弹线　从主体结构中引出楼面标高和轴线位置，然后在墙面上弹出安装板块的垂直和水平控制线，按弹线的位置做出灰饼，以用来控制板块安装的平整度。

3. 墙面处理　墙面有大的凸出部分要剔平。为提高墙面防水、抗渗的能力，可以抹一层厚度为 12～15mm 的防水砂浆或涂刷一层防水剂。

4. 饰面板安装　按弹线的位置安装好第一块饰面板，并以它作为基准，从中间或墙阳角位置开始展开安装就位。板块的平整度以事先做在墙面的灰饼为依据，用线坠吊垂直，经校核后进行固定。一排板块安装完毕，再进行上一排扣件的固定和安装。板块的安装是自下而上分排进行。安装要求四角平整，横纵对缝平直。

板块的固定是借助于钢制扣件和连接销，钢扣件又借膨胀螺栓与墙体连接，其板块安装后的构造如图 5-4 所示。

扣件是一块钻有螺栓安装孔和销钉孔的不锈钢板（也可以用镀锌板），根据板块与墙面之间的安装距离，用冲压机床或在现场使用手提式液压机加工成直角形（外形类似角钢）。扣件上的孔都要加工成椭圆形，以便安装时做位置的调节，扣件的外形和安装如图 5-5 所示。

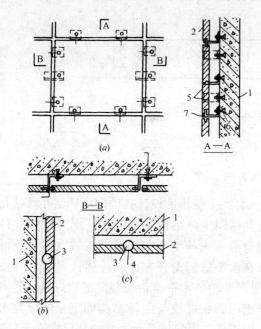

图 5-4　扣件固定饰面板干挂构造
(a)板块安装立面图；(b)板块垂直接缝剖面图；
(c)板块水平接缝剖面图
1—混凝土外墙；2—饰面板；3—泡沫聚乙烯嵌条；
4—密封硅胶；5—钢扣件；6—膨胀螺栓；7—销钉

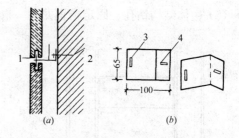

图 5-5　膨胀螺栓固定扣件及扣件示图
(a)安装方式示图；(b)扣件的外形
1—销钉；2—胀铆螺栓；3—销钉槽；
4—胀铆螺栓孔

5. 接缝处理　镜面花岗石板材外墙干挂后的接缝应认真做好防水处理。一般都是使用密封硅胶嵌缝。嵌缝之前，要先在缝内嵌入条状的柔性泡沫聚乙烯作为衬底，用来控制接缝的密封深度和加强密封胶的粘结力。

（二）型钢龙骨连接件固定安装

1. 施工准备

(1) 材料准备

镜面天然花岗石板材：按设计要求备料；

槽钢：规格为［100，下料后做防锈处理；

膨胀螺栓：规格为 M12×110mm；

连接件：不锈钢板，经钻孔、冷弯而成；

密封胶：硅胶，也可以用进口的 GE—2000 胶；

焊条：结构钢焊条，牌号为结 422。

（2）机具准备 施工所用的机具主要有电锤、石材切割机、台式钻床、手提式液压弯曲机、手持式砂轮磨光机、电焊机和打胶筒等。

（3）设计并画出大样详图 施工前应根据设计意图和实际结构尺寸作出分格设计、节点设计并画出大样详图，根据大样图提出挂件及板材的加工计划。对挂件要做强度和抗疲劳试验。

（4）板材加工 根据设计尺寸要求，对板材钻孔。钻孔前要对板材加固，即在板材背面刷胶，粘贴 1～2 层无纺玻璃丝布。钻孔时应将板材置入专用的夹持固定夹具内固定，以防钻孔过程中石材变位，影响孔加工的位置精度。板材顶面钻孔的位置如图 5-6 所示。孔为钻削直径 6mm，深度 12mm 的盲孔。

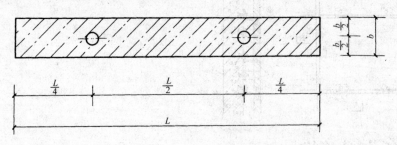

图 5-6 花岗石板材钻孔位置

（5）主体结构钻孔、固定槽钢龙骨 根据大样图上标出的设计孔位用电锤钻孔，钻孔时如钻到主体结构的配筋上，则可以在挂件可调范围内移动孔位，移动量较大时，还可以在水平槽钢龙骨左、右外伸补焊槽钢耳朵（见图 5-7）。水平槽钢与竖向槽钢焊接，竖向槽钢用膨胀螺栓与主体结构固定。焊接要求三面围焊，焊缝要呈鱼鳞状，高度在 6mm 左右。膨胀螺栓孔的位置要准确，深度约 60～65mm，固定要垂直、牢固。

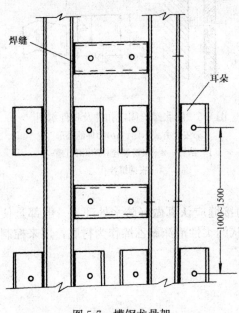

图 5-7 槽钢龙骨架

（6）放线 按大样图要求用经纬仪测出大角两个面竖向控制线。在大角的上下两端用角钢固定挂线，要求用钢丝作为基准线。

2. 板材安装

安装底层板材托架，放置第一排板材并调节固定，自下而上依次安装，如图 5-8 所示。这种板材干挂方法是借助型钢龙骨架固定板材的，对安装精度要求不太高的干挂工艺还可以直接在主体结构上按放线位置钻孔，插入固定螺栓，安装镀锌或不锈钢固定件，用嵌缝嵌入下排石板上部孔眼，插连接销，嵌入上排石板下孔，并调整、固定，依次重复上述安装过程，直至完成全部板材安装，这种安装方法称为直接干挂法，如图5-9所示。

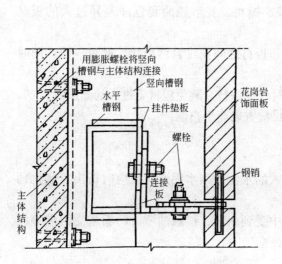

图5-8 型钢龙骨连接件固定安装板材示图

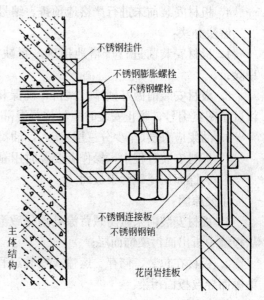

图5-9 膨胀螺栓、挂件、连接件固定
安装板材示图

3. 封缝 花岗石板材安装完毕，将饰面层清理干净，经检查没有质量问题后即可用硅胶进行封缝，若设计上无要求时，也可以不作封缝处理，直接等待交验。

三、天然石材饰面板装饰常见质量问题、产生原因及解决办法

（一）板材开裂

板材质量较差，色纹较多，上墙之前局部有隐伤。安装过程中会由于操作者用力不当、安装间隙较小等原因造成色纹暗缝或隐伤处出现不规则裂纹。

主要原因：

1. 板材有隐伤、色线和暗线等缺陷，在搬运、切割和安装过程受外力作用后因应力集中造成裂纹；

2. 安装空隙小，板材受垂直方向压力而产生裂纹；

3. 湿挂法安装灌浆不密实，空气进入造成钢筋(丝)网锈蚀性膨胀，引起板材产生裂纹；

4. 建筑物主体结构产生不均匀沉降。

解决办法：

1. 精心选料，在搬运、加工和安装过程中仔细操作，避免板材产生裂纹；

2. 灌浆饱满、封缝密实；

3. 新建建筑物沉降稳定后或在墙（柱）面底部第一排板安装时，底下或墙（柱）面顶部留有一定间隙，以防结构出现微小沉降变形导致面板开裂。

（二）饰面板接缝不平、花纹衔接不自然并有色差

主要原因：

1. 板材表面有翘曲变形或几何形状不够方正；

2. 板材安装时，绑扎固定不牢固，灌浆捣固时面板因受侧向压力而导致位移；

3. 板材安装过程中，未及时用靠尺检查垂直和水平；

4. 板材安装前未进行严格地预排、编号。

解决办法：

1. 板材安装前进行严格地挑选，将缺棱、掉角、变形翘曲和色泽差异过大的板材剔除；

2. 板材安装前做好预排、试拼，确保相邻板材之间花纹自然衔接、颜色一致，同时将试拼图案编号，防止安装时板材位置混乱；

3. 灌浆应分层(至少分三层)灌入，插捣时仔细进行，避免板材受过大的侧压力；

4. 板材安装过程中，操作者要及时用靠尺检查表面平整度。

（三）饰面层泛碱污染板面

主要原因：

1. 板材安装前未做防碱背涂处理导致灌入的水泥砂浆水泥水化反应时析出氢氧化钙从板缝中析出而污染饰面层；

2. 板材在包装、储存、运输或安装过程中受到水泡、接触油渍、污垢或受雨淋等污染源而导致板面污染。

解决办法：

1. 湿挂法安装板材前要在板背涂刷有机硅涂料；

2. 灌浆所用的水泥砂浆，尽量选用碱金属化合物含量低的水泥；

3. 板材表面磨光、打蜡，不使水分滞留，露天存放板材应遮盖，防止雨淋、水泡。

第二节　陶瓷砖贴面装饰施工

陶瓷砖贴面装饰也是一种传统的装饰工艺，主要有建筑内墙粘贴陶瓷釉面砖、外墙粘贴面砖、墙地砖和陶瓷马赛克等。

一、内墙瓷砖粘贴

瓷砖具有表面光滑、亮洁美观、吸水率低、抗腐蚀性能好和污染后易擦洗等优点，广泛地用于室内需经常擦洗的墙面装饰，如实验室、浴室、厕所、卫生间和厨房等。

（一）施工准备

1. 选砖

瓷砖的种类很多，施工前要根据设计要求开箱挑选规格、颜色一致，边缘整齐，棱角无损坏、无裂缝夹心，表面无隐伤、缺釉和凹凸不平、翘曲变形和掉角等缺陷的产品。挑选时，应将尺寸和颜色深浅不均匀的釉面砖分别堆放，有严重缺陷的釉面砖应予剔除。对阴阳条、压顶角、阳三角、阳五角和阴三角等配件砖也要认真进行挑选。

2. 浸砖

经检查、挑选出合格的釉面砖要清扫干净，在粘贴前浸泡在水池(槽)中，一般浸泡时间不少于 2h，浸泡到釉面砖不冒泡时为止，然后取出晾干，以保证粘贴后不致因釉面砖吸收粘结层材料中的水分而造成粘贴不牢固。

3. 机具准备

粘贴釉面砖使用的机具主要有瓷砖切割机、切砖刀、细砂轮片、开刀、钢抹子、抹布和其他手持工具等应准备齐全到位。

4. 排砖方式确定

陶瓷釉面砖的排列方式一般有通缝排列和错缝排列两种形式，如图 5-10 所示。

通缝排砖显得拼缝清晰、顺直、美观大方，但要求釉面砖的尺寸准确，平整度误差小，否则难于达到横平竖直的效果；错缝排砖对竖缝要求不是很严格，由砖的尺寸、平整度的误差而造成的缺陷容易被掩盖，但饰面层显得缝多线乱，直观的效果较差。

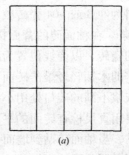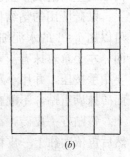

图 5-10 釉面砖排砖图
(a)通缝排列；(b)错缝排列

(二) 施工过程

1. 基层处理

认真清理基层，对凹凸不平的墙面要高凿低补，达到基本平整。混凝土墙面若表面有油污需先用碱溶液清洗，然后用清水冲净。用 1∶1 的聚合物水泥砂浆甩成小拉毛；砖墙面浇水湿润后可直接抹 1∶3 的水泥砂浆底灰，厚度为 7～12mm，木杠刮平，木抹子搓毛，养护 2d 以后抹结合层；砌块墙体表面要先清扫，后湿润，然用掺有聚合物树脂的水泥素浆拉毛，养护 2d 以后抹 1∶3 水泥砂浆底灰。

底灰和贴砖时的粘结层之间应抹结合层，作为过渡层。结合层可抹 1∶(1.5～2)的水泥砂浆，厚度 5～7mm，用木抹子搓平、搓毛。

2. 弹线分格

从墙面的 500mm 下返，找出地面设计标高，再上返量出粘贴釉面砖的墙面尺寸，一般比抹灰面高出 50mm 即可。然后，计算墙面粘贴釉面砖的纵横皮数，画出皮数杆，在墙面上弹出粘贴釉面砖的水平和垂直控制线。用废釉面砖做标准块，上下用托线板挂直，用来控制粘贴釉面砖的厚度。横向拉水平通线，每隔 1.5m 左右在墙面上粘贴废瓷砖片做标志块。在门洞口和阳角处应双面挂垂线，如图 5-11 所示。如果整个墙面贴砖，其釉面砖的粘贴高度应与顶棚的标高一致，从上到下按皮数计算，非整块砖(异型砖)应留到最下一层。竖向弹线异型砖应留在不显眼的阴角处，如图 5-12 所示。

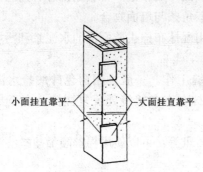

图 5-11 釉面砖阳角双面挂线

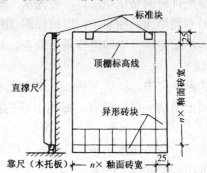

图 5-12 釉面砖粘贴弹线分格图

95

3. 贴砖

贴砖前，先加工好木托条，木托条表面要求平整，全长顺直。木托条浸水后用素水泥浆粘贴在墙面第一排砖粘贴的弹线位置上，支撑釉面砖，以防釉面砖在粘结层未硬化前，由于自重而造成下坠。第一排釉面砖的下口就坐在木托条上。

贴砖所用的粘结材料为 903 或 904 瓷砖胶，但更多的是掺有聚醋酸乙烯的水泥浆，也可以用 1∶1 的水泥细砂浆。在釉面砖的背面抹 2～3mm 厚，要抹的均匀，四边要刮成斜面，左手拿着抹有灰浆的瓷砖，以弹线位置为准，贴在未完成终凝的结合层上；砖就位后要用手按压，并用小灰铲的木柄轻轻敲击砖面，使灰浆挤满四周，若抹灰不满，应取下釉面砖抹满重贴，不准在灰浆不满的砖口处用小铲往里塞灰，以免产生空鼓。

每贴好一皮砖，都要用直尺检查砖面的平整度，如果不平整，再用木柄敲击至平整，然后再依次往上一皮粘贴。当釉面砖贴到墙面一定的高度后，最上面的一皮砖应成一条直线，若上口不再贴砖，可以用单圆釉面配件砖封顶。墙最下皮的非整砖(异型砖)在拆除托砖条之后进行粘贴。

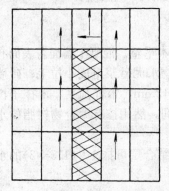

图 5-13 管线、镜框处贴砖图

一般墙面，大面粘贴完后再粘贴阴阳角和凹槽等难度大、费工又费时间的部位。当粘贴到有管线、镜框等墙面的部位时，应以管线或镜框为中心向两侧进行粘贴，粘贴的顺序如图 5-13 所示。

高级建筑内墙釉面砖的粘贴，常采取分格粘贴法，即将所有的门窗、管线及设备等按照釉面砖的模数进行粘贴的一种方法。贴砖时，门窗周围不得使用异型砖，分格时要以门窗为中心向两侧展开，且釉面砖的竖缝必须与设备的宽度相吻合，横缝与设备的高度一致；室内的管线必须位于四块砖的十字交缝上或处于釉面砖的中心。

墙面因使用要求，排砖纵、横方向达不到整块砖时，非整砖要赶到阴角处，但不准小于半块砖，若不到半块砖，可以用抹灰的办法来解决。

浴池、小便槽、厨房和洗碗池等处粘贴釉面砖前，应按设计要求的规格尺寸先核对，检查基体有无破损和渗漏等问题，如发现问题必须在贴砖前处理好。贴砖时，要先贴池壁，后贴池底，再贴阴阳角处。凡池槽与墙体的衔接处，应按照墙面砖的排列，待池槽砖贴完后，再贴池槽周边墙上的釉面砖。

边条等配件砖的粘贴顺序，一般先从一侧墙面开始粘贴，再粘贴阴(阳)角三角条，然后再粘贴另一侧墙面的釉面砖，以确保阴(阳)三角条与墙面吻合。

釉面砖粘贴完毕，应即进行质量检查，并用湿抹布擦去砖面上的水泥浆和污垢等。

4. 擦缝

釉面砖粘贴完毕，清洁了表面，即进行封缝工作。一般是用白色硅酸盐水泥拌成素浆，在砖面上满刮一层，稍后，即用干净的湿抹布在各接缝处反复搓擦，直至封平缝隙为止。

擦缝完毕，将砖面擦干净，若有擦不掉的污斑等，可以使用棉丝蘸稀盐酸溶液擦拭除污，最后再用清水冲净、擦干。

(三) 施工要点

1. 贴砖时需要的半砖切割完后发现切口不平或尺寸较大时，要先在磨石上磨平，再去粘贴，以免影响接缝的完整。

2. 整块砖和配件砖不能恰好满铺墙面时，上下左右的调整原则是：

(1) 横向将分格余数用缝隙(1~1.5mm)或在阴角处加大半砖调整。

(2) 竖向顶棚贴砖时，可在下部调整，非整砖留在最下一层，但遇顶棚装饰，且为轻金属龙骨吊顶时，砖可以贴入顶棚 25mm 左右。如果竖向排列余数不大于半砖时，则可在下边贴半砖，多余部分伸入顶棚；竖向排列小余数，可用调缝或增加地面抹灰厚度来进行调整。

3. 质量检查中发现空鼓、粘贴不牢等缺陷时，必须坚决将砖揭下来重贴，直至达到质量要求。

(四) 釉面瓷砖粘贴质量通病和解决办法

1. 瓷砖泛黄、发暗、发花

这些病是由釉面砖本身质量所造成的质量问题。按国家建材标准规定，釉面砖的釉面层厚度应在 1mm 以上，而这些砖的釉面层厚度都在 0.5mm 以下，故它们的遮盖力差，又因砖的背面未施釉坯体，质地疏松，吸水率过大，粘结层的砂浆浸入浊水渗入砖坯内而造成的质量问题。

2. 空鼓、脱落

空鼓、脱落是贴砖后最常见的通病。造成的原因是多方面的，如基层未做认真清理，洒水润湿时间短，没有湿透基层；粘结层抹上之后失水过多；瓷砖上墙之前在水中浸泡的时间太短，粘贴后又从粘结层砂浆中(或水泥素浆)吸水过多，降低了粘结砂浆的强度。再有，贴砖时砖的背面抹涂的粘结材料厚薄不匀，抹的少未达到饱满度的要求，具体粘贴时用力小，没有敲实服帖。瓷砖脱落的另一个原因是粘结层砂浆的配合比不准，素浆的粘结力低，未掺入聚醋酸乳胶，粘结强度低。

空鼓、脱落的解决办法是：瓷砖粘贴前在水中浸泡不得少于 2h，粘贴前取出保持内湿外干的状态。基层必须认真处理，表面不准有任何浮尘、杂质、污垢，且要洒水湿透。粘贴时，要严格遵守操作环节，每块砖都要压实、擦缝。

3. 砖饰面不平、接缝错缝不一致

瓷砖的质量差，厚薄不均匀，粘贴前又没有认真选砖、检砖，造成规格尺寸不一致；再加上基层平整度差，砖背面抹灰厚度控制的不一致，挂线时，表面平整线误差大，操作者的技术水平低，且又不严格遵守操作规程等，因而造成饰面层平整度不合格。

接缝、错缝不一致，影响饰面层美观，造成的原因除上述以外，砖的模数计算有误，未进行排砖、试贴也是重要的原因之一。

解决办法是：施工准备工作要严格选砖，确保砖的规格尺寸一致，平整度好，颜色一致。模数计算准确，平整线挂线正确。每步架都要贴好标准块，找平层处理合格，严守操作环节，经常用靠尺板检查。

二、外墙面砖粘贴

外墙面砖是一种不挂釉的墙地砖，是高级建筑外墙贴面材料，主要规格有 100mm×100mm×8~9mm、100mm×200mm×8mm、300mm×300mm×9mm 和 400mm×400mm×9mm 等。

（一）施工准备

1. 基层处理　基层表面的残灰、浮尘和污垢要清理干净；大的孔洞、裂缝要用1:3的水泥砂浆补平；门窗框与墙体交接处的缝隙要嵌填密实；基层表面要平整、粗糙，光滑的混凝土表面要凿毛，凿毛的深度为5～15mm，间距为20～30mm；贴砖的墙面基层应有一定的强度和刚度，不准出现空鼓、酥皮和起砂等现象。

2. 弹线、找基准　在贴面砖的墙面每角两面末端吊出通长的垂线，在垂线上每隔1.5m做一个灰饼(打饼)，灰饼的高度与要抹的找平层相平。然后，在灰饼面上拉出通长的水平线，在水平线上每隔1.5m再做灰饼。随即将纵、横灰饼用标筋相连接(冲筋)。灰饼一般为50mm见方，标筋是宽为50mm的灰埂，都用1:2～1:3的水泥砂浆做，并要使灰饼、标筋的高度一致。基层的阴阳角处也要吊垂线，并用方尺找方。

3. 抹找平层　墙体为砖墙，找平层施抹前要在墙面洒水湿润，接着用1:3水泥砂浆按标筋抹灰、抹平，再用木杠搓平；混凝土墙面也要先洒水湿润，然后满刮一道水灰比为0.4～0.5的聚合物水泥浆，作为结合层，接着按灰饼、标筋的高度抹1:3水泥砂浆至平，再用刮杠压实、搓平、搓毛；框架结构、框—剪结构的砌块填墙清理完表面后，满刮一道聚合物水泥浆，钉固钢丝直径为0.7mm的钢丝网，钉距纵、横不大于600mm，然后抹1:1:4的水泥石灰混合砂浆结合层和1:2.5或1:3的水泥砂浆找平层。

凡檐口、窗台、雨篷和腰线等部位施抹找平层时都要抹出流水坡和滴水线。

找平层抹完后，根据当时的气温情况，及时进行喷水养护，以保证抹灰层有足够的强度。

4. 选砖　外墙面砖贴墙前要开箱按设计要求进行选砖，砖的规格尺寸要一致，几何形状要平整、方正，不缺棱、掉角，不开裂、无凹凸扭曲，颜色要一致。

选砖的方法可以根据砖的规格尺寸做一个套板，即做一个同砖的外形尺寸相适应的"凵"形木框，钉在木板上，先将面砖从"凵"形木框的开口处塞入检查，然后转90°，再塞入开口处检查，如此认真地选出合乎标准尺寸和大于或小于标准尺寸的三种砖，分别堆放。同一尺寸的砖应贴在同一层或一面墙上，以保证粘贴时接缝宽窄一致、横平竖直。

5. 浸砖　选好的砖粘贴前必须要浸水，不经浸水的外墙面砖吸水性较大，粘贴后会迅速吸收粘贴层材料中的水分，影响粘结层的强度，造成粘贴不牢固。所以，要将选好的砖清扫干净，放入清水中浸泡。浸泡时间不少于2h，然后取出阴干备用。浸透了水的面砖，但贴前没有阴干或擦干，砖的粘贴面尚有一层水膜，粘贴时，砖要产生浮滑现象，结果不仅影响操作，而且因为砖和粘结层水分挥发造成砖与基层分离而自坠。因此，浸砖也是保证贴砖质量的重要工序，切不可忽视。

6. 排砖、弹线　找平层砂浆完成终凝而具有强度后，即可根据饰面砖的尺寸和镶贴面积在找平层上进行分段、分格、排砖和弹线。其要求是在同一面墙上饰面砖横、竖排列不准出现一行以上的非整砖，如果确实不能摆开，非整砖只准排在不醒目处。排砖时，遇有突出的管线，要用整砖套割吻合，不准用碎砖片进行拼凑。

7. 定标准点　为保证贴砖的质量，粘砖前用废面砖片在找平层上贴几个点，然后按废面砖面拉线，或用靠尺作为镶贴面砖的标准点。标准点设距以1.5m×1.5m或2.0m×2.0m为宜。贴砖时贴到标准点处将废面砖敲碎拿掉即可。

（二）面砖镶贴

粘贴面砖一般用1∶1的聚合物水泥砂浆，水泥的强度等级不低于32.5MPa，砂子为中细砂，施工环境温度不低于5℃。

砖的背面要满抹砂浆，四周刮成斜面，砂浆厚度为5mm左右。然后按墙面上的弹线位置就位，轻轻用抹子柄叩击砖面，使之与邻面的砖平。每贴10块砖左右，用靠尺板检查一下表面的平整度，并随时将砖缝拨直，用硬塑料片临时固定。阴阳角的拼缝处可用阴阳角条粘贴，无阴阳角条时，也可以将砖的边棱切磨成45°斜边拼接。

砖贴到墙面上一定要粘贴牢固，保证接缝的质量，缝宽一般为5mm，最宽的接缝也不超过10mm，接缝要横平、竖直，宽窄一致，密实平整。贴完一块砖，随即清扫一块，同时用竹签或小抹子划缝，然后用干净的棉丝将砖面擦拭干净。

（三）修整砖缝

面砖贴完1天以后，根据设计要求，用白水泥浆或彩色水泥浆涂满缝隙处，再用棉丝蘸浆擦平接缝。若接缝较宽，要先用1∶1的水泥砂浆勾缝，然后再按上述方法，擦缝至平实为止。

嵌缝的水泥浆硬化后，要清洗砖面，必要时，可用棉丝蘸稀盐酸溶液满擦一遍饰面层，最后再用清水冲洗干净。

（四）外墙面砖粘贴常见质量通病和解决办法

1. 饰面层凹凸不平、颜色不一致、接缝不直、不均匀

造成主要原因：

(1) 砂浆找平层平整度和垂直度偏差太大；

(2) 贴墙砖尺寸、颜色和几何形状挑选不严格；

(3) 贴砖前未找好基准线；

(4) 砖贴墙后未及时检查和拨缝。

解决办法：

(1) 严格控制砂浆找平层的平整度和垂直度；

(2) 认真选砖，颜色、规格尺寸不同的砖分类堆放，变形和裂纹砖坚决剔除，不准使用；

(3) 贴砖前做好皮数杆，严格弹线找规矩工作；

(4) 贴砖时控制好接缝，确保接缝宽窄一致、横平竖直。

2. 空鼓、脱落

造成主要原因：

(1) 基层表面光滑，贴砖前未浇水湿润或湿润不透，轻质砌块墙体表面未做处理；

(2) 砖贴墙前浸水时间短或水膜没晾干；

(3) 贴墙砖自重大，基层表面不平整，找平层过厚，基层与找平层、找平层与粘结层之间都存有应力；

(4) 粘结砂浆配合比不准确，粘结力小；

(5) 贴墙砖自身质量不合格，在粘结砂浆硬结过程中破裂、脱落。

解决办法：

(1) 基层凿毛，彻底清除基层表面的浮尘、残灰和油垢等，凸出部分剔平，凹处、管线穿墙处和脚手架洞眼等用1∶3水泥砂浆找平、堵严，贴砖前墙面应彻底浇水湿润，水应渗

入基层 8～10mm，混凝土墙面应提前 2d 浇水，轻质砌块墙面基层应钉钢丝网、抹灰后再湿润贴砖。

（2）砖贴墙前必须入水浸泡 2h，从水中取出后必须晾干，贴砖时，砖背面涂抹砂浆厚度应均匀、抹平，并用挤浆法进行铺贴，认真勾缝，凹缝勾入砖内 2～3mm 或按设计要求做，形成嵌固砖的效果。

（3）粘结层所用水泥砂浆要严格配合比，水泥的凝结时间、体积安定性和强度必须合格，砂子中的含土（泥块）量不准超过 3％，应该使用中细砂，用前坚持过筛，粘砖所用砂浆为提高其粘结力，保证砖的牢固粘贴，应掺入不少于水泥质量 5％的聚醋酸乙烯胶，并确保砂浆的和易性好。

（4）加气混凝土墙面基层处理方法是墙面湿润后先满刮水泥素浆一遍，抹 1∶1∶4 的混合砂浆找平层，厚度 4～5mm，中层抹 1∶0.3∶3 的混合砂浆，厚度 8～10mm，粘结层砂浆使用掺有树脂的聚合物水泥砂浆。

3. 分格缝不匀、饰面层不平整

造成主要原因：

（1）面砖的几何尺寸不一致；

（2）未进行排砖、弹线和挂线；

（3）找平层表面不平整；

（4）调缝未及时进行。

解决办法：

（1）严格选砖，凡外形不规则、缺棱、掉角、变形翘曲和颜色不均匀的砖必须剔除，余下的砖用套板分出大、中、小不同尺寸并分别堆放，由操作者分别使用；

（2）准确弹出垂直和水平控制线，并按皮数杆要求铺贴；

（3）找平层施抹时，要用靠尺检查平整度和垂直度，保证中层抹灰的质量；

（4）操作者应保证正面砖上口平直，垂直缝以底灰弹线为准，每贴完一皮砖都用靠尺检查平整度，并清理干净已贴好的砖面。

4. 变色或面层污染、裂缝

造成主要原因：

（1）砖的密实度差，浸砖水不干净；

（2）砖的吸水率高，抗拉、抗折强度低；

（3）砖在搬运和施工过程中造成了暗伤。

解决办法：

（1）选砖时控制质量，吸水率一般不应大于 12％，北方严寒地区外墙砖吸水率应不大于 6％；

（2）浸砖时要用干净水；

（3）贴砖时不要用力敲击砖面，发现隐伤应立即剔除。

三、外墙陶瓷马赛克粘贴

（一）施工准备

1. 选砖　贴砖前要开箱选砖，陶瓷马赛克成联供货，选砖时要保证砖的颜色、厚度、宽窄、几何形状等一致。砖经选定后要编号分别堆放，供粘贴时使用。

2. 弹线、做标志块　墙面抹找平层前在外墙阳角，前后墙及山墙中间，用大线锤吊垂线，检查外墙面的平整度，并在窗边做灰饼，作为控制找平层的厚度。在墙垛墙角处的正面，用经纬仪测量并弹出垂直中心线，以控制贴砖的宽度和垂直度。

3. 排砖、分格　按设计图纸的要求，按整砖模数排砖，确定分格线。排砖、分格时应使横缝与碹脸、窗台相平，竖向要求阳角窗口处都为整砖。根据墙角、墙垛、出檐等节点细部处理方案，安排砖模数和分格缝，绘出墙面粘贴施工详图，再根据施工详图在墙面弹出每联砖的水平线和垂线。垂线要与建筑物大角及墙垛中心线保持一致。

（二）陶瓷马赛克镶贴

陶瓷马赛克的镶贴程序：基层处理──→底、中层抹灰──→弹分格线──→抹粘结层──→贴砖──→揭纸──→拨缝──→擦缝──→清洁。

基层处理、底、中层抹灰的做法与要求基本同外墙面砖粘贴，这里不再重述。

1. 抹粘结层　先洒水湿润基层，接着刮一道素水泥浆，然后抹 1∶1.5 的聚合物水泥砂浆（在水泥砂浆中掺入水泥质量的 5%～10% 的聚醋酸乙烯胶），厚度为 3～4mm，随抹随用刮尺刮平，准备贴砖。

2. 贴砖　贴砖自上而下地进行。用双手拿住陶瓷马赛克，根据弹好的分格线和施工详图对号贴砖。贴砖一般为三个人同时操作。一人在前面洒水湿润墙面，随即抹出粘结层；另一人将陶瓷马赛克铺在木托盘上，麻面（粘贴面）朝上，在陶瓷马赛克缝隙内灌注 1∶1 的水泥细石灰浆，再抹上一层薄灰浆，然后递给第三个人，将四边灰浆刮掉，按上述方法与要求贴砖，并随手刮去陶瓷马赛克边缘缝隙渗出的灰浆。

3. 揭纸　陶瓷马赛克贴在墙面后，待粘结层的水泥浆完成初凝，即可用喷雾器分次喷水湿润护面纸或用软毛刷刷水湿润护面纸，经过 20～30min，护面纸吸水后泡开，即可揭纸。

揭纸时要双手按平行墙面的方向顺序缓慢地将纸揭下，不准垂直硬扯。揭纸时，若遇有个别小块陶瓷马赛克被随纸带下来，要立即重新补上；如果带下的陶瓷马赛克较多，表明护面纸尚未泡开，粘纸的胶层未溶解，此时应该用抹子将陶瓷马赛克重新压紧，继续喷水或刷水湿润面纸，直至揭纸时无掉块为止。

4. 调整　揭纸后要认真检查陶瓷马赛克的缝隙是否整齐一致，如果发现宽窄不一致，应立即用拨缝工具进行调整。拨缝的方法是将拨缝工具放在陶瓷马赛克的缝隙处，用抹子轻轻敲击拨缝工具，顺一侧拨正、拨实，先横后竖贯通拨直，使陶瓷马赛克的边口以拨缝开刀为准排齐。拨缝后再用橡胶锤敲击木拍板，将陶瓷马赛克重新压实一遍，以提高陶瓷马赛克与墙面的粘结力。

5. 擦缝　粘结层的水泥浆完成终凝而具有强度后，用水泥浆满刮陶瓷马赛克表面，将陶瓷马赛克间的缝隙抹满、嵌实，不留缝隙。水泥浆刮后即可用棉丝或湿抹布擦拭陶瓷马赛克表面至干净止，使陶瓷马赛克本色清晰地露出来。擦缝的水泥品种可根据陶瓷马赛克的颜色选定。一般浅色的陶瓷马赛克，使用白水泥即可。擦拭后的陶瓷马赛克表面隔夜要进行喷水养护，以保证陶瓷马赛克与墙面的粘贴强度。

（三）陶瓷马赛克外墙粘贴常见质量通病和解决办法

1. 墙面局部马赛克空鼓、脱落

造成主要原因：

（1）墙面清不干净，浇水不匀不透，影响粘结强度；

（2）护面纸揭的太晚，粘结层砂浆已进入终凝又去调直和拨缝，引起局部马赛克脱落；抹素浆结合层后没有及时涂抹粘结砂浆或粘结砂浆配合比不对，粘结力差；

（3）雨水从缝隙处渗入面层的粘结层，因受冻膨胀而引起局部空鼓。

解决办法：

（1）认真清理基层的残灰、浮尘和油污，高凿低补，彻底湿润；

（2）素浆结合层施抹后，随即抹粘结层水泥砂浆或聚合物水泥砂浆、贴砖，做到随抹结合层、随抹粘结层、随即贴砖，但要注意粘结层砂浆施抹面积不宜过大、过厚；

（3）控制好陶瓷马赛克贴墙后的揭纸时间，一般应在 35～40min 内完成，否则，因时间过长粘结层砂浆已具有强度，再去揭纸、拨缝，容易造成饰面层局部空鼓、掉块。

2. 砖缝不平直、饰面不平整、分格缝不匀

造成主要原因：

（1）施工准备时，没有按大样图的尺寸进行排砖、分格，没有认真核对结构施工情况，结合层施抹时没有严格挂线、找规矩，造成分格缝不均匀、尺寸不准。

（2）结合层抹灰时，对表面平整度、阴阳角偏差没控制好，饰面砖粘贴后则不易找平整；结合层抹灰厚度太厚，饰面砖粘贴后表面不易拍平，同样会影响到饰面层的平整度。

（3）饰面砖揭纸后，没有认真检查分格缝，对分格缝偏差较大的缝隙未能拨正、调直。

解决办法：

（1）施工准备时按设计图纸，根据结构情况和排砖模数以及分格要求绘制出大样图，并按大样图要求选砖、编号，粘贴时确保对号入座；

（2）结合层抹灰要求平整，阴阳角要方正、垂直，抹完后要刷毛，形成粗糙、平整的表面。贴砖前，要按大样图对各窗间墙、砖垛等处挂好中心线、水平线和阴阳角垂线，对偏差较大的部位，要进行修补，作为安装窗框、做窗台和腰线的依据，防止窗口、窗台、砖垛和腰线等部位发生分格缝不均匀或阳角处出现碎砖的情况；

（3）贴砖后要用拍板靠平，并将拍板放在靠平的饰面层上，以小锤敲击拍板，要用力均匀、满板敲击，使饰面砖粘结得牢固、平整。控制好揭纸时间，面纸揭掉后，认真检查砖缝平直和宽窄，发现误差较大的缝隙，要用开刀拨正、调直，再用拍板、小锤重新拍平，直至表面平整为止。

3. 饰面层污染

造成主要原因：

（1）陶瓷马赛克在储存、运输和推放过程中保管不良；

（2）贴砖过程中未能及时清理砖面上的灰浆；

（3）饰面层施工完毕成品保护不好。

解决办法：

（1）用稻草绳或包装纸包装陶瓷马赛克（尤其是白色），在运输和保管期间要防止受潮和雨淋；

（2）饰面砖勾缝应自上而下地进行，随时擦拭污染处，拆脚手架时注意不要污染和碰坏墙面；

（3）墙面开始贴砖，不准在室内外泼脏水和倒垃圾。

第三节 饰面板(砖)工程施工质量要求及检验方法

根据国家标准《建筑装饰装修工程质量验收规范》(GB 50210—2001)的规定，饰面板(砖)工程施工质量控制要点及检验方法分为主控制项目及检验方法和一般项目及检验方法。

一、饰面板安装工程施工质量控制及检验方法

(一)主控制项目及检验方法

1. 饰面板的品种、规格、颜色和性能应符合设计要求，本龙骨、木饰面板和塑料饰面板的燃烧性能等级应符合设计要求。

检验方法：观察；检查产品合格证书、进场验收记录和性能检测报告。

2. 饰面板孔、槽的数量、位置和尺寸应符合设计要求。

检验方法：检查进场验收记录和施工记录。

3. 饰面安装工程的预埋件(或后置埋件)、连接件的数量、规格、位置、连接方法和防腐处理必须符合设计要求。后置埋件的现场拉拔强度必须符合设计要求。饰面板安装必须牢固。

检验方法：手扳检查；检查进场验收记录、现场拉拔检测报告、隐蔽工程验收记录和施工记录。

(二)一般项目及检验方法

1. 饰面板表面应平整、洁净、色泽一致，无裂痕纹和缺损。石材表面应无泛碱等污染。

检验方法：观察。

2. 饰面板嵌缝应密实、平直，宽度和深度应符合设计要求，嵌填材料色泽应一致。

检验方法：观察；尺量检查。

3. 采用湿作业法施工的饰面板工程，石材应进行防碱背涂处理。饰面板与基体之间的灌注材料应饱满、密实。

检验方法：用小锤轻击检查；检查施工记录。

4. 饰面板上的孔洞应套割吻合，边缘应整齐。

检验方法：观察。

5. 饰面板安装允许偏差和检验方法应符合表5-1的规定。

饰面板安装的允许偏差和检验方法   表5-1

| 项次 | 项 目 | 允 许 偏 差 (mm) | | | | | | | 检验方法 |
| | | 石 材 | | | 瓷 板 | 木 材 | 塑 料 | 金 属 | |
		光 面	斩假石	蘑菇石					
1	立面垂直度	2	3	3	2	1.5	2	2	用2m垂直检测尺检查
2	表面平整度	2	3	—	1.5	1	3	3	用2m靠尺和塞尺检查
3	阴阳角方正	2	4	4	2	1.5	3	3	用直角检测尺检查
4	接缝直线度	2	4	4	2	1	1	1	拉5m线，不足5m拉通线，用钢直尺检查

项次	项目	允许偏差（mm）			瓷板	木材	塑料	金属	检验方法
		石材							
		光面	斩假石	蘑菇石					
5	墙裙、勒脚上口直线度	2	3	3	2	2	2	2	拉5m线，不足5m拉通线，用钢直尺检查
6	接缝高低差	0.5	3	—	0.5	0.5	1	1	用钢直尺和塞尺检查
7	接缝宽度	1	2	2	1	1	1	1	用钢直尺检查

二、饰面砖粘贴工程施工质量控制及检验方法

（一）主控项目及检验方法

1. 饰面砖的品种、规格、图案、颜色和性能应符合设计要求。

检验方法：观察；检查产品合格证书、进场验收记录、性能检测报告和复验报告。

2. 饰面砖粘贴工程的找平、防水、粘结和勾缝材料及施工方法应符合设计要求及国家现行产品标准和工程技术标准的规定。

检验方法：检查产品合格证书、复验报告和隐蔽工程验收记录。

3. 饰面砖粘贴必须牢固

检验方法：检查样板件粘贴强度检测报告和施工记录。

4. 外墙饰面砖粘贴前和施工过程中，均应在相同基层上做样板件，并对样板件的饰面砖粘结强度进行检验，其检验方法和结果判定应符合现行标准《建筑工程饰面砖粘结强度检验标准》（JGJ 110）的规定。

5. 满粘法施工的饰面砖工程应无空鼓、裂缝。

检验方法：观察；用小锤轻击检查。

（二）一般项目及检验方法

1. 饰面砖表面应平整、洁净、色泽一致，无裂痕和缺损。

检验方法：观察。

2. 阴阳角搭接方式、非整砖使用部位应符合设计要求。

检验方法：观察。

3. 墙面突出物周围的饰面砖应整砖套割吻合，边缘应整齐。墙裙、贴脸突出墙面的厚度应一致。

检验方法：观察；尺量检查。

4. 饰面砖接缝应平直、光滑，填嵌应连续、密实；宽度和深度应符合设计要求。

检验方法：观察；尺量检查。

5. 有排水要求的部位应做到滴水线（槽）。滴水线（槽）应顺直，流水坡向应正确，坡度应符合设计要求。

检验方法：观察；尺量检查。

6. 饰面砖粘贴的允许偏差和检验方法应符合表5-2的规定。

饰面砖粘贴的允许偏差和检验方法　　　　　　　　表 5-2

项　次	项　目	允　许　偏　差　（mm）		检　验　方　法
		外　墙　面　砖	内　墙　面　砖	
1	立面垂直度	3	2	用 2m 垂直检测尺检查
2	表面平整度	4	3	用 2m 靠尺和塞尺检查
3	阴阳角方正	3	3	用直角检测尺检查
4	接缝直线度	3	2	拉 5m 线，不足 5m 拉通线，用钢直尺检查
5	接缝高低差	1	0.5	用钢直尺和塞尺检查
6	接缝宽度	1	1	用钢直尺检查

复习思考题

1. 试述天然大理石板材湿挂法安装过程和一般质量要求。
2. 大理石板材墙面装饰粘贴法施工工艺主要优点是什么？
3. 简述天然花岗石板材外墙装饰扣件安装固定法的施工过程和施工要点。
4. 简述天然花岗石板材外墙装饰轻钢龙骨、连接件安装固定法的施工过程和施工要点。
5. 试述膨胀螺栓、挂件、连接件安装固定花岗石板材的施工要点。
6. 试述建筑物内墙粘贴陶瓷釉面砖的施工要点和质量要求。
7. 试述外墙贴面砖的施工要点和质量要求。
8. 简述外墙陶瓷马赛克粘贴的施工要点和质量要求。

第六章 涂 饰 工 程

建筑涂料能与建筑结构表面较好地粘结，形成一层坚硬的保护膜，这层涂膜具有色彩丰富、附着力强、质感逼真、施工简便、工期短、工效高、造价低、自重轻、维修更新方便和装饰效果好等优点。是建筑装饰装修工程，尤其是住宅装饰装修工程中使用较多的一种装饰材料。

建筑涂料按化学成分不同可分为以下三种：

1. 水溶性涂料　这种涂料是以水溶性合成树脂为主要成膜物质，以水为稀释剂，再加入适量的填料、颜料和辅助材料经研磨而成。

2. 溶剂型涂料　以高分子合成树脂为主要成膜物质，以有机溶剂为稀释剂，加入适量的颜料、填料及辅助材料经研磨而成。这种涂料涂刷到墙（柱）面上之后形成的涂膜细而坚韧，有一定的耐水性，施工时可以在相对较低的气温环境中进行（可以低至0℃），但其主要缺点是有机溶剂价格高、易燃，且挥发后有害人体健康。

3. 水乳型涂料　这种涂料是以 $0.1\sim0.5\mu m$ 的极细的合成树脂颗粒分散在水中形成乳液，并以这种乳液为主要成膜物质，再加入适量的填料、颜料和辅助材料经研磨而成。

建筑涂料按使用部位不同分外墙涂料、内墙涂料、顶棚涂料和地面涂料等。

第一节　建筑外墙涂料装饰

外墙选用的涂料颜色要与建筑物所处的环境相协调，且保色性要好，能在较长的时间内保持绚丽多彩的装饰效果；建筑物外墙直接受雨水冲刷、光照、风沙、温度变化和干湿交换等自然条件的破坏作用，故要求外墙涂料有较好的耐水性和耐候性；大气中的灰尘及其他轻物质粘挂在涂层后，会削弱涂料的装饰效果，所以还要求外墙涂料的抗污染性好；此外，因涂料的装饰层寿命较短，而外墙的面积又大，故要求涂料的价格合理、维修方便、重涂容易。

一、施工准备

1. 涂料的选定

常用的外墙涂料有无机高分子涂料、合成乳液型外墙涂料、合成树脂溶剂型外墙涂料、合成树脂乳液砂壁状外墙涂料以及复层建筑涂料等。用哪一种外墙涂料应按设计要求确定。

2. 机具准备

外墙涂料装饰所用的机具有喷枪（图 6-1）、弹涂机（图 6-2）、搅拌器 ［图 6-1(d)］ 和常用的工具（图 6-3）。

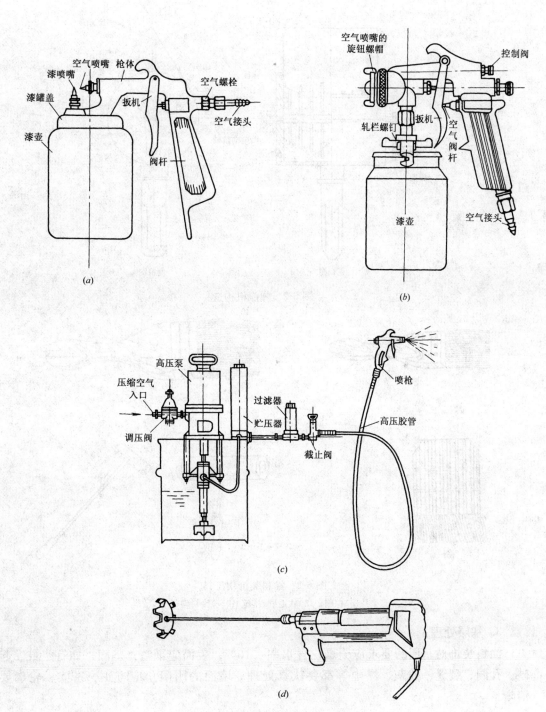

图 6-1　涂料装饰用喷枪、搅拌器

(a)PQ-1 型喷枪；(b)PQ-2 型喷枪；
(c)高压空气喷枪；(d)手提式涂料搅拌器

107

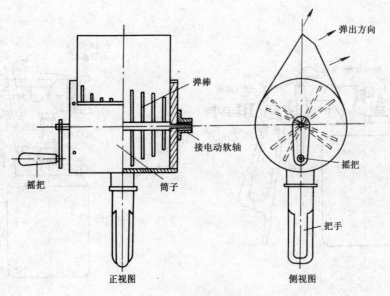

图 6-2　弹涂机构造

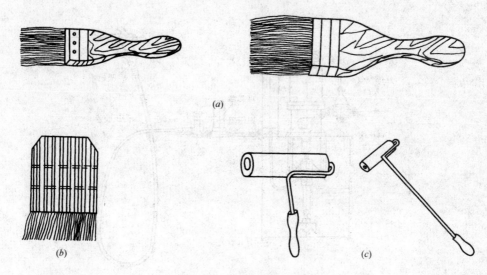

图 6-3　涂料装饰用工具

(a)棕刷；(b)软毛刷(排笔)；(c)涂料辊子

3. 基层处理

涂料装饰对基层的要求应干燥，含水率<10％；表面应平整、坚固，如有空鼓、起砂、孔洞、裂缝、残灰、浮尘等都要认真处理；墙面的阴阳角应方正、密实、轮廓要清晰。

对基层表面的裂缝和孔洞要用防水的水泥腻子嵌平或用聚合物水泥砂浆填堵；表面凹凸不平处要高凿低补，并用砂轮机进行打磨；凡遇露筋要先用手持砂轮机打磨除锈，然后刷防锈漆，严重露筋处可先将钢筋周围混凝土剔凿，然后对钢筋进行防锈处理，最后用聚合物水泥砂浆补抹至平整；对混凝土墙面的大面积麻面部位先清洗，后用聚合物水泥腻子刮平或用聚合物水泥砂浆抹平。

二、无机高分子涂料装饰施工

无机高分子涂料施工工艺流程：基层处理→配料→喷涂或刷涂→修整保护。

1. 配料

按涂饰面积进行用料计算，要一次配齐，以保证涂料的颜色一致。配好的涂料装入适宜的容器内，混合搅拌均匀后加盖存放，在使用过程中也要不断搅拌，以防涂料发生沉淀而导致稀稠不匀。

2. 喷涂

喷涂前将门窗口遮盖好，以防被污染。空气压缩机的压力应不小于 0.7MPa，排气量每分钟应不小于 0.8m³。根据涂料的稠度、细度和喷嘴内径的大小来调整喷斗的进气截门，涂料应以雾状喷到墙面上为宜。

喷斗距墙面的远近和与墙面喷角的大小，直接影响到喷涂质量的好坏。距离近，涂料到墙面成片而易造成流坠；距离远，饰面发虚，容易造成"花脸"或漏喷。一般经验做法是：喷嘴距墙面约 500～600mm，可以通过调试来确定，以墙面均匀出现涂层为准。喷嘴应与墙面或顶面垂直，上下、左右倾斜都会出现上述的质量问题，其正确与错误的操作如图 6-4 所示。

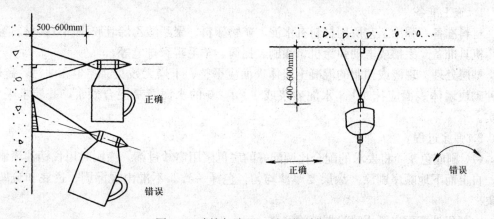

图 6-4 喷枪与墙面、顶面相对位置

喷涂应一道紧挨一道地进行，手握喷枪要稳，不要漏喷，也不要流淌。发现漏喷处要及时补上。喷枪要按"S"形轨迹运行，如图 6-5 所示。开始喷涂时不要过猛，发现喷斗内无涂料时，要及时关闭高压空气阀门。为防止出现虚喷和花脸，涂层的接茬应留在分格缝处，如果不能留在分格缝时，第二次喷涂时要进行遮挡。若发现接茬部位颜色不一致

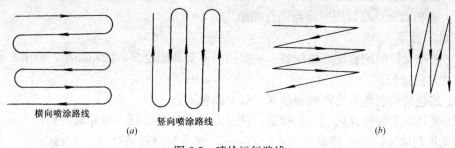

图 6-5 喷枪运行路线

(a)正确运行路线；(b)错误运行路线

时，可先用砂纸打磨较厚的部位，然后在分格缝内再满喷一遍，消除"花脸"。切不可采取局部修补的方法解决。喷涂厚度以盖底为宜，一般需要连续喷涂两遍，涂料用量一般控制在每平方米 0.8～0.9kg。

3. 刷涂与滚涂相结合

刷涂是一种传统做法，由于工效低，质量又难以控制，因此，近年来常采用将刷涂与滚涂相结合的方法进行施工，取得了较好的效果。具体做法是：先将涂料按刷涂的要求涂刷在基层上，随即用辊子滚涂，辊子上面不能蘸涂料太多，滚压的方向要一致，操作要迅速，注意涂层厚薄要均匀，不出现透底、流坠和花脸等缺陷。

4. 施工注意事项

无机高分子涂料饰面后 12h 以内应避免雨淋，若预测有雨，应不安排施工。此外，风天的风力超过 4 级也不要进行外墙涂料装饰施工，以免污染饰面层。

三、色浆弹涂

利用弹涂机将色浆弹射到建筑物外墙面上，形成彩色斑点或自然流畅的线条，最后用有机硅涂料罩面的涂饰方法称为弹涂。弹涂饰面造价低，表面粗犷，具有立体感，施工速度快，且涂层耐久性好，是近年来出现的外墙涂料装饰的新工艺。

1. 施工准备

材料准备　弹涂工艺所用材料有水泥、矿物颜料、聚醋酸乙烯乳胶漆和罩面材料等。

机具准备　手摇或电动弹涂机、漆刷、提筒、羊毛辊和排笔等。

基层处理　现浇或预制的混凝土墙体表面应平整、干燥无残灰、浮尘和油污，砖墙、各种砌块墙体表面应抹 1：3 水泥砂浆或 1：1：6 的水泥石灰混合砂浆，并要求平整、密实。

2. 弹涂过程

(1) 刷底色浆　将要求的配合比调配好的底色浆用窗纱过筛。涂刷时用长柄油漆刷蘸浆，自上而下地顺序刷涂。涂层要厚薄均匀，色泽一致。不准出现漏刷、透底和流坠等现象。

大面积外墙面也可用喷涂器喷涂底浆。

(2) 弹涂　弹涂分两遍进行。第一遍弹涂在底色浆收水后进行，涂层基本成膜就随之进行第二遍弹涂。

(3) 修整、补弹　第二遍弹涂完毕进行饰面层检查，发现局部缺陷要进行修整、补弹至符合设计要求止。

(4) 刷罩面漆　面层弹涂完后 3～4h 可刷罩面漆。罩面漆的稠度要适宜，用毛刷均匀涂刷，大面积墙面也可以用喷涂器进行喷涂。

3. 施工要点

(1) 要按设计的配合比严格配料。一次用料不要调配过多，随用随配，剩下的浆料也不宜存放时间过长。

(2) 底色浆的颜色不要调配得过深，以中间色为宜。

(3) 要熟练掌握弹涂机(器)的构造、使用方法和弹涂技巧，弹涂机的构造如图 6-2 所示。弹涂机与墙面的距离控制在 300～500mm，弹斗的倾斜角度以 45°为宜。弹斗内色浆量要适当，它将直接影响着弹点的大小，操作时要随时调整弹涂机与墙面之间的距离。弹涂的顺序是先弹阴阳角、檐口，然后向中心发展。

（4）罩面涂料不宜过厚，也不能漏涂，用量一般经验控制在 5m²/kg 即可。

弹涂完毕的装饰面层颜色应一致，色点应大小分布均匀，不显接槎，没有拉丝、流坠、起粉和掉色等现象。

四、丙烯酸酯类外墙涂料施工

近年来，建筑外墙使用丙烯酸酯类的建筑涂料进行装饰十分走俏，这种涂层由薄质型和厚质型两部分组成。其中，厚质型涂层为丙烯酸乳胶底漆，涂层呈凹凸形；薄质涂层为各色的丙烯酸有光乳胶漆。

丙烯酸凹凸乳胶底漆通过喷涂，再经过滚压即可得到各种样式的凹凸花纹，使饰面层具有立体感。这种涂层的做法一般有两种：一种方法是在底层上面喷一遍凹凸形乳胶底漆，经过滚压后再在凹凸底漆上喷上 1～2 遍各色丙烯酸有光乳胶漆；另一种做法是在底层上喷一遍各色无光的丙烯酸乳胶漆，待成膜后再在其上面喷涂丙烯酸凹凸乳胶底漆，然后经过滚压而显示出凹凸的花纹、图案，待这层漆成膜后，再罩上一层苯丙乳液。经过这样几道工序后，建筑物的外墙面就呈现出各种各样的色彩、花纹和图案，装饰质感好。

丙烯酸酯类涂料可以在混凝土外墙面上做，也可以在水泥砂浆或混合砂浆的抹面层上做。

丙烯酸酯类外墙涂料施工要点：

1. 基层处理

丙烯酸酯涂料施工对基层的要求和处理方法同无机高分子涂料施工。

2. 喷涂凹凸乳胶底漆

喷涂时选用喷枪喷嘴内径为 6～8mm，喷涂压力为 0.4～0.8MPa。将空气压缩机的压力和涂料的稠度调整好后，操作者手持喷枪与墙面成 90°角进行喷涂。喷枪的运行路线可根据现场的需要上下或左右地进行。花纹与斑点的大小及涂层的厚薄，可借助于喷枪的压力和喷嘴的内径大小来调整，一般底漆的用量为 0.8～1.0kg/m²。

3. 轻抹、轻压涂层表面

底漆喷涂完毕，若环境温度为 25℃左右，相对湿度为 65±5%，约停留 5～6min，就可以用蘸水的钢板抹子轻抹、轻压涂层表面。抹、压深层方向要自上而下走抹子，以使涂层呈现的图案具有立体感，且花纹均匀一致。底层涂层不准出现空鼓、漏喷、起皮、脱落、拉丝、流坠和裂纹等现象。

4. 喷面层涂料

底层涂料喷涂约 8h 以后，就用 1 号喷枪喷涂丙烯酸有光乳胶漆面层。喷涂时，喷枪与墙面成 90°角，压力控制在 0.3～0.5MPa 之间，喷枪与墙面的距离为 400～500mm，喷出的涂料应呈浓雾状，涂层要厚薄均匀一致，一般喷涂两遍，不准漏喷。面层涂料的用量一般约 0.3kg/m²。

5. 双色型的凹凸复层涂料喷涂

这种涂层的一般做法是：第一道为封底涂料喷涂，第二道为带色彩的面层涂料喷涂，第三道为厚涂料喷涂，第四道为罩面涂料喷涂。具体施工时，应按各涂料生产厂家提供的产品说明进行。

6. 喷涂过程中应随时对容器内的涂料进行搅动，以防发生沉淀、分层；喷涂前对门窗等部位先进行遮挡，以防被污染，若已污染，要及时清理干净；雨天、4级以上的风天不准进行外墙涂料装饰。

第二节　建筑内墙涂料装饰

对建筑内墙涂料主要性能要求是色彩丰富、色调柔和、涂膜细腻，耐水性、耐碱性好，透气性好，且不易粉化，涂刷方便、重涂性好。

建筑物内墙涂料装饰是最为广泛的装饰方法之一，所用涂料类型也有无机涂料和有机高分子涂料两大类。无机涂料主要有石灰浆和大白粉浆等；有机涂料有水溶性内墙涂料、合成树脂乳液内墙涂料、多彩花纹内墙涂料和仿壁毯涂料等。

一、大白粉浆涂饰

内墙涂饰使用大白粉浆是一种传统的涂饰工艺。大白粉浆可以掺入适量的胶结材料（如乳胶）调配成白浆，其配合比为：

大白粉：聚醋酸乙烯乳液：六偏磷酸钠：羧甲基纤维素＝100：8～12：0.05：0.02～0.1。

羧甲基纤维素用1：80水浸泡10h左右后，掺入大白浆内。若用聚醋酸乙烯胶应掺入大白粉的15％左右。

大白浆饰面具有工艺简单、造价低的优点，饰面层光洁、明亮、简洁、流畅，装饰效果较好。

（一）施工准备

大白浆可以刷涂、喷涂，若用手压式喷浆泵或喷浆机喷涂，需将大白粉和胶凝材料过50～60目的筛子，以免造成喷涂时喷嘴堵塞。

大白浆按要求的配合比调制，并准备好排笔、扁刷、手压式喷涂泵、电动喷浆机等。

1. 基层处理

用铲刀和钢丝刷清除基层表面的残灰、残渣、脱皮、起砂、剥落和粉化等，用钢丝刷刷去浮尘，并用清水冲洗干净。基层表面的油渍需用强碱水溶液冲刷干净后，再用清水冲净。对基层表面的裂缝、蜂窝、孔洞及损坏部位要进行修补；对较宽的缝隙和孔洞较大部位应分两次修补，直至基层平整时止；对凹凸不平的表面可以用聚醋酸乙烯乳胶腻子刮平；对基层表面的预埋件或其他金属构件，在涂饰前要做防腐处理。

2. 刮腻子

基层清理完后，要满刮1～2遍腻子，每遍腻子干后都要用砂纸打磨，以确保更好地粘结性能，不出现空鼓、开裂等现象。

（二）喷（刷）浆

喷浆或刷浆都是自上而下，一次做完，不留接槎。喷浆的稠度可适当大些；刷浆时，第一遍稠度要小，以易于操作。

第一遍料浆上墙后，要认真检查饰面层，对较大的凹下部位，应复补腻子，并要刮平、打磨，方法同上。

第二遍、第三遍浆要掌握好间隔时间，墙面过湿时不要进行下一遍浆的喷（刷）涂，以免发生流坠现象。

二、色浆涂饰

色浆是在大白浆中掺入设计要求的颜料，经搅拌均匀而成。常用的颜料有氧化铁红、氧化铁黄、铁蓝、锌白、炭黑、铬绿和金、银粉等。颜料选用的得当，会使室内增添光彩，使人赏心悦目，有益于健康。

房间的大小不同，颜料的选用应有所区别，一般房间较小的宜选用淡雅、浅白、淡黄等浅色颜料，可给人们以敞亮、开阔之感；大中型房间，宜选用浅绿、淡蓝等颜料，可给人们以柔和、幽雅和清新的感受。

（一）色浆种类及配合比

1. 石灰色浆

石灰色浆的配合比为：石灰：食盐：颜料＝100：7：颜料（质量比）。掺入颜料量为石灰的 0.5%～2.5%。在色浆中掺入食盐是为了提高色浆的附着力。

2. 石灰膏红色浆

石灰膏红色浆的配合比为：皮胶水（皮胶水：水＝1：4）：猪血胶水（猪血：水＝1：5）＝100：7：2（质量比）。

色浆中的颜料有氧化铁红和甲苯胺红等，掺量为灰料的 0.5%～2.5%。皮胶可以用聚醋酸乙烯代替（水：聚醋酸乙烯＝100：5）。

3. 大白粉浆

大白粉浆的配合比为：大白粉：聚醋酸乙烯：羧甲基纤维素：颜料＝100：0.5～2：0.1～0.2：颜料。其中颜料掺配量为水：颜料＝20：1。

（二）施工要点

1. 喷涂面积与色浆用量应计算准确，用量应保证足够，避免批量不一、色泽程度不同，造成饰面色彩不匀而影响装饰质量。

2. 喷涂时不准漏喷、虚喷，每遍成活都要按顺序喷涂，尽量不留槎口。操作时，要掌握好喷枪与墙面的距离和角度的一致。

3. 颜料都要先用水搅拌成颜料溶液再掺入料浆中，不准将干颜料直接掺入浆内。

4. 色浆喷涂第一遍必须干燥后才准喷涂第二遍，两遍色浆的总厚度以不超过 0.5mm 为宜。

5. 配料要由专人负责，严格控制配合比，料浆配制出来后，喷涂之前还要过筛，否则不准使用。

（三）质量要求

色浆的色彩应符合设计的要求。饰面层不准有掉粉、起皮、漏喷（刷）和透底的现象；尽量减少反碱、咬色和流坠现象；饰面层色泽应均匀一致，平整无砂眼。

三、内墙涂料涂饰

（一）基层处理

内墙涂料装饰的基层处理方法与要求同前述刷（喷）浆前的基层处理。

（二）滚涂

滚涂或称为辊涂，是将涂料采用刷或喷的方法先涂抹在墙面上，然后使用滚涂专用工具滚压出凹凸的花纹,表面再罩一层面漆的涂料装饰做法。这种涂饰层可以形成明晰的图案、花色纹理,具有良好的装饰效果。若为平面滚涂,所用辊子如[图 6-3(c)]所示。

滚涂所用的工具是压花滚筒(压辊)。有的滚筒表面粘贴有合成纤维长毛线,毛绒长 10～20mm;另一种滚筒表面粘贴的是橡胶,称为橡胶压辊,常用的规格直径为 40～50mm,长度为 180～240mm。滚涂小面的阴阳角时,用长度为 120mm 的短辊。当绒面压花滚筒或橡胶压花压辊表面为凸出的图案时,则可在涂层上滚出相应的花纹。

涂料滚涂的施工要点为:

1. 调配好涂料的流平性能,是滚涂施工的技术关键。滚涂饰面操作时容易出现拉丝现象,不易做到像涂刷那样饰面层平整、光滑。所以,在滚涂前,应根据基层的干湿程度、吸水率的大小,来调整好涂料的流平性能。调整的方法是在涂料中掺入适量的羧甲基纤维素溶液和乙二醇等。

2. 滚涂用的涂料、填充料的比例不能太大,胶粘度不能过高,以免饰面层出现皱纹而影响饰面层的平整度。

3. 滚花涂饰时,应将涂料稠度调至适宜并且均匀。先在底色浆的小样板上滚花,经甲方和设计部门认可后,再在底色浆的基层上滚花。

4. 滚涂饰面的腻子层要干燥、坚硬,粘结强度高,以免滚涂时腻子层被拉起。

5. 滚花时应从上到下,从左到右地进行操作,不够一个滚筒长度的要留到最后处理。待涂墙面的花纹干燥后,再以遮盖的办法去补滚。

6. 滚花每移动一次位置,应先将滚筒花纹的位置校正好,以保持纹理和图案的一致。

7. 平面滚涂是在腻子找平层干燥后,用辊子蘸涂料自上而下,从左到右滚涂 2～3 遍,使饰面层达到光滑平整,颜色一致的效果。

8. 滚涂过程中若出现气泡,解决的办法是用稀浆料调整或待涂料层稍微收水后,再用蘸浆较少的滚筒复压一次,消除气泡。

9. 内墙涂料滚涂前,要先用排笔蘸涂料对垂直和水平的阴角处进行刷涂,以免造成漏涂。

(三)彩色涂料弹涂

弹涂是先在墙面上刷一道底漆,再用弹涂器分几次将不同颜色的涂料弹在底漆上而形成 2～5mm 大小不等的扁圆形色点。这些不同颜色的涂点相互衬托,可使涂料层产生类似于干粘石的装饰效果,其施工要点如下:

1. 基层处理 彩色弹涂基层处理方法与要求同刷浆、喷浆前的基层处理。

2. 刷底色浆 底色浆应刷两遍。第一遍色浆干后用砂纸打磨表面(打毛),再刷第二遍。

3. 配制弹涂色料 按不同的涂料进行配制,如厚质涂料可以直接加入颜料调配出弹涂的色料。

4. 弹涂时,先用塑料布或胶合板等遮挡门窗,使其不受污染。然后手托弹涂器,出口对准墙面并保持一定姿势,将涂料均匀地弹洒在墙面上。

弹点应分层进行,一般要求主色点要多弹,但不要一次弹成,以免湿点重叠下流。饰面层设计需几种色点时,应待头遍色点半干后,再按顺序弹另一种色点。两种色点相隔弹点时间不能太短，以防出现混色现象。

5. 刷罩面材料　饰面层色点干燥后喷或刷罩面材料。罩面材料为甲基硅醇钠溶液：水＝1：9的材料或甲基硅树脂：乙醇胺＝1000：1～2的材料；也可以喷刷聚乙烯醇缩丁醛胶：酒精＝1：9的罩面材料，对饰面起保护作用，同时也不易挂尘。

（四）喷涂

乳液型内墙涂料多借助于喷涂的方法将涂料涂敷在混凝土、水泥砂浆、纸面石膏板及石棉水泥板的基层上。喷涂前做好基层处理，它要求基层强度足够，无粉化、掉皮和起砂的现象。

喷涂所用空气压缩机压力应控制在 0.4～0.8MPa，喷涂时手握喷斗要稳，出料口与墙面应垂直，距墙面 500mm 左右。喷涂顺序是先喷门窗口，然后横向来回旋转喷墙面。墙面一般要喷涂两遍，中间间隔时间约 2h 左右，喷斗行走路线为“S”形（见本章图 6-5 外墙涂料喷涂装饰），注意防止漏喷和流淌，保证饰面层的质量。

第三节　油漆装饰施工

在建筑装饰装修工程中，门窗、家具和金属装饰制件表面都要刷（喷）油漆。油漆装饰是一个技术性和专业性较强的技术工种，需要经过严格的培训与较长的实践锻炼才能掌握油漆装饰的操作技能。

油漆主要分油脂漆、天然树脂漆、清漆、磁漆和聚酯漆五种类型，其中，油脂漆有清漆、厚漆和油性调合漆等；天然树脂漆有大漆和虫胶清漆等品种；清漆有脂胶清漆、酚醛清漆、硝基清漆和醇酸清漆等；磁漆有酚醛磁漆和醇酸磁漆等。

一、油漆喷涂

室内细木装饰、壁挂家具、木门窗和金属装饰制件表面装饰层都要求做不同颜色的漆面，在装饰工程中可以采取刷漆或喷漆的方法。刷漆是一种传统工艺，主要缺点是生产率低、漆膜质量和外观很难达到设计要求，操作者的劳动强度也大，故油漆装饰一般都采取喷涂。喷漆分为高压空气喷涂和高压无空气喷涂。

（一）高压空气喷涂

高压空气喷涂是利用喷枪，借助于高压空气的气流将漆料从喷枪的喷嘴中喷成雾状液，分散沉积到装饰层上的一种涂饰方法。喷枪的种类较多，有吸出式、对嘴式和流动式，建筑装饰喷漆常用的为吸出式，按其性能不同分为 PQ-1 型和 PQ-2 型两种喷枪，主要性能参数见表 6-1。

喷枪的技术性能　　　　　　　　　表 6-1

项　目	单位	PQ-1	PQ-2
工作压力	N/mm²	0.28～0.35	0.4～0.5
喷枪喷涂有效距离 25cm 喷雾面积	cm²	3～8	13～14
喷嘴口径	mm		1.8

喷枪的喷嘴口径大小随喷涂作业需要是可以更换的，吸出式喷枪随带有口径 1.2mm、1.8mm、2.5mm 和 4.5mm 数种，详见表 6-2。

喷嘴口径及适用喷涂类型	表 6-2
工作类别	喷嘴口径(mm)
钢铁构件(钢结构)	1.2~2.5
大表面积	2.5~3.5
特殊喷涂如喷涂腻子	3.5~4.5
喷涂零件各种文字说明	0.2~1.2

作业时，喷嘴与喷涂表面的距离与油漆的消耗有很大关系，喷嘴距喷涂表面越远，形成的漆雾越多，油漆耗量也越大。所以，选择喷嘴时，要充分考虑与喷漆表面的距离，原则是既要保证喷涂面积大，喷涂效率高，又要尽量不产生大量的漆雾，做到节省油漆，一般以 200~300mm 的喷涂距离为宜。在喷涂过程中，喷枪不要作弓形路线移动，避免中部的漆膜过厚，周边漆膜薄，造成装饰面层漆膜厚薄不匀，离喷枪近的漆膜厚，较远的漆膜就薄，严重时装饰面层出现带状不平度。另外，喷枪移动的速度力求稳定不变，不要忽快忽慢，否则也会造成面层漆膜厚度不均匀。

油漆喷涂工艺中的"热喷涂"是近年来推出的一种新的工艺，常温喷涂需要用有机稀释剂将油漆稀释到要求的稠度，消耗溶剂较多，增加了施工的成本，为了节省溶剂，将油漆适当加热，再调配油漆稠度时可节省 2/3 左右的有机溶剂，且热喷涂还可以适当增加漆膜厚度，不仅减少了喷涂遍数，同时提高了劳动生产率。

（二）高压无空气喷涂

高压无空气喷涂是油漆喷涂装饰的新工艺，它是利用 0.4~0.6MPa 的压缩空气驱动高压泵，将油漆的压力增至 1.5MPa 左右，然后通过一个特殊的喷嘴的小孔喷出，当受压的油漆喷出喷嘴到大气中时，便立即产生剧烈膨胀，雾化成极细的漆粒黏附到被装饰物表面而形成漆膜。这种喷涂因漆料中不混有高压空气，也没有水分和杂质，所以漆膜质量好，不仅适合一般喷漆，而且适合要求高黏度涂料的喷涂作业。

同高压空气喷涂工艺相比较，高压无空气喷漆具有以下主要优点：

1. 漆膜质量好，一次喷涂就能渗入凹陷或缝隙处，尤其对于除锈后的金属表面，边角处都能形成厚度均匀的漆膜，且附着力强、光洁度好、装饰效果好。

2. 生产效率高，每支喷枪每分钟可喷涂 3.5~5.5m²，特别适合大面积喷漆装饰施工。

3. 可以提高油漆喷涂的黏度，拓宽了油漆喷涂的品种。

4. 改善了喷漆作业环境，漆雾比高压空气喷涂少，减小了对操作者健康损害程度。

二、天然真石漆喷涂

天然真石漆是一种高级水溶性油漆，适合用于混凝土墙体、木板、胶合板和砖墙表面的喷涂。

天然真石漆饰面对基层质量要求较高，基层必须光滑、平整、干燥、坚实，因受潮而脱落的旧基体，必须重新做基层处理；新墙体须待其干燥后才准许喷涂，以保证饰面层的质量。

天然真石漆涂饰方法主要有批涂法和喷涂法两种做法。

（一）批涂法

批涂是指用灰铲进行批抹，每面墙一般批抹不少于两次，每次批抹厚度为 2mm 左右，批抹太厚，不仅漆膜难于干燥，且容易出现流坠而影响美观；若批抹太薄，不能完全覆盖底基层，也会影响装饰效果。一般两次批抹的间隔时间为 6h，第二次批抹应待第一次抹面干至八九成时进行，完工后的真石漆总厚度以 3～4mm 为宜。一面墙要一次批抹完成，且不准分段批抹，否则会留下接缝而影响饰面层的美观。一般每 25kg 桶装的真石漆可批抹出 10～12m² 的装饰面积。

（二）喷涂法

天然真石漆喷涂使用普通喷枪分两遍喷涂，每喷一遍厚度为 2～3mm，两遍喷涂间隔时间不必太长，只要第一遍喷涂面稍干后即可进行第二遍喷涂，喷涂总厚度由设计定。

喷涂同批涂做法相比，批涂的饰面层光滑，而喷涂的面层有石粒的凹凸质感，给人以粗犷、立体的感受。

天然真石漆喷涂是一种快捷的施工方法，但操作者应具有较高的喷枪调节技巧，风门小，喷出的真石漆范围小而浮点大；风门大，喷出的真石漆范围大而浮点小。如果喷涂细微的图案或浮点较小，应选用大号喷嘴和小号喷针，调近两者之间的距离；如果想增大浮点，则相反。

一般情况，由于初开喷枪时，空压不稳定，第一枪最好偏侧，不要正对装饰表面，稍后再开始喷涂。喷涂时喷枪的移动由上层至下层要速度均匀，以保证饰面层真石漆厚度一致。

三、油漆喷涂装饰注意点

1. 油漆喷涂过程中相当一部分漆料随空气扩散而损耗消失掉，故成膜较薄，需反复多次喷涂才能达到厚度要求。

2. 喷涂的渗透性和附着性较刷涂差。

3. 油漆喷涂时，扩散到空气中的溶剂和漆料对人体有害。

4. 喷涂施工现场若通风不好，当漆料和溶剂扩散和挥发到一定浓度后，会引起火灾，甚至酿成爆炸事故。

第四节　涂饰工程施工质量要求及检验方法

国家标准《建筑装饰装修工程质量验收规范》（GB 50210—2001）规定，涂饰工程施工质量控制和检验方法分主控制项目及检验方法和一般项目及检验方法。

一、水溶性涂料装饰施工质量要求

（一）主控制项目及检验方法

1. 水溶性涂料涂饰工程所用涂料的品种、型号和性能应符合设计要求。

检验方法：检查产品合格证书、性能检测报告和进场验收记录。

2. 水溶性涂料涂饰工程的颜色、图案应符合设计要求。

检验方法：观察。

3. 水溶性涂料涂饰工程应涂饰均匀、粘结牢固，不准漏涂、透底、起皮和掉粉。

检验方法：观察；手摸检查。

4. 水溶性涂料施工前基层处理应符合以下几点要求：

（1）新建筑物的混凝土或抹灰基层在涂饰涂料前应涂刷抗碱封闭底漆。

（2）旧墙面在涂饰涂料前，应清除酥松的旧装修层，并涂刷界面剂。

（3）混凝土或抹灰基层涂刷溶剂型涂料时，含水率不得大于8％；涂刷乳液型涂料时，含水率不得大于10％。

（4）基层腻子应平整、坚实、牢固，无粉化、起皮和裂缝；内墙腻子的粘结强度应符合《建筑室内用腻子》(JG/T 3049—1998)的规定。

（5）厨房、卫生间墙面必须使用耐水腻子。

检验方法：观察；手摸检查；检查施工记录。

（二）一般项目及检验方法

1. 薄涂料的涂饰质量和检验方法应符合表6-3的规定。

薄涂料的涂饰质量和检验方法 表6-3

项 次	项 目	普通涂饰	高级涂饰	检 验 方 法
1	颜色	均匀一致	均匀一致	观 察
2	泛碱、咬色	允许少量轻微	不 允 许	
3	流坠、疙瘩	允许少量轻微	不 允 许	
4	砂眼、刷纹	允许少量轻微砂眼，刷纹通顺	无砂眼，无刷纹	
5	装饰线、分色线直线度允许偏差(mm)	2	1	拉5m线，不足5m拉通线，用钢直尺检查

2. 厚涂料的涂饰质量和检验方法应符合表6-4的规定。

厚涂料的涂饰质量和检验方法 表6-4

项 次	项 目	普通涂饰	高级涂饰	检 验 方 法
1	颜色	均匀一致	均匀一致	观 察
2	泛碱、咬色	允许少量轻微	不 允 许	
3	点状分布	—	疏密均匀	

3. 复层涂料的涂饰质量和检验方法应符合表6-5的规定。

复层涂料的涂饰质量和检验方法 表6-5

项 次	项 目	质 量 要 求	检 验 方 法
1	颜色	均匀一致	观 察
2	泛碱、咬色	不 允 许	
3	喷点疏密程度	均匀，不允许连片	

4. 涂层与其他装饰材料和设备衔接处应吻合，界面应清晰。

检验方法：观察。

二、溶剂型涂料涂饰工程施工质量要求

（一）主控制项目及检验方法

1. 溶剂型涂料涂饰工程所选用涂料的品种、型号和性能应符合设计要求。

检验方法：检查产品合格证书；性能检测报告和进场验收记录。

2. 溶剂型涂料涂饰工程的颜色、光泽、图案应符合设计要求。

检验方法：观察。

3. 溶剂型涂料涂饰工程应涂饰均匀、粘结牢固，不准漏涂、透底、起皮和反锈。

检验方法：观察；手摸检查。

4. 溶剂型涂料涂饰工程的基层处理要求同水溶性涂料涂饰工程施工前基层处理。

检验方法：同水溶性涂料涂饰工程施工前基层处理。

（二）一般项目及检验方法

1. 色漆的涂饰质量和检验方法应符合表 6-6 的规定。

色漆的涂饰质量和检验方法   表 6-6

项次	项　目	普通涂饰	高级涂饰	检验方法
1	颜色	均匀一致	均匀一致	观察
2	光泽、光滑	光泽基本均匀光滑无挡手感	光泽均匀一致光滑	观察、手摸检查
3	刷纹	刷纹通顺	无刷纹	观察
4	裹棱、流坠、皱皮	明显处不允许	不允许	观察
5	装饰线、分色线直线度允许偏差（mm）	2	1	拉 5m 线，不足 5m 拉通线，用钢直尺检查

注：无光色漆不检查光泽。

2. 清漆的涂饰质量和检验方法应符合表 6-7 的规定。

清漆的涂饰质量和检验方法   表 6-7

项次	项　目	普通涂饰	高级涂饰	检验方法
1	颜色	基本一致	均匀一致	观察
2	木纹	棕眼刮平、木纹清楚	棕眼刮平、木纹清楚	观察
3	光泽、光滑	光泽基本均匀光滑无挡手感	光泽均匀一致光滑	观察、手摸检查
4	刷纹	无刷纹	无刷纹	观察
5	裹棱、流坠、皱皮	明显处不允许	不允许	观察

3. 涂层与其他装饰材料和设备衔接处应吻合，界面应清晰。

检验方法：观察。

复习思考题

1. 建筑涂料装饰主要特点有哪些？
2. 对外墙装饰涂料性能有什么主要要求？
3. 试述丙烯酸酯外墙涂饰的施工要点。
4. 对内墙装饰涂料性能有什么主要要求？
5. 试述内墙涂料滚涂施工的施工要点。
6. 高压空气喷漆与高压无空气喷漆两种涂饰工艺有什么主要不同点？
7. 何谓天然真石漆批涂工艺？主要特点是什么？
8. 油漆喷涂工艺同其他涂料装饰相比较主要缺点有哪些？

第七章　裱糊与软包工程

第一节　内　墙　裱　糊

裱糊装饰工程是指将各种墙纸(壁纸)、金属箔、丝绒、锦缎等材料粘贴在墙面、顶棚、梁、柱表面的工程。

裱糊材料多为工厂化预制加工，其品种繁多、色彩丰富，花纹、图案变化多样、质感强烈，具有良好的装饰效果。裱糊工程为现场施工，既简单，又方便，一般工程量也不大，所以广泛地用于宾馆、饭店、会议室、办公室及民用住宅的内墙装饰。

当前，裱糊工程使用较多的裱糊材料有塑料壁纸、墙布(无机墙布、纯棉织物布)、丝绒和锦缎等。

一、施工准备

(一)材料准备

按设计要求壁纸、墙布等裱糊材料的品种、规格一次准备到位。

胶粘剂的准备应根据壁纸和墙布的品种、性能来确定胶粘剂的种类和稀稠程度，原则是既保证裱糊材料粘贴牢固，又不透底，不影响墙纸的颜色，表7-1、表7-2、表7-3分别列出801胶、SG8104胶、聚醋酸乙烯胶粘剂的特点、性能及应用以及表7-4列出的粉末壁纸胶品种、性能及用途，供裱糊时进行选用。

801胶特点、性能及应用　　　　　　　　　　　表7-1

特点	用途	性能
由聚乙烯醇与甲醛在酸性介质中缩聚反应后再经氨基化而成。具有无毒、无味、不燃、游离醛含量低的优点，施工中无刺激性气味，其耐磨性、剥离强度及其他性能优于107胶	可用于墙布、墙纸、瓷砖及水泥制品等的粘贴；也可用作地面内外墙涂料的基料	外观：微黄色或无色透明胶体 含固量：≥9% 游离甲醛含量：<1% pH值：7～8

SG8104胶特点、性能及应用　　　　　　　　　表7-2

特点	用途	性能
无臭、无毒白色胶液，涂刷方便，用量省，粘结力强	适用在水泥砂浆、混凝土、水泥石棉板、石膏板、胶合板等墙面粘贴、纸基塑料壁纸	粘接强度：＞0.4～1MPa，耐水、耐潮性好，浸泡7d不开胶。初始粘结力强，用于顶棚粘贴，壁纸不会下坠，对温度、湿度变化引起的涨缩适应性能好，不开胶

聚醋酸乙烯胶粘剂特点、性能及应用   表 7-3

特点	用途	性能
由醋酸与乙烯合成醋酸乙烯，再经乳液聚合而成。具有常温固化、配制使用方便，固化较快，粘接强度较高，粘接层具有较好的韧性和耐久性，不易老化	广泛用于粘接纸制品（墙纸）、水泥增强剂、防水涂料、木材的胶粘剂	外观：乳白色稠厚液体 固体含量：50±2% pH 值：4～6 颗粒直径：0.5～5mm 稳定性：1h 无分层现象

粉末壁纸胶的品种、性能及应用   表 7-4

品种	用途	性能
BJ8504 粉末壁纸胶	适用于纸基塑料壁纸的粘贴	1. 初始粘结力：粘贴壁纸不剥落，边角不翘起 2. 粘结力：干燥后剥离时，胶接面未剥离 3. 干燥速度：粘贴后 10min 内可取下 4. 干燥时间：1d 后基本干燥 5. 耐潮性：在室温、湿度 85% 下 3 个月不翘边、不脱落、不鼓泡
BJ8505 粉末壁纸胶	适用于纸基塑料壁纸的粘贴	1. 初始粘接力优于 8504 干胶、107 胶 2. 干燥时间：刮腻子砂浆面 3h 后基本干燥，油漆及桐油面为 2d 3. 除能用于水泥、抹灰、石膏板、木板等墙面外，还可用于油漆及刷底油等墙面

底胶是用于墙面、柱面裱糊前封底的材料，即封闭基层表面的碱性物质，防止贴面吸水过快，便于在裱糊时校正、调整揭掉墙纸、墙布，以保证图案、花纹粘贴位置衔接准确，同时为裱糊工程提供一个粗糙的基层表面。

底胶的品种较多，选用的原则是底胶能与所用胶粘剂相溶，裱糊工程中常用的底胶为聚醋酸乙烯乳胶。对于含碱量较高的墙面，需要用纯度为 28% 的醋酸溶液与水配成 1∶2 的酸洗液先擦拭表面，将碱性物质中和，待基层表面干燥后，再涂刷底胶。底胶涂刷时必须保证厚度均匀，且不准漏涂。

（二）工具准备

裱糊工程所用的工具主要有：活动裁刀、薄钢片刮板、橡胶刮板、胶辊、金属滚筒、铝合金直尺、钢板抹子、钢卷尺、油灰刀、剪刀、2m 直尺、水平尺、排笔、板刷、小台秤、裁纸台案、注射用针管和针头、软木和干净的毛巾等。

（三）基层处理

裱糊工程要求基层坚实、平整，表面光滑，不疏松起皮、掉粉，无砂粒、孔洞、麻点和毛刺，污垢和浮尘要清理干净，表面颜色应一致。

裱糊前应先在基层刮腻子，并以砂纸打磨平整。腻子的刮法视基层的情况而定，可满刮一遍或两遍。裱糊中常用的腻子品种及其配合比见表 7-5。

名称	石膏	滑石粉	熟桐油	羧甲基纤维素溶液（浓度 2%）	聚醋酸乙烯乳液
乳胶腻子		5		3.5	1
乳胶石膏腻子	10			6	0.5～0.6
油性石膏腻子	20		7	.	50

1. 混凝土、抹灰墙面的基层处理

混凝土墙面及用水泥砂浆、混合砂浆、石灰砂浆抹灰墙面裱糊壁纸、墙布前，要满刮腻子一遍，并用砂纸打磨。这些墙面的基层表面如有麻点、凹凸不平或孔洞时，应增加刮腻子和砂纸打磨的遍数，以保证基层表面的质量。

刮腻子前，要先将墙面清扫干净，然后用橡胶刮板满刮一遍。刮腻子时要有规律，要一板排一板，两板中间顺一板，既要刮严，又不准有明显的接槎和凸痕。要掌握凸处刮薄，凹处刮厚，大面积找平的手法。腻子干后要打磨砂纸，并随之扫净墙面。需要增加刮腻子遍数的基层，要先将上道腻子表面的裂缝和凹面处刮平，然后打磨砂纸，扫净墙面，再满刮一遍后，再用砂纸打磨。刮腻子时应特别注意阴阳角、窗台下、暖气管道后和踢脚板接缝处的处理，必须认真检查、修整。

面层腻子刮完，干至六、七成左右时，可以用塑料刮板有规律地进行压光，最后用干净的毛巾擦去表面的灰尘。

2. 木质、石膏板墙面基层处理

木墙面的基层要求接缝严密，不显接槎；钉固部位不露钉头；所有接缝、钉眼都要用腻子补平，然后满刮石膏腻子一遍，并用砂纸打磨平整。

纸面石膏板墙面裱糊塑料壁纸时，板面要先以油性石膏腻子找平。板面接缝处要用嵌缝石膏腻子及穿孔纸带（也可以使用玻璃纤维网格胶带）进行嵌缝处理；无纸面石膏板墙面裱糊壁纸时，应先在板面满刮一遍乳胶石膏腻子，以确保壁纸与石膏板面的粘结强度。

3. 旧墙基层处理

在旧墙面上裱糊壁纸、墙布，也要认真地进行基层处理。墙面若有凹凸不平处，要修补平整；墙面粘结的残灰、砂粒要清理干净；麻点、裂缝和接缝处，要用腻子分 1～2 次找补平整；对于泛碱的部位，要用 9% 的稀醋酸溶液中和、清洗；大面积的油污，难于冲洗干净时，可用强碱溶液（1∶10）刷洗，然后再用清水冲净；表面平整、附着牢固的旧溶剂型涂料墙面，要进行凿毛处理。

4. 基层含水率的要求

裱糊壁纸、墙布的基层含水率不能过高，即基层不能过于湿润，否则，抹灰层的碱性和水分会使壁纸变色、起泡，甚至开胶。为此，要求壁纸、墙布本身应具有较好的透气性，可以在已经干燥但尚未干透的基层上裱糊，同时要严格控制各种基层的含水率。在一般的气温条件下施工，抹灰层的龄期应在 7d 以上，含水率低于 8%；木材制品的基体或基层，其含水率应不超过 12%；混凝土墙体基层未抹灰，其含水率应低于 8%。以上几种墙面基层含水率指标，是从多年的裱糊经验中测定、总结出来的。为保证裱糊的质量，切不可忽视基层的含水率。如果墙体表面所处的环境经常要受潮湿的作用，裱糊用的壁纸、墙布和粘结材料的选择，要优先考虑它们的防水、防潮性能，否则难以取得良好的裱糊质量。

（四）刷底胶

裱糊壁纸、墙布的墙面，经基层处理合格后，在裱糊壁纸、墙布之前先刷一遍底胶，其目的与作用在前面已作介绍。底胶涂刷时不要太厚，但要涂刷均匀，不准出现流淌和漏刷等问题。

底胶可用棕刷或滚筒涂抹。若基层表面比较粗糙或吸水性较强，可将底胶调稀一些，或涂刷两遍。底胶涂刷过程中，发现局部基层变色，表明该部位含碱量多，此时可用稀醋酸溶液擦拭，直至变色部位的颜色消失并且干燥后再刷一遍底胶。

二、塑料壁纸裱糊

（一）弹线分格

为确保裱糊的质量，便于施工操作，裱糊前应按壁纸的幅宽弹出分格线。分格线一般从阴角做取线位置，先用粉线在墙面上弹出垂直线，两垂线间的宽度应小于壁纸幅宽的10～20mm。每面墙面的第一幅壁纸的位置都要再挂垂线找直，作为裱糊时的准线，以确保第一幅壁纸垂直粘贴。

为了使壁纸上面的花纹、图案衔接对称，有窗口的墙面要在窗口处弹出中线，然后由中线按壁纸的幅宽往两侧分线；如果窗口不在墙面的中间，为保证窗间墙的阳角花纹、图案对称，要弹出窗间墙的中心线，再往其两侧弹出分格线。

壁纸粘贴之前，应按弹线的位置预拼、试贴，检查一下拼缝的效果，以便能够准确的决定裁纸的边缘尺寸及花纹、图案的拼接。预拼、试贴墙面的大面不准出现窄条壁纸，窄条壁纸要留在阴角处。

（二）测量、裁纸与浸水

测量出顶棚下皮标高至踢脚板的距离后，定出每幅壁纸所需要的长度。使壁纸的一端对齐墙面的顶部，定出壁纸的上端位置，并做出标记，然后，将壁纸放在裁纸台上，从标记点往下量出顶棚至踢脚板的距离，另加上50mm的修边余量，接着裁割；随即将另一幅壁纸放在这幅壁纸的旁边进行对花。若为斜向排列的图案，第二幅壁纸沿着第一幅壁纸作上下移动，使花纹和图案拼对至理想的位置，对齐裁割；若壁纸为横向排列的图案，可沿第一幅壁纸的幅宽排列。其他幅壁纸均可按第一幅壁纸的长度，同时留出对花所需要的长度进行裁割。

裁纸下刀前，要再认真复核一下所测量的尺寸，确认无误后，用尺子压紧不再移动，刀刃要紧贴尺子边，一刀裁成，中间不准停顿或变换持刀的角度，手劲要均匀，以保证裁割的质量。

裁下的壁纸不要立即上墙粘贴，壁纸遇到水或胶液后，即会开始自由膨胀，约5～10min后胀完，干后又自由收缩，自由胀缩的壁纸，其横向膨胀率为0.5%～1.2%，收缩率为0.2%～0.8%，掌握壁纸的这个性质是保证裱糊质量的关键。所以，要先将裁下的壁纸置于水槽中浸泡几分钟，或在壁纸背面满刷一遍清水，静置至壁纸充分胀开，也可以采取将壁纸刷胶后叠起来静置10min，让壁纸自身湿润，否则必然会在墙面上出现大量的气泡、皱折而达不到裱糊的质量要求。闷水后的壁纸在墙面上裱糊后，随着水分的挥发而收缩、绷紧，因而不会出现裱糊质量问题。

（三）刷胶粘剂

将浸过水的壁纸取出并擦掉纸面上的附着水。在工作台上先铺一层干净纸，以防壁纸的正面被污染并且便于清除溅滴的胶液，然后将壁纸的正面朝下放在工作台上并超过台面60～120mm，以防刷胶粘剂时胶液溅到台面上，然后涂刷胶粘剂。

胶粘剂刷涂应从壁纸的上半段开始，涂好后将这半段翻叠过来，使胶面对着胶面，但不准将壁纸折出印痕。按上述同样的方法涂刷壁纸的下半段并翻叠，然后静置10min左右，让胶液浸透壁纸的各部分，壁纸变得更加柔顺了即可以上墙裱糊。

对于带有背胶的壁纸，只要将壁纸卷放在水槽内浸泡，吸收水分5min左右，即可粘贴。

基层表面同样要刷胶，不仅要涂刷的均匀一致，且涂刷的宽度要比壁纸宽出20～30mm。胶粘剂不准刷的过厚，以防裱糊时因胶粘剂溢出而污染壁纸；但也不能刷的过少，甚至漏刷，以防壁纸起壳和粘贴的不牢固。

胶粘剂涂刷不用棕刷而用滚筒，这样不仅速度快，而且涂刷的质量好。

（四）裱糊

壁纸上墙裱糊的顺序是从上到下，先将翻叠的壁纸打开，双手拿着壁纸的上角，将标记部位对准顶面与墙面的交接处，使上部边缘与定位线对齐，壁纸边与垂直线对齐成一条直线，然后固定在墙面上，用干净的壁纸刷子轻轻刷壁纸面，检查壁纸中部是否与定位线对齐，如果有误差，要揭开壁纸重新定位，并将壁纸下端轻轻往下拉，使其与定位线对齐。壁纸的末端与墙面粘贴牢固之后，多余的壁纸搭在踢脚板上。如果发现壁纸表面有皱纹，要将壁纸揭到皱折部位，再重新贴牢。

用壁纸刷固定壁纸条幅时，应先固定条幅的上部、中部，再由条幅中间向四周边缘刷，使壁纸的上部与墙面顶端粘贴牢，并固定好条幅的底部，然后再从上到下垂直刷一遍，赶出壁纸与墙面之间夹着的空气，以避免出现空鼓。用壁纸刷固定墙角处的壁纸时，用力要大一些，以确保壁纸与墙角粘牢。

墙角部位裱糊要比墙面裱糊困难，一般采取的措施是将墙角的两个面分开裱糊，而不用整幅壁纸，裱糊起来就会容易。在裱糊阳角时，与墙面相接的那幅壁纸要绕过阳角20mm，粘贴好后，在阳角的另一面墙上弹出第一幅壁纸的定位线。定位线的位置是从墙角开始加壁纸幅宽再加20mm，粘贴时与定位线对齐，并将两幅壁纸图案对花，花纹、图案对好以后将壁纸贴牢，再将多余的壁纸修割掉，如图7-1(*a*)所示。

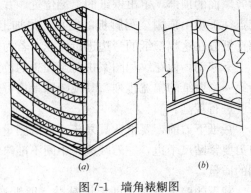

图7-1　墙角裱糊图
(*a*)阳角裱糊；(*b*)阴角裱糊

裱糊阴角时，与墙角相接的最后一幅壁纸宜绕过阴角20mm，裁割后贴在阴角处，然后再粘贴另一面壁纸，如图7-1(*b*)所示。按壁纸的幅宽弹出定位线，使该幅壁纸的边缘与阴角另一面绕包过来的壁纸搭接20mm。粘贴时应保证两幅壁纸的图案对花，同时要使壁纸边缘与定位准线对齐。

裱糊过程中遇有墙面拆不下来的设备或附件，壁纸裱糊到这些位置时，可以在壁纸上剪口。方法是将壁纸轻轻糊在墙面突出的物件上，找出中心点，然后从中心往外剪，使壁纸舒平，裱糊在墙面上，再用铅笔轻轻标出物件的轮廓位置，慢慢拉起多余的壁纸，并剪去多余的部分，再最后裱糊牢固，保证四周不留有缝隙。

（五）修整

壁纸裱糊完毕，应立即进行质量检查，发现不符合质量要求的问题，要采取相应的补救措施予以解决。

壁纸卷边，即出现张嘴的现象，要翻起卷边的壁纸，查明原因。若查出基层有污物而导致粘结不牢，应立即将基层清理干净后，再补刷胶粘剂重新贴牢；若发现是胶粘剂的粘结力不够，要换用胶粘性大的胶粘剂粘贴。

墙面壁纸局部出现皱纹或死折时，应趁壁纸未完全干涸，以湿毛巾轻轻擦拭折皱部位，使纸面湿润，然后用手或滚筒滚压平整；若壁纸确已干涸，无法舒平折皱部位，要坚决地将壁纸揭下来，重新清理基层，重新粘贴。

壁纸的花纹、图案未对接好，接缝也不垂直时，要撕下壁纸，重新裱糊。但发现离缝和亏纸的现象较轻微时，可以用同壁纸颜色一样的乳胶漆点描在缝隙内；若缝隙较宽时，可以用相同的壁纸条补贴。点描胶液或补贴壁纸条均不得在饰面层看出痕迹。

壁纸面层局部出现气泡，解决的办法是用注射针管将空气抽出来，再注射胶液并贴平、贴牢。属于鼓包并不是气泡，且包内是胶粘剂集聚，则要切开鼓包后，用小刀刮去多余的胶粘剂贴实即可。

裱糊过程中因不慎而损坏的局部壁纸，可以采取挖空，再用同样的壁纸切块填空的办法解决，即挖掉已损坏部位的壁纸，然后按其形状和大小，对好花纹和图案补上，要求补完后不留痕迹。

壁纸饰面层经过检查、修整后，确无质量缺陷时，可用裁刀将各部位壁纸余量割去，擦净各接缝处挤出的胶迹，进入成品保护。裱糊完壁纸的室内要保持干净，关闭门窗，确保墙面不渗水、不返潮。

三、墙布与锦缎裱糊

墙布包括玻璃纤维贴墙布、无纺贴墙布和纯棉织物布等。锦缎系丝绸织物，属于高级建筑的内墙裱糊材料，具有高雅、豪华的装饰效果，缺点是造价高、污染后不易擦洗和不耐光，所以，不是特殊的高级建筑内墙裱糊，应尽量不要选用。

纯棉织物布是用纯棉平布经过印花、涂以耐磨树脂等处理而成，其主要特点是静电小、无光、无味、无毒、蠕变形小、吸声和抗拉强度高，花型色泽美观大方，是近年来推出的一种新型裱糊材料，适合用于宾馆、饭店、影剧院等公共建筑和较高档的民用住宅内墙或内柱面装饰。

锦缎又称织锦缎，是我国传统的高级丝织装饰品，其面织有古雅精致、绚丽多彩的各种图案，加上丝织品本身的丝光质感效果，使其显得富丽堂皇、高雅华贵，是一种高级墙面的裱糊材料，具有极好的装饰效果，主要缺点是价格昂贵、柔软易变形、不耐光、不可擦洗、易发霉和施工难度大，故在裱糊工程中受到一定限制。

（一）基层处理

墙布与锦缎裱糊前基层处理的方法与要求基本与裱糊壁纸基层处理方法与要求相同，

只是因为墙布和锦缎的遮盖力差，对基层颜色的要求较高，如基层的颜色较深，应满刮一道石膏腻子，或者在胶粘剂中掺入适量的相当于墙布颜色的涂料。基层表面虽大面积颜色差别不大，但局部色差大，也要认真处理，以免裱糊后出现墙布、锦缎色泽不一致而影响到装饰效果。

锦缎裱糊对基层的要求，除了颜色之外，尚要求基层光滑平整，彻底干燥，否则，裱糊后易造成锦缎发霉。

（二）裱糊过程

1. 裁割

裁料前，先在处理好的基层上弹线、找规矩，然后测量好墙面需要粘贴的长度，再加长100～150mm的裱糊余量，计算出墙布的总需要量。墙布的选用应符合设计要求。为便于墙布花型和图案的拼接，裁布时应按其整倍数进行。裁布的现场要清洁，剪刀运行要顺直，剪出后的布段要卷卷横放在准备好的木盒内，不准将布卷直立，以免碰毛布边，并且要防止墙布被污染。

2. 刷胶

玻璃纤维贴墙和无纺贴墙布的基材分别是玻璃纤维与合成纤维，不存在吸水膨胀的性质，故无须先浸水，可以直接往基层表面刷胶，而墙布的背面不用刷胶。

裱糊墙布所用的胶粘剂，应随用随配制，以当天施工为限。胶粘剂中掺用的羧甲基纤维素，应先用水溶解，经10h以后过细眼纱，除去其中的杂质，然后再与其他材料掺配，并搅拌均匀，其黏稠度的控制以便于刷胶操作为宜。胶液要在基层表面满刷、满刮，厚薄要均匀一致，且不准漏刷。

由于锦缎质地柔软，变形量大，挺括性差，不便于裱糊，故可以先在锦缎的背面加衬，糊上一层宣纸，使它变得挺括，即便于操作。锦缎裱糊时所用的胶粘剂为聚醋酸乙烯乳液或墙布裱糊胶粉，其他要求同前所述。

3. 裱糊

基层刷胶后，即可将裁好成卷的墙布分幅自上而下的严格按对花的要求缓慢放下，确认粘贴位置准确后，用湿毛巾抹平并压实墙布，然后再用裁刀割去上下多余的墙布。

阴阳角、线脚及偏斜过多的部位裱糊时，对花的要求可以适当放宽，一般采取开裁拼接，也可以进行叠接，但不准横向硬扯墙布，以免造成整块墙布歪斜，甚至脱落下来而影响裱糊质量和裱糊进度。

裱糊时，仍按事先弹出的准线或吊线方法保证第一幅墙布的垂直度，切不可以某墙角为准，因为墙角并不能保证与地面垂直。

4. 清理

全部裱糊完毕要认真清理，裁去多余部分，粘平所有边角，进入成品保护，等待验收。

四、壁纸、墙布裱糊常见的质量问题造成原因及解决办法

（一）饰面层出现色差

1. 造成主要原因

（1）壁纸（布）本身有色差，开卷裁割下料时没有严格检验。

（2）壁纸（布）厚度薄，遮盖力差，基层颜色深，透到壁纸（布）表面，显出装饰面层颜色不一致。

(3) 壁纸(布)贴墙前基层潮湿或经阳光曝晒造成壁纸(布)表面变色。

2. 解决办法

(1) 壁纸(布)裱糊前严格检查，将褪色的壁纸(布)裁掉，确认壁纸(布)的色相一致，并避免在有阳光直接照射或有害气体的环境中施工。

(2) 基层必须干燥，含水率不准超过8%，否则，壁纸(布)不能进行裱糊。

(3) 发现有严重色差的壁纸(布)饰面部位，要撤掉重新进行裱糊。

(二) 饰面层局部出现死褶和气泡

1. 造成主要原因

(1) 裱糊过程中出现褶皱没有及时顺平、赶压、刮平，壁纸(布)质量不好，局部带有褶皱。

(2) 墙面刷胶厚薄不均匀，裱糊过程中没有注意赶出气泡，又未能及时处理。

2. 解决办法

(1) 裱糊时先展平壁纸(布)，后赶压、刮平，发现褶皱应轻轻揭起壁纸(布)，再慢慢推平。如果出现死褶，壁纸(布)又未干固粘牢，可以揭起重新粘贴；若已干固则要坚决撕下壁纸(布)，经基层处理后重新进行裱糊。

(2) 气泡问题的解决首先注意贴墙前刷胶不要漏刷，为保证胶层厚度均匀，可以刷胶后用刮板满刮1~2遍胶层，壁纸(布)贴墙后用刮板由里向外刮抹，将多余胶液和气泡一并赶出。若在验收时发现饰面层有气泡，可用注射用针管插入壁纸(布)，抽出空气，再注入适量的胶液，用刮板刮平、刮实。

(三) 局部翘边

1. 造成主要原因

(1) 刷胶不均匀，胶液刷的太早，裱糊时失去粘结力或漏刷。

(2) 胶粘剂粘结力小，胶的质量不好，造成局部壁纸(布)边翘起。

(3) 基层没有清理干净，表面有浮尘、油渍；基层表面不平整，潮湿或过于干燥，造成胶液与基层粘结不牢，壁纸(布)局部翘起。

2. 解决办法

(1) 裱糊作业前认真处理基层，灰尘、油渍彻底清除干净，控制好基层含水率在20%以内。若发现基层局部有凹陷，要用腻子找平整。

(2) 进场的胶粘剂要先做复试，确认其粘结力合格再用。

(3) 不准在阴角处出现对缝，壁纸(布)裹过阳角应不小于20mm，包角壁纸(布)的粘贴应选用粘性较强的胶粘剂，并应做到粘贴牢固，不出现空鼓、气泡。

(4) 对局部翘边的壁纸(布)要翻起，分析产生原因，对症解决。属于胶粘剂粘性不够的，应换用粘性较大的胶粘剂粘贴；属于基层不干净的，认真清理后补刷胶液将壁纸(布)贴牢。

(四) 透底、咬色

1. 造成主要原因

(1) 基层表面颜色较深，壁纸(布)厚度薄且厚薄不均匀，遮盖不住底色。

(2) 基层结构预埋件等物未刷防锈漆或厚白漆进行覆盖。

2. 解决办法

(1) 基层油污认真清理干净，基层表面若颜色太深可先喷（刷）涂一层浆液或刷一遍清漆。

(2) 发现基层有外露预埋铁件且未被使用时，能挖除的尽量挖除，如不能挖除要对其刷防锈漆和白漆予以覆盖。

(3) 如果认为基层整体颜色过深，可重新处理，一般处理方法是用0号砂纸打磨后吹掉粉尘，再满刮一遍腻子，待腻子干燥后刷一层底油。

（五）裱糊不垂直

1. 造成主要原因

(1) 裱糊前未吊垂线（找规矩），所以第一张壁纸（布）裱糊完就不垂直，以后依次多张壁纸（布）裱糊后垂直度误差更大，有花饰的壁纸（布）显得更严重。

(2) 壁纸（布）本身的花饰与壁纸（布）边不平行，裁割下料时未发现，未做处理。

(3) 搭缝裱糊的有花饰壁纸（布），对花不衔接，重叠对裁前，重叠误差大，裁割出来的壁纸（布）花饰与壁纸（布）边不平行。

2. 解决办法

(1) 壁纸（布）裱糊前的准备工作最重要的是弹线找规矩，按设计要求，在第一张壁纸（布）裱糊的位置弹出一条垂线，裱糊时壁纸（布）边必须紧靠准线的边缘。经认真检查没有垂直度偏差后裱糊第二张壁纸（布）。若室内四面墙面都要裱糊壁纸（布），就要在每个墙面都弹出垂直准线，并且在裱糊过程中，每贴2～3张壁纸（布）后，都要用线锤在接缝处检查垂直度，及时纠正出现的偏差。

(2) 有花饰的壁纸（布）裱糊前，要先检查壁纸（布）本身的花饰与其壁纸（布）边是否平行，如不平行可采取切割壁纸（布）边的方法使壁纸（布）面花饰与壁纸（布）边平行。

(3) 第二张壁纸（布）裱糊若采取搭接法，对一般壁纸（布）只需在拼缝处重叠20～30mm即可，但对有花饰的壁纸（布），裁割下料时要将两张壁纸（布）边相对花饰重叠，对花准确后，在拼缝处用钢尺压实重叠处，自上而下裁割，然后将拼缝铺平、贴实。

(4) 裱糊施工前要认真检查墙面阴阳角的垂直度、平整度，如不符合设计要求，必须重做处理后才准进行裱糊。

(5) 对于裱糊不垂直的壁纸（布）应揭下，分析出造成不垂直的原因后重新裱糊。

第二节　内　墙　软　包

软包是现代建筑室内墙面一种常用的装饰做法，它的主要特点是质感温暖舒适、美观大方，并具有吸声、隔声和保温的功能，广泛地用于有吸声要求的多功能厅、娱乐厅、会议室和儿童卧室等墙面装饰。

一、软包装饰的一般构造和所用材料

软包墙面装饰构造一般由底基层、填芯层和罩面层三部分组成。

（一）底基层

墙面做软包装饰前先对墙面抹一层厚度为12mm的水泥石灰混合砂浆，要求抹灰层光滑、平整，并有一定的强度和刚度。待基层抹灰达到七成干后，做2～3遍防水涂料的防潮层。

常用胶合板做软包层的底衬板，使用前要做防火处理。

（二）填芯层

填芯层又称为吸声层。一般都选用绝热、吸声性能较好的矿棉、玻璃丝棉或超细玻璃棉，也可使用多孔自熄型的泡沫塑料。

（三）罩面层

软包罩面层多为纯棉装饰布，也可选用阻燃型的高档丝绸、锦缎或皮革等材料做装饰面层。

二、软包装饰的两种做法

（一）固定式软包

固定式软包的做法是采用木龙骨骨架，在龙骨架上铺钉胶合板衬板，在衬板上铺装矿棉、岩棉或玻璃丝锦等填芯材料，然后以罩面材料包面。也可以采用将衬板、填芯材料和罩面板分件、分块制作成单体，然后钉固在木龙骨骨架上。

固定式软包装饰做法适用于较大面积的墙面装饰。

（二）活动式软包

活动式软包一般是在室内墙面固定上下单向或双向的实木脚线，脚线带有凹槽。上下脚线或双向脚线的凹槽要相互对应。软包装饰分块、分件预制好，然后利用其弹性的特点卡装在木线之间，形成软包饰面。

另一种活动式软包做法是将软包装饰单体件卡嵌于装饰线脚之间。

活动式软包装饰适用于小面积的室内墙面装饰。

三、软包装饰的施工要点

（一）预埋件制作

砖墙砌筑时，混凝土墙浇筑混凝土前，按设计要求在墙内预埋防腐木砖，木砖规格为60mm×60mm×120mm。

（二）基层处理

墙面抹灰可以抹水泥混合砂浆，也可以抹 1∶3 的水泥砂浆，要求平整、光滑，抹灰层上做防潮层，防潮层上面再刷一层封底漆。以防木龙骨和胶合板衬板因受潮湿而产生变形。

（三）构造做法要求

1. 木龙骨所用木方子断面尺寸、木龙骨横纵龙骨间距和木龙骨固定方法（钉固在预埋木砖上或钉固在木楔上）都应符合设计要求。

2. 衬板多采用五层的胶合板，采用整体固定软包装饰，要求胶合板衬板满铺、满钉在龙骨上，并要钉的平整、牢固。

3. 填芯材料采取粘接或暗钉方式按设计要求固定在衬板上。

4. 罩面层固定

罩面层的固定方法有成卷铺装法、分块固定法、压条固定法和平铺泡钉压角固定法等。

（1）成卷铺装法　成卷铺装罩面材料适合大面积的软包装饰工程，要求罩面材料幅宽大于横向龙骨中距尺寸 60～80mm，并保证衬板接缝固定在龙骨的中线上。

（2）分块固定法 先将罩面材料与胶合板衬板按设计要求分格、分块尺寸裁割，然后固定在龙骨上。安装时从一端开始以胶合板压入罩面材料，压边 20～30mm 与龙骨钉固，同时塞入填芯材料；另一端不压入罩面材料而直接固定在龙骨上。这种安装方法要求衬板搭接必须置于龙骨中线；罩面材料下料时应大于分格、分块的尺寸，并保证在下一龙骨上余出 20～30mm 的压边料头。

第三节　裱糊与软包工程施工质量要求及检验方法

一、裱糊与软包工程对基层的处理要求

1. 新建筑物的混凝土或抹灰层墙面在刮腻子前应涂刷抗碱封闭底漆。

2. 旧墙面在裱糊前应清除疏松的旧装修层，并涂刷界面剂。

3. 混凝土或抹灰层基层含水率不得大于 8％；木材基层的含水率不得大于 12％。

4. 基层腻子应平整、坚实、牢固、无粉化、起皮和裂缝；腻子的粘结强度应符合《建筑室内用腻子》(JG/T 3049)N 型的规定。

5. 基层表面平整度、立面垂直度及阴阳角方正应达到《建筑装饰装修工程质量验收规范》第 4.2.11 条高级抹灰的要求。

6. 基层表面颜色应一致。

7. 裱糊前应用封闭底胶涂刷基层。

二、裱糊与软包工程施工质量控制及检验方法

国家标准《建筑装饰装修工程质量验收规范》(GB 50210—2001)规定，裱糊与软包装饰工程施工质量控制与检验方法分为主控制项目及检验方法和一般项目及检验方法。

（一）裱糊工程施工质量控制及检验方法

1. 主控制项目及检验方法

（1）壁纸、墙布的种类、规格、图案、颜色和燃烧性能等级必须符合设计要求及国家现行标准的有关规定。

检验方法：观察；检查产品合格证书、进场验收记录和性能检测报告。

（2）裱糊工程基层处理质量应符合本节书中一题规定的内容。

检验方法：观察；手摸检查；检查施工记录。

（3）裱糊后各幅拼接应横平竖直，拼接处花纹、图案应吻合，不离缝，不搭接，不显拼缝。

检验方法：观察；拼缝检查距离墙面 1.5m 处正视。

（4）壁纸、墙布应粘贴牢固，不得有漏贴、补贴、脱层、空鼓和翘边。

检验方法：观察；手摸检查。

2. 一般项目及检验方法

（1）裱糊后的壁纸、墙布表面应平整，色泽应一致，不得有波纹起伏、气泡、裂缝、皱折及斑污，斜视时应无胶痕。

检验方法：观察；手摸检查。

（2）复合压花壁纸的压痕及发泡壁纸的发泡层应无损坏。

检验方法：观察。

（3）壁纸、墙布的各种装饰线、设备线盒应交接严密。

检验方法：观察。

（4）壁纸、墙布边缘应平直、整齐，不准有纸毛、飞刺。

检验方法：观察。

（5）壁纸、墙布阴角处搭接应顺光，阳角处应无接缝。

检验方法：观察。

（二）软包装饰工程施工质量控制及检验方法

1．主控制项目及检验方法

（1）软包面料、内衬材料及边框的材质、颜色、图案、燃烧性能等级和木材的含水率应符合设计要求及国家现行标准的有关规定。

检验方法：观察；检查产品合格证书；进场验收记录和性能检测报告。

（2）软包工程的安装位置及构造做法应符合设计要求。

检验方法：观察；尺量检查；检查施工记录。

（3）软包工程的龙骨、衬板应安装牢固，无翘曲，拼缝应平直。

检验方法：观察；手扳检查。

（4）单块软包面料不应有接缝，四周应绷压严密。

检验方法：观察；手摸检查。

2．一般项目及检验方法

（1）软包工程表面应平整、洁净，无凹凸不平及皱折；图案应清晰、无色差，整体应协调美观。

检验方法：观察。

（2）软包边框应平整、顺直、接缝吻合。其表面涂饰质量应符合《建筑装饰装修工程质量验收规范》（GB 50210—2001）第 10 章的有关规定。

检验方法：观察；手摸检查。

（3）清漆涂饰木制边框的颜色、木纹应协调一致。

检验方法：观察。

（4）软包工程安装的允许偏差和检验方法应符合表 7-6 的规定。

软包工程安装的允许偏差和检验方法　　　　　　　　　　　表 7-6

项次	项目	允许偏差（mm）	检验方法
1	垂直度	3	用 1m 垂直检测尺检查
2	边框宽度、高度	0，—2	用钢尺检查
3	对角线长度差	3	用钢尺检查
4	裁口、线条接缝高低差	1	用钢直尺和塞尺检查

复 习 思 考 题

1．试述内墙裱糊工程所用材料、裱糊装饰主要特点及适用建筑物的内墙。

2．裱糊装饰施工对基层处理有哪些要求？

3．写出普通塑料壁纸裱糊施工的工艺流程和施工要点。

4. 墙面裱糊墙布或丝绸、锦缎对基层要求与塑料壁纸裱糊对基层要求有什么不同？为什么？

5. 壁纸、墙布裱糊常见的质量问题有哪些？怎样造成的？如何解决？

6. 内墙软包装饰主要特点有哪些？在什么样的建筑物内墙适合做软包装饰？

7. 软包装饰构造一般分几层？各层所用主要材料有哪些？

8. 内墙软包装饰有几种基本做法？其施工要点有哪些？

9. 裱糊和软包装饰施工质量要求主要内容有哪些？

第八章 楼地面装饰工程

楼地面是建筑装饰工程重要的装饰部位，人们在楼地面上从事各种活动，安排各种家具、办公和生活所必需的设备，故其主要的作用是承受人和室内各种设施等荷载，并将这些荷载传递给承重墙、柱或基础；同时，为满足使用功能的要求，楼地面还应具有防潮、防火、隔热、隔声和易清洁等性能以及应具有足够的强度和耐久性。

建筑物的楼地面，一般是由承担荷载的结构层与保证使用条件的饰面层两大部分组成。有些楼地面为了找坡、弹性、隔声、保温和防潮以及敷设管道的需要，在中间还要增加垫层，故楼地面是由结构层、垫层和饰面层三部分组成的。

结构层 现代建筑物楼地面的结构层多为现浇的钢筋混凝土楼板，主要的作用是承受其上面的全部荷载，是楼地面的基础。

垫层 位于结构层之上，它的作用是将上部的各种荷载均匀地传递给构造层，同时起着找坡和隔声、保温等作用。

垫层根据所用材料的性质不同分为刚性垫层和非刚性垫层。刚性垫层是指有足够的整体刚度，受力后不产生塑性变形，如低强度等级的混凝土；非刚性垫层是指无整体刚度，受力后会产生塑性变形，如砂、碎石、矿渣等散粒材料所形成的垫层。

面层 楼地面的最上层，也是表面层，直接承受着各种外界因素的作用，楼地面的名称即常以面层所用材料命名，如水泥砂浆地面、现制水磨石地面、陶瓷板块地面、塑料地面、花岗石地面、木地面、涂布地面和地毯地面等。

第一节 整 体 式 楼 地 面

整体式楼地面包括水泥砂浆地面、细石混凝土地面和现制水磨石地面。整体式楼地面主要特点是表面平整、强度高、耐磨性好、不怕潮湿，不虫蛀、阻燃性好、易清洁，施工工艺也较简单，主要缺点是地面容易开裂、起砂，脚感不舒适和湿作业多。高档地面装饰很少采用。

一、水泥砂浆地面

（一）施工准备

1. 材料准备

（1）水泥

水泥砂浆地面所用的水泥主要品种为硅酸盐水泥或普通硅酸盐水泥，强度等级应不低于 32.5MPa，若选用石屑代替普通砂拌成的水泥石屑浆，水泥的强度等级应不低于 42.5MPa。这两种水泥具有凝结硬化快，早期强度高，凝结硬化过程中干缩小，且地面的耐磨性好等优点；若选用矿渣硅酸盐水泥，其强度等级应不低于 42.5MPa，且对施工过程要求严格，后期必须加强养护，否则难于保证施工质量。

水泥的品种、强度等级选定后，要按照水泥质量抽样检测的要求抽样送试验室，对凝结时间、体积安定性和强度三项指标重新测试，确认合格后才能投入工程使用。

（2）砂子

砂子在水泥砂浆地面中为骨料，不仅起保证强度作用，还可以有效地调整水泥硬化过程中的干缩。水泥砂浆地面用砂宜选用河砂，因为河砂的洁净度较高，含土（泥块）量应不超过 3%；粗细程度应选中砂或粗砂、中砂的混合砂，因为细砂拌制的水泥砂浆强度要比粗、中砂拌制的砂浆强度约低 25%～35%，结果，不仅地面的耐磨性差，而且干缩大，容易产生收缩性裂缝等缺陷。砂子在入机搅拌前要过筛。

如果选用石屑来代替砂子作骨料，其粒径应为 3～6mm，石粉含量不大于 3%，配合比控制在 1：2，水灰比不超过 0.40，还要认真做好后期的养护工作。

（3）拌合水及养护用水

拌制水泥砂浆和养护地面的用水都要是饮用水（自来水），因为自来水的 pH>4，即水中基本不含有腐蚀水泥石的介质，因而水泥砂浆地面不会被本身的拌合水和养护水所侵蚀。

2. 机具准备

水泥砂浆地面施工时所用的机具一般有强制式砂浆搅拌机、地面收光机、水平尺、木抹子、钢板抹子、木刮杠（又称刮尺，长 2～4m）、钢卷尺、尼龙线和扫帚等。

（二）施工过程与施工要点

1. 施工过程

基层处理→弹线确定基准→做灰饼→冲筋→润湿基层→扫水泥素浆结合层→铺水泥砂浆→木杠刮平→木抹子搓平、压实→钢板抹子压光→盖草帘或锯末浇水养护。

2. 施工要点

（1）基层处理

水泥砂浆面层都是摊铺在楼地面的混凝土、水泥焦渣或碎砖三合土等垫层上，垫层的处理好坏，是防止水泥砂浆面层产生空鼓、裂缝、起砂等质量问题的关键工序。要求垫层应具有粗糙、洁净和潮湿的表面，基层表面的残灰、浮尘、杂质和油污必须认真清除，并用钢丝刷至显露基层（混凝土垫层或混凝土楼板），然后对表面彻底湿润，否则会形成隔离层，造成面层结合不牢固；表面比较光滑的基层，尚要进行凿毛，凿毛后用清水冲洗干净。湿润后的基层，最好不要再上人。

水泥砂浆面层摊铺前，还要将门框再一次校核、找正，方法是先将门框锯口线抄平，校正并注意当面层铺设后，门与地面的间隙（风路）应符相关的规定，然后将门框固定，防止地面施工时松动、位移。

（2）弹线、打饼、冲筋定基准

以地面±0.000m 及各楼层施工前的找平点为依据，按施工的习惯，在墙面上弹出500mm 标高线，从 500mm 向下返，弹出水泥砂浆地面设计标高线，然后在四周墙角处做灰饼，再每隔 1.5～2m 同样用 1：2 水泥砂浆做中间灰饼，灰饼做成 80～100mm 见方，高度与地面设计标高控制线齐平，然后以灰饼的高度（厚度）为依据做标筋（冲筋）。

冲筋也用 1：2 水泥砂浆，宽度同灰饼宽，即为 80～100mm。冲筋时要注意控制面层厚度，纵横方向通长，布满房间地面，作为抹灰的根据，以保证地面标高一致。

（3）找坡度

对于厨房、厕所、浴室和卫生间地面要按规定找坡度，有地漏的房间，要在地漏四周找出不小于 5‰ 的泛水。地漏标筋应做成放射状，以保证流水坡向，避免地面倒流水或积水。抄平时，要注意各室内地面与走廊高度的关系。

（4）摊铺水泥砂浆

摊铺水泥砂浆前，应再对基层彻底湿润，然后扫素浆结合层，水泥素浆的水灰比为 0.4～0.5。结合层不要刷的过早，否则起不到基层与面层的粘结作用而易出现空鼓。

水泥砂浆应严格按配合比使用强制式砂浆搅拌机拌制。配合比应不低于 1：2，稠度应不大于 35mm，即一般为干硬性水泥砂浆，以手捏成团，稍出浆为准，以便减小干缩和裂缝，保证施工质量。

水泥砂浆摊铺应紧跟扫素浆结合层之后，即随扫素浆，随摊铺，随施抹。

（5）木杠刮平、木抹子压实、搓平

在标筋之间摊铺水泥砂浆要稍高于标筋的高度，然后用木杠刮平，用木抹子搓揉、压实，木抹子要由边到中，由内及外地反复搓平、压实，使砂浆与基层粘结密实、牢固，同时，抹踢脚线的底层，厚 5～8mm，高度 100～150mm。

（6）钢板抹子压光

地面搓平之后，分三遍压光。头遍用钢抹子稍用力抹，尽量使抹纹浅些，以表面水泥浆上不出现明显水纹、抹纹为宜；稍收水后，抹压第二遍，从边角到大面，顺序加力压实、抹光，当面层脚踩上去稍有脚印时，即可进行第三遍压光，应抹掉脚印和抹纹，全面压实、压光，也可以用地面收光机收光。抹光、压光或收光都必须在水泥浆进入终凝前完成。切忌抹隔夜砂浆。

在压光过程中，如个别部位水泥砂浆较湿，可填补拌匀的干水泥砂（水泥：砂＝1：1）；若一些部位较干时，略洒水后铺 1：1 水泥砂浆拍实、压光，切忌撒干水泥。

地面需做分格线时，在水泥砂浆完成初凝后，弹线分格，用劈缝溜子压缝。缝格的宽度、深浅应一致，线条要顺直。

水泥砂浆地面施工时，面层施工如遇有管道等部位而产生局部过薄时，要采取防止面层开裂的措施，符合设计要求后，才允许继续施工。

（7）养护

水泥砂浆地面最后一遍压光后，即应铺盖锯末或草袋子浇水养护。一般夏天 24h 后，春秋季节 48h 后浇水养护。养护应适时，浇水过早，表面易起皮；过晚则易产生裂纹或起砂。养护时间一般为 7～10d，且每天浇水次数应视气温而定，若室内温度大于 15℃，最初 3～4d 内，每天浇水不少于两次。

水泥砂浆地面在养护期间，面层强度达不到 0.5MPa 以上时，不准在上面行走或进行其他作业，以免碰坏地面。

（三）水泥砂浆地面常见的质量问题

水泥砂浆地面常易出现的质量问题是起鼓、起砂和开裂。起鼓（空鼓）的主要造成原因是表层与基层或垫层处理得不好，如基层清理不净或是湿润程度不够，以及结合层的水泥素浆涂刷的不均匀等；开裂（裂缝）则与楼板的整体刚度、面层的压实、压光的质量、水泥的强度等级及用量和养护质量等因素有关；起砂（跑砂）主要由压实、压光的程度、水泥用量和养护浇水多少以及上人过早等原因造成的。

二、细石混凝土地面

细石混凝土地面可以克服水泥砂浆面层干缩较大和易开裂的缺点，且这种地面的强度高，耐久性好，主要是它的厚度大，一般为 30mm 以上，而水泥砂浆地面的面层厚度仅为 15~20mm。

细石混凝土的强度等级一般不低于 C20，使用的粗骨料卵石或碎石粒径不大于 15mm，或取面层厚度的 2/3，且要求级配合格。水泥的强度等级不低于 42.5MPa。细骨料应为中砂，且其洁净度、级配均应符合技术要求。搅拌出来的混凝土坍落度不大于 30mm，最好为干硬性混凝土，以手捏成团能出水泥浆为宜。

细石混凝土地面施工前的基层处理和找基准(找规矩)方法同水泥砂浆地面施工，其他操作要点如下：

1. 混凝土摊铺

细石混凝土摊铺要从里向门口方向铺设，表面按墙周围的地面设计标高线和中间的灰饼找平，然后用 2m 长的木杠刮平，用木抹子压实或滚筒滚压密实，并用钢皮抹子预压一遍。

2. 混凝土振捣

地面面积较大，混凝土摊铺厚度又较厚时应用平扳振捣器振捣。若振捣后发现局部表面缺浆，可在该部位略加 1：2 的水泥砂浆进行抹平、压光，但不准撒干水泥面，同时要避免本来表面通过振捣已泛浆，还去普遍加水泥浆的做法。应尽量做到随捣随抹，不加水泥砂浆。

3. 抹压

混凝土抹压时，钢皮抹子要放平、压紧，将细石的棱角压下，使地面平整，无石子显露现象。待地面进一步收水后，即用铁滚筒往返纵横滚压，直至表面泛浆。泛上来的水泥浆如呈均匀的细花纹状，说明表面已经滚压密实，可以进行压光工作。

细石混凝土地面的压光工序基本同水泥砂浆地面，要求进行三遍，使面层达到色泽一致，光滑不留抹纹。

第一遍压光收水后，继续用钢抹子按先里后外的顺序进行第二遍压光。第三遍压光应在水泥浆完成终凝前完成，常温下一般不应超过 3~5h，抹子上去以不留下印痕为宜。压光时要用力，将抹纹抹平压光。如果压不光，可用软毛刷蘸清水少许涂刷，然后再抹压。

4. 养护

细石混凝土地面的养护和成品保护要求同水泥砂浆地面。

三、现制水磨石地面

现制水磨石地面也是整体式楼地面的一种。它是在混凝土楼面土或在混凝土垫层地面上做一道水泥砂浆找平层，然后在其上按设计要求弹线，做出分格条，在分格条内摊铺水泥石粒浆，硬化后，经机械磨光，露出石渣，再经补浆、细磨、抛光、打蜡后，即成水磨石地面。

现制水磨石可做楼地面、踢脚和楼梯踏步等，其主要特点是整体性好、表面光滑、平整，美观大方、坚固耐磨，且污染后易清洁，缺点是施工过程中湿作业多，且工期长。

(一)施工准备

1. 材料准备

(1) 水泥

水泥品种的选择应根据水磨石面层设计的颜色确定，若深色水磨石面层，应选用硅酸盐水泥、普通硅酸盐水泥或矿渣硅酸盐水泥；若为白色或浅白色水磨石面层，应选用白色硅酸盐水泥。无论选定哪一种水泥，其强度等级均应不低于 42.5MPa。同一项现制水磨石工程，应尽可能使用同一个厂家、同一批号的水泥，以保证水磨石地面的颜色一致。

（2）石粒（石渣）

现制水磨石地面所选用的石粒应为质地密实、坚硬，磨面光亮，但硬度不宜过高的大理石、白云石、方解石及硬度较高的花岗石、辉绿石和玄武岩等，硬度过高的石英岩、长石和刚玉等不宜采用。

石粒的最大粒径应比水磨石面层小 1～2mm，粒径过小，会影响地面的强度和耐磨性；粒径过大，施工时不易压平，石粒之间也不易堆积密实。石粒最大粒径与现制水磨石面层厚度之间的关系见表 8-1。

石粒最大粒径与现制水磨石面层厚度关系　　　　　表 8-1

水磨石面层厚度(mm)	10	15	20	25	30
石粒最大粒径(mm)	9	14	18	23	28

石粒粒径除在表 8-1 中所列出的规格外，还可以使用 28～32mm（俗称三分）的大规格产品。

施工现场的各种石粒应按不同的品种、规格、颜色分别存放，不准相互混杂。使用时，除保证适当比例配合外，还要清除石粒中的泥土和杂质等，必要时应用水冲洗干净。含有风化、山皮、水锈和其他杂色的石粒，组织疏松、容易渗色的石粒，如大理石品种中的汉白玉，一般不宜选用。现制水磨石地面，一般将大、中、小八厘石粒按一定比例配合使用；立面水磨石面层一般使用中八厘和小八厘混合石粒或中八厘、小八厘单独使用。

除了上述各种石粒可以作为现制水磨石地面的骨料外，贝壳、螺壳也可以作为骨料应用，它们在水磨石地面中，经过研磨之后，可以闪闪发光，提高水磨石地面的装饰效果。

（3）颜料

配制现制水磨石时，所用的各种颜料一般不超过水泥用量的 12％，且要求颜料具有色光、着色力、遮盖力以及耐光性、耐候性、耐酸碱性和耐水的性能好。为了使这些性能一致，每一单项工程根据样板的要求，应选用同一批号的颜料。一般应优先选用氧化铁黄、氧化铁黑、氧化铁红、氧化铁棕、氧化铬绿和群青等。

（4）其他材料

① 草酸

草酸是现制水磨石地面面层的化学抛光材料，又称乙二酸，是一种无色透明的晶体，有块状和粉末状两种，其密度为 1653kg/m³。草酸能溶于水、乙醇和乙醚，每 100g 常温水（20℃）可溶解 10g 草酸；若为 100℃水时，可以溶解 120g 草酸。草酸是有毒的化工原料，不能接触食品，同时腐蚀皮肤，保管和使用时应注意防止中毒。

② 氧化铝粉

氧化铝粉呈白色粉末状，密度为 3900～4000kg/m³，熔点为 2050℃，不溶于水，但可与草酸溶液混合，是现制水磨石地面施工面层抛光的辅助材料。

③ 地板蜡

地板蜡是现制水磨石地面表面抛光后，作为保护层的辅助材料。蜡液的材料成分及配合比为川蜡：煤油：松香水：鱼油＝1：4～5：0.6：0.1。配制时，先将川蜡和煤油在桶内加热至 120～130℃，要边加热边搅拌，直至完全溶解，冷却后备用。使用时加入松香水和鱼油调匀后即可使用。

川蜡一般为蜂蜡或虫蜡，性质较柔软，附着力比石蜡好，且上蜡后容易磨出亮光。

2. 机具准备

（1）水磨石机

水磨石机是用来研磨水磨石地面面层的小型机械，它是由机身、电动机、变速机构、磨石夹具、磨石条和行走轮等组成，其外形构造如图 8-1 所示。

磨石机磨盘带动磨石条以 300r/min 的速度旋转，对地面进行磨削，同时冷却水管向地面连续喷水（也可以将水预先洒在地面上），用来降低研磨过程中的温度。这种小型磨石机每小时可以磨光地面 3.5～4m²。

（2）湿式磨光机

湿式磨光机为手持式小型机具，采用单相串激式电动机传动。主要适用于现制水磨石地面面层边角处及形状复杂的表面研磨，其外形构造如图 8-2 所示。

（3）滚筒

滚筒是用滚压现制水磨石地面的手工工具。滚筒可以用钢材制造，即所称"铁滚筒"；也可以用混凝土加工而成，俗称"混凝土滚筒"。一般滚筒的筒长为 600～1000mm，筒身直径为 200～300mm，质量为 25～30kg 和 50～1000kg 的两种，其外形构造如图 8-3 所示。

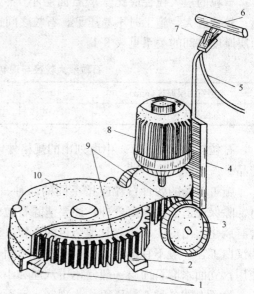

图 8-1 水磨石机

1—磨石；2—磨石夹具；3—行车轮；4—机架；
5—电缆；6—扶把；7—电闸；8—电动机；
9—变速齿轮；10—防护罩

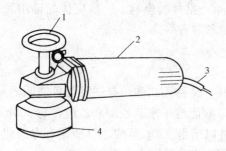

图 8-2 湿式磨光机

1—手柄；2—机壳；3—电缆；4—碗形砂轮

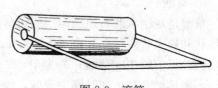

图 8-3 滚筒

3. 水泥石粒浆的配制

（1）配合比的组成

① 彩色水泥浆的配制　一般是以水泥本色的颜色为主色（如白色、灰色、浅红色、青色等），将着色力强、纯度较高的颜料作为副色（如氧化铁红、氧化铁黑、氧化铁黄和氧化铬绿等），以不同的组分进行配合，经过混合拌匀制成各种色相的彩色水泥粉色标，供花

色设计或确定颜料配合比时选用。

② 石粒（渣）间的比例　如果设计有水磨石面层中需使用两种或两种以上的石粒的要求时，应以一种色调的石粒为主，其他色调的石粒为辅，同时还要注意石粒间的级配（石粒粒径大小的搭配），使其密实度不低于 60%，这样，既可以保证设计要求的装饰效果，又可以保证地面面层的强度和耐磨性。

③ 石粒与彩色水泥粉之间的比例　它们的比例决定于石粒的级配状况。现制水磨石地面施工常用的彩色水泥粉与石粒之间的配合比（重量比）见表 8-2。

彩色水泥粉与石粒间的比例　　　　　　　　　表 8-2

石粒孔隙率(%)	<40	40~45	46~50	>50
彩色水泥粉∶石粒	1∶2.5~3	1∶2~2.5	1∶1.5~2	1∶1~1.5

④ 水灰比　现制水磨石地面面层彩色石粒浆所用水灰比的大小直接决定着面层的质量。实践证明，一般水的用量约占干料（如水泥、颜料、石粒）总量的 11%~12% 或占色粉量的 38%~42%，搅拌出来的石粒浆，坍落度在 60mm 左右为宜。水灰比过大，将会降低水磨石的强度和耐磨性，且在磨光中难以出现亮光；水灰比适当或稍小，虽然在搅拌、摊铺和捣固时较困难，但硬化后的地面面层的密实度高、强度高和耐磨性好，且在磨光时容易出现亮光。

（2）重量配合比计算实例

现制水磨石地面的配合比按重量比进行计算，有利于计划用料。当大面积水磨石地面施工时，可以保证颜色均匀一致，色相、明度及纯度符合样板的要求。对于施工经验丰富的操作人员，也可以采用体积比进行配料，但应按重量比换算成体积比，其计算方法见表 8-3。

现制水磨石配合比计算实例　　　　　　　　　表 8-3

材料名称	水	水泥	颜料 1	颜料 2	石料 1	石料 2	石料 3
质量比	0.44	1	0.01	0.02	1.68	0.64	0.26
每立方米搅拌用料量(kg)	217	617	6.17	12.34	1037	395	160
假定材料体积密度 kg/L	1	0.8	0.8	1	1.55	1.5	1.45
体积比	0.48	1	0.014	0.022	1.19	0.47	0.20

4. 做样板

施工条件具备，施工前为检验水磨石用料各组分比例是否恰当，还要做样板进行观察是否与设计单位提供的标准样板一致，如果不一致，应即修改配合比，直至与标准样板一致。做出的样板可以长期保存，供以后再施工时参考。样板的尺寸可以根据石子的最大粒径确定，一般以 150mm×100mm×(1~1.5)mm 或 200mm×150mm×(2~3)mm 为宜。样板应配 ϕ18mm 的钢筋，经滚压平整密实，自然养护 24h 后再浸水 1~2d 养护，然后再经粗磨、细磨至表面光滑、平整，最后，在样板表面有水的情况下进行观察，判断其配合比是否正确，若确符合设计要求，再对样板进行擦浆──修补──养护──细磨──擦草酸──打蜡──抛光，入库保存。

（二）施工工艺流程与施工要点

1. 施工工艺流程

现制水磨石地面施工工艺流程为：

清扫基层→弹地面水平标高线→做灰饼→冲筋→抹水泥砂浆找平层→弹线分格→镶分格条→养护→扫水泥素浆结合层→摊铺水泥石子浆→清边、拍实→滚压→再次补压→养护→第一遍磨光→擦水泥素浆→第二遍磨光→擦水泥素浆→第三遍磨光→清洗、晾干→涂草酸溶液→研磨→清水冲洗→打蜡→抛光→成品保护。

2. 施工要点

（1）打饼、冲筋、抹找平层

打饼（做灰饼）、冲筋是在基层处理后，按设计要求弹出现制水磨石地面标高线，并根据标高线进行的，具体做法同水泥砂浆地面的做灰饼和做标筋。

水泥砂浆找平层是在打饼、冲筋后进行的工序，俗称打底子。找平层施抹前的基层处理是保证现制水磨石地面质量的关键，因为基层处理不当，将会引起水磨石面层空鼓、开裂、甚至出现局部塌陷，现制水磨石地面一旦出现质量问题，即使进行修复，其花纹、色泽也难以达到完好如初的状态。

水泥砂浆找平层的做法，基本同水泥砂浆地面找平层的施抹，即在基层处理好后，在上面刷一道水灰比为 0.4～0.5 的水泥素浆结合层，素浆要同时刷在各灰饼和标筋上，然后摊铺 1：3 水泥砂浆，用刮杠刮平，木抹子搓压、搓平，平整度偏差应不超过 3mm。

（2）镶嵌分格条

分格条的材料有铝合金、铜合金和有机玻璃等，要根据设计要求进行选用。分格条的作用有二，一是防止现制水磨石地面发生大面积裂纹；二是在地面装饰效果上提供强烈的线型美。

分格条的设置，按设计要求先在水泥砂浆找平层上弹出纵横相互垂直的水平线，然后用木方子顺线摆齐，将分格条紧靠在木方边上，用水泥素浆涂抹分格条的一面，并将此面稳住，然后拿走木方子，在分格条的另一面同样抹水泥素浆，分格条两面素浆施抹完应呈八字形，水泥素浆的高度应比分格条低 3mm 左右，水平方向以 30°角为宜。分格条的设置要求见图 8-4。分格条的设置和稳固的要求目的在于，当水泥石子浆铺设时，浆料容易靠近分格条，磨光后分格条两边的石粒密集，显露均匀、清晰，装饰效果好。图 8-5 表示的为错误的分格条粘嵌，使石粒不易靠近分格条，磨光后将出现一条明显的纯水泥斑带，在现制水磨石地面质量问题中称其为"秃斑"而影响到装饰效果。

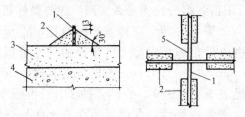

图 8-4　分格条的设置

1—分格条；2—素水泥浆；3—水泥砂浆找平层；

4—混凝土垫层；5—40～50mm 内不抹素水泥浆

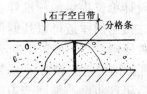

图 8-5　错误分格条粘嵌图

分格条在十字交叉接头处施抹水泥浆稳固时，要留出一定的空隙，若未留出空隙（图 8-6），则在铺设水泥石粒浆时，石粒不易靠近分格条的交叉处，研磨后也会出现没有石粒的纯水泥区，即"秃斑"，同样会影响地面质量和装饰效果。正确的做法是在分格条交叉处的四周留出 15～20mm 的空隙，以确保水泥石粒浆铺设饱满，如图 8-7 所示，磨光后，地面质量和装饰效果都好。

图 8-6　分格条交叉处错误粘嵌法
1—石粒；2—无石粒区；3—分格条

分格条粘嵌完毕，应拉通线进行检查，凡不合格处应进行修整，横纵分格条应顺直、平整、方正，粘嵌牢固、接头严密，作为铺设面层的基准。

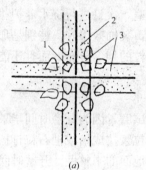

(a)

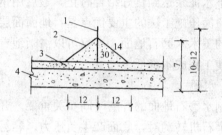

(b)

图 8-7　分格条交叉处正确粘嵌法

(a)分格条交叉处：　　　　　　　　　(b)正确粘嵌法
1—石粒；2—分格条；3—砂浆　　　　1—分格条；2—砂浆；3—找平层；4—垫层

分格条嵌完后，应浇水养护 3～5d。

（3）摊铺水泥石粒浆

水泥石粒浆的摊铺需待找平层的强度达到 1.2MPa 以上才能进行。摊铺前，先在找平层表面满刷一遍与面层颜色相同的，水灰比为 0.4～0.5 的水泥素浆结合层，要求随刷结合层随铺水泥石粒浆。铺设石粒浆时，应用抹子将分格条两侧约 100mm 内的水泥石粒浆轻轻拍实，以防止分格条被破坏。水泥石粒浆摊铺完后，应高出分格条 1～2mm，以防在滚压时压弯分格条。

现制水磨石地面使用的水泥石粒浆配合比一般为 1∶1.5～2.0，稠度控制在 60mm 左右，搅拌前需留出 20% 的石粒待撒面用。搅拌水泥石粒浆应先将颜料与水泥干拌过筛，再掺入石粒拌匀，最后加水拌成。

水泥石粒浆推铺好以后，应在表面均匀撒一层预先留出的 20% 的石粒，用木抹子或钢皮抹子轻轻拍实、压平，但不准用刮杠刮平，以防将面层高凸部分的石粒刮走而只留下水泥砂浆，影响地面装饰效果；若有局部铺设太厚，则可用钢抹子挖去，再将周围的水泥石粒浆拍实压平，要保证面层平整、石粒分布均匀。

如果在同一平面上有几种颜色的水磨石，应先做深色，后做浅色；先做大面，后做镶边。待前一种色彩的水磨石凝结后，再铺抹后一种浆料。两种不同颜色的浆料不要同时摊铺，以免串色而造成界限不清，影响地面面层质量。但时间间隔也不要太长，以隔白摊铺为宜。以免两种石粒浆的硬度相差太多，抹拍或滚压时不要触动前一种水泥石粒浆。

水泥石粒浆全部铺完，即用钢滚筒或混凝土滚筒滚压。第一遍先用大滚筒压实，横纵各滚压一遍，同时用扫帚及时清除粘结在滚筒表面及分格条上的石粒。发现有缺石粒的部位，要随时补齐；间隔2h左右，再用小滚筒做第二遍压实，直至将水泥浆全部压出为止，随即用木抹子或钢板抹子抹平，进入地面养护。

现制水磨石地面面层的另一种铺设方法是干撒滚压施工法，即当分格条经固定养护后，刷水泥素浆一道，随即用1∶3水泥砂浆二次找平，上部留出8～10mm左右（大八厘石粒浆），待二次找平砂浆完成终凝前后，开始铺彩色水泥浆，厚度约4mm。彩色水泥浆要搅拌成糊状，水灰比约为0.45。坐浆后将彩色石粒均匀地撒在浆面上，用软刮尺刮平。接着用滚筒纵横反复滚压，直至石粒被压平、压实为止，且要求底浆返上80%～90%，再往上浇一层水灰比为0.56的彩色水泥浆，浇时要用水壶往滚筒上浇，要边浇边滚压，直至上下水泥浆达到良好结合时止，最后用钢抹子压一遍，次日进行浇水养护。

干撒滚压施工法的主要优点是：地面面层石粒密集，装饰效果好。特别是那些掺有彩色石粒的美术水磨石地面，不仅可以清晰地看到彩色石粒的均匀分布，而且还能节省彩色石粒，使工程成本降低。

（4）水磨

现制水磨石地面的开磨时间至关重要。开磨前应先试磨，因为开磨时间早了，地面强度低，磨石机转动时，底面产生负压力，容易将水泥石粒浆拉成槽或把石粒打掉；开磨时间过晚，地面强度又太高，磨时不仅费工且不容易保证地面的平整度。开磨时间的确定与所用水泥的品种、色粉品种及环境的气温变化等因素有关，试磨时以表面石粒不松动为宜。表8-4列出了开磨时间与坏境温度变化的关系，供施工时参考。

水磨石开磨时间与环境温度变化的关系　　　　　　　　　　　　　　　表8-4

平均温度（℃）	开磨时间（天）	
	机械磨	人工磨
5～10	4～5	2～3
10～20	3～4	1.5～2.5
20～30	2～3	1～2

现制水磨石地面的水磨工序包括"两浆三磨"，即整个水磨为三遍，三遍磨光中穿插两次补浆。

大面积地面用水磨机研磨；小面积和边角处用小型湿式磨光机研磨；只有工程量很小，又无法使用机械的部位才用手工研磨，研磨过程中要浇水冷却和冲浆。

"两浆三磨"具体指第一遍磨用60～80号粗磨石磨光。水磨石机边磨边加净水冲洗，并随时用2m靠尺板对地面进行平整度的检查，直至磨出分格条并全部外露。

第一次补浆，第一遍研磨后，水泥石粒浆表面有许多微小孔洞、砂眼或凹痕，用同颜的水泥素浆涂抹，洒水养护2～3d后，进入第二遍研磨。

第二遍研磨选用120～180号细金刚石磨石条，要求将石粒磨透、磨平，主要是磨去表面凹痕，其他要求同前。

第二次补浆依然满刮一层与地面同颜色的水泥素浆，并养护2d进入第三遍研磨。

第三遍磨时选用180～240号金刚石或油石磨石条，洒水细磨，要求表面磨至无砂眼、细孔，石粒颗颗显露，表面光滑、亮洁。

（5）涂草酸溶液

将已磨好的水磨石表面用清水冲洗干净后，擦干，再经3～4d的晾干后，开始在表面满涂草酸溶液。

草酸用沸水化开，徐徐加水搅拌，形成重量比为：草酸：水＝1：3的草酸溶液，再加入1%～2%的氧化铝。

草酸溶液的涂法有两种，一种是用布蘸上草酸溶液满抹表面层一遍，随即用280～320号的油石细磨，草酸起助磨剂的作用，直至表面光滑、洁净、石粒显露；如感效果不足，可采取第二种做法，即地面涂上草酸溶液后，将布卷（大绒布）固定在磨石机上进行研磨出光亮后，再涂蜡研磨一遍，至表面光滑、洁亮时止。

一般现制水磨石地面面层研磨不少于三遍，高级水磨石面层，应适当增加磨光遍数和提高磨石（油石）的号数。

（6）上蜡、抛光

现制水磨石地面面层上蜡，应在影响面层质量的其他工序全部完后进行，在干燥、发白的水磨石面层上，打上地板蜡或工业蜡。

将配制好的蜡包在白布内或用布粘稀糊状的蜡，在地面面层上均匀地涂上薄薄的一层，待其干后用钉有细帆布或大绒布的木块代替磨石条，安装在磨石机的转盘上，进行第一遍抛光，然后再打蜡，抛第二遍，直至表面光滑亮洁时止。

（三）其他现制水磨石饰面的一般做法与要求

其他现制水磨石饰面，常见的有现制水磨石踢脚、现制水磨石楼梯踢脚线、楼梯踏步板、平台板、现制彩色水磨石楼梯踏步和现制大粒径石子彩色水磨石地面，以上各现制水磨石饰面的分层做法与技术要求详见表8-5。

现制水磨石饰面的一般做法　　　　　　　　　　表8-5

名称	分层做法	厚度（mm）	操作要求
现制水磨石踢脚线	第一层：1：3水泥砂浆打底 第二层：涂刷水泥浆一遍 第三层：1：2.5水泥石碴罩面（用中、小八厘石碴）	12 1 8	① 清理基层：将混凝土基层面上的浮灰、污物清洗干净 ② 抹底灰：底灰要扫毛或划出纹道 ③ 弹线、镶条：待底灰具有一定强度后，方可按设计要求在底面弹出分格线，镶分格条 ④ 罩面：水泥石碴浆计量必须准确，并必须使用同一批材料，罩面前先涂刷素水泥浆一遍；水泥石碴浆的罩面厚度要高出镶条1～2mm，罩面后次日即开始养护 ⑤ 水磨：开磨时间应根据所用水泥、色粉的品种及气候条件而定，以石子不脱落为准，并做到边磨、防晒水 ⑥ 涂草酸：磨石干净、干燥后，方能涂草酸磨研酸洗，至露石光滑为止，然后用水冲洗干净、擦干 ⑦ 打蜡：待地面干燥发白后进行打蜡，上蜡后铺锯末进行养护
现制水磨石楼梯踢脚线、踏步板、平台板	第一层：1：3水泥砂浆打底 第二层：涂刷水泥浆 第三层：1：1.5～2.5水泥石碴浆罩面（宜用中八厘石碴）	12 1 8～10	
现制彩色水磨石楼梯踏步	第一层：用水灰比为0.4～0.5水泥浆先刷一遍 第二层：1：1～2水泥砂浆抹底层糙灰 第三层：1：2.5水泥砂浆抹中层灰 第四层：铺设1：1.3～1.4彩色水泥石碴浆	4～5 8～10 10～12	
现制大粒径石子彩色水磨石地面	第一层：在基层上刷素水泥浆一遍，水灰比0.4～0.5为宜 第二层：1：3水泥砂浆打底找平 第三层：涂刷一道同色水泥浆 第四层：1：2.5～2.6水泥石碴浆（石碴选坚硬者）	1 20 1 40（或按地面设计厚度定）	

（四）现制水磨石地面常易出现的质量问题

现制水磨石地面常见的质量通病有：楼地面裂缝、空鼓；现制水磨石表面颜色不一致；水磨石表面不平整；表层石粒疏密分布不均匀；分格条显露不清晰以及水磨石地面局部积水等。施工时应认真分析原因，采取相应的防止措施，杜绝这些质量通病的发生。

现制水磨石踢脚线与现制水磨石地面相连，其施工工艺过程和操作要点都相同。故应与地面同步完成。此外，房间地面与走道的现制水磨石面层也应同时施工，以保证室内外水磨石面层的平整度一致。

第二节 板 块 地 面

板块地面是近年来发展较为迅速，应用较为广泛的一种地面装饰，高档的板块材料不仅用于公共建筑中的地面装饰，同时进入了家庭居室装饰。

一、板块的主要品种及性能特点

（一）陶瓷板块

陶瓷板块根据其规格、尺寸的不同，可分为陶瓷铺地砖和陶瓷马赛克两大类；根据面层处理的情况不同，又分为面层挂釉和面层不挂釉的两种；根据面层的质感不同，有平面、麻面、磨光面、毛面、抛光面、纹点面、仿大理石、仿花岗石表面、压光浮雕表面、金属光泽表面、粗糙防滑表面、无光釉面、玻化瓷质表面和耐磨表面等性状，还可以获得套花图案、丝网印刷、单色和多色等装饰效果。

用于铺地的陶瓷板块主要规格有：250mm×250mm×10mm、300mm×300mm×10mm、400mm×400mm×10mm 和 500mm×500mm×10mm 等。

（二）陶瓷马赛克

在地面装饰中，陶瓷马赛克主要用于厨房、厕所、浴池、卫生间和游泳池等地面的铺设。

（三）天然花岗石板块

天然花岗石板块花色品种多，选择性宽，用来做地面装饰，具有质地密实、耐磨性好、庄重大方、高贵豪华等特点，是一种高级地面的装饰材料，但在化学成分中含有放射性元素超过国家标准规定含量的不准用于室内地面装饰，所以，这种板材使用前要经过严格检测，确认其使用安全才准应用。

（四）预制水磨石板块

预制水磨石板块是用水泥（普通水泥或彩色水泥）为胶结材料，石渣和砂子作骨料，再掺入要求的矿物颜料，经过加水均匀搅拌、浇筑成型、养护而具有强度，再经过研磨、抛光等机械加工而成。

预制水磨石板块作地面装饰，具有色泽丰富、品种多样、耐磨性好、污染后易清洁和造价低、施工简便等优点。

二、板块地面的铺贴

（一）施工准备

板块地面的铺贴都是在顶棚、内墙装饰完后进行。施工前，要认真清理现场，检查地面有无水、暖、电等工程的预埋件，是否影响地面装饰施工；检查已到位的板块规格、尺寸、颜色和外观质量等是否符合设计要求；施工所用机具是否备齐。

板块地面装饰施工所用的机具有：石材切割机、墨斗线、尼龙线、水平尺、靠尺、橡胶锤、木锤、钢丝钳、小灰铲、钢抹子、喷水壶和擦布等。

1. 基层处理

板块地面铺贴要求基层应平整，光滑的水泥砂浆、细石混凝土表面应凿毛，局部平整度太差，应剔凿，低凹处应用 1∶3 水泥砂浆补平。基层表面若有残灰、浮尘、油污都要彻底清除，然后，提前一天对基层表面浇水湿润。

2. 弹线、找规矩

从内墙面上的 500mm 公共基准线下返，找出地面设计标高，在四墙根部弹出水平线，然后在水平线上找中点相连成十字线。与走廊直接相通的门口外，要与走道地面拉通线，分块布置应以十字线对称。若室内地面与走廊地面颜色不同，分界线应放在门扇门口中间处。

3. 抹水泥砂浆找平层

按已弹好的地面设计标高线扣去板块的厚度，再浇水湿润后，刷水泥素浆一道，每隔1.5m 做 1∶3 水泥砂浆标筋，隔 24h 后，抹 1∶2 水泥砂浆找平层。砂浆应为干硬性水泥砂浆(手捏成团，落地开花)，用木抹子搓平、搓毛。

4. 试拼

凡要求板块铺设完后，饰面层有相应的图案、颜色和纹理要求时，都要在正式铺贴前进行试拼。试拼应根据基准线确定的贴铺顺序和标准块的位置，按两个方向排列编号，然后将板块按编号码放整齐备用。

(二)陶瓷板块铺贴

从标准块(十字线交点处)开始，先在找平层上撒一层干水泥，接着在水泥面上洒水，摊铺 1∶2～3 的水泥砂浆，用钢板抹子压实、抹平，提起板块，对齐上一块板块边缘，逐渐放平，用橡胶锤从板块中央向四周轻轻敲实，用开刀或钢抹子将拼缝拨直，然后再敲击一遍，将拼缝处挤出的水泥砂浆用棉丝擦净。如此做法，按挂线一块一块的由前往后退着铺贴至整个地面铺贴完毕。

板块铺贴完毕 24h 以后，进行拼缝处理。拼缝可用与板块同颜色的水泥砂浆嵌抹密实；也可以用白水泥素浆在板块拼缝处满刮一层，然后用干净的湿抹布在拼缝处反复搓擦至缝隙严密止。

板块地面拼缝镶嵌密实后进行清扫，然后盖锯末洒水养护，也可以自然养护，3d 以内地面不准上人和堆物。

(三)陶瓷马赛克铺贴

铺贴时，先洒水湿润找平层，用方尺找好基准，拉出基准通线，然后均匀撒干水泥，用刷子蘸水铺贴；也可以在湿润好的找平层上抹 1∶1 的水泥砂浆铺贴。砖铺上后用橡胶锤垫木方轻轻敲实、敲平。

陶瓷马赛克贴完一般应洒水湿润面纸，常温下 15～20min 可揭下面纸，用开刀修整拼缝。拼缝调整时，要先调竖缝，后调横缝，边调缝边用橡胶锤或木锤轻敲垫木，敲平、敲实，然后用 1∶1 水泥砂浆灌缝、嵌实；也可用与陶瓷马赛克相同颜色的水泥素浆搓擦密实。

陶瓷马赛克地面铺贴完后进行清扫，次日铺锯末或塑薄膜养护 3～4d，养护期间不准上人走动或堆物。

（四）天然花岗石板块铺贴

工艺流程：基层清理──抹 1∶3 水泥砂浆找平层──弹线、找基准──试拼、编号──抹 1∶2.5 干硬性水泥砂浆粘结层──铺花岗石板块并敲实、敲平──揭下花岗石板块──浇一层水灰比为 0.5 的水泥素浆粘结层──重铺花岗石板块──橡胶锤敲实、敲平──擦净拼缝处挤出的水泥浆──嵌缝──养护──打蜡上光。

施工要点：

1. 花岗石板块铺设前要根据设计要求排板、拼花、对色和进行编号。

2. 在找平层上弹地面水平标高线和拉房间十字中心线时，若该地面有坡度要求，还要弹出坡度线。

3. 按试排铺设花岗石板块，注意核对板块与墙边、柱边、门口及其他较复杂部位的相对位置。一般从中线往两侧退步铺贴，但遇有柱子的地面铺设花岗石板块时，宜先铺设柱子与柱子之间的部分，然后向两旁展开，最后收口，同时要注意接缝宽度，保证宽窄一致。

4. 抹底灰为试铺和正式铺贴花岗石板块的重要工序。施抹时，首先在基层上刷一道素浆结合层，随刷随铺 1∶2.5 的水泥砂浆粘结层，木抹子压实、钢抹子抹平，水平尺检查平整度后铺贴花岗石板块，橡胶锤敲击平实，调好拼缝宽度并擦净挤在板面上的水泥浆。

5. 擦缝需待粘结层水泥浆完成终凝后进行，擦缝材料用白水泥与矿物颜料调制的色浆，满刮在板块的拼缝处，然后用干净的湿抹布反复搓擦至嵌缝密实。

6. 养护时要在地面铺一层锯末并浇水湿润，以补充粘结层水泥砂浆硬化过程中所需的水分，确保花岗石板块与粘结层砂浆的粘结强度。养护时间为 3～4d，在养护期内地面不准上人和堆物。

第三节　木　地　面

木地面是指楼地面的面层采用木板铺设，这种地面的脚感舒适，保温、隔声和装饰性都好，但阻燃性差，是一种高级的楼地面装饰。

一、木地板主要类型、特点

（一）条木地板

条木地板又叫普通木地板。构造及做法上分实铺和空铺两种。实铺是将木条直接粘贴在水泥砂浆地面或混凝土地面面层上；空铺条木地板则是由地龙骨、水平支撑和地板三部分组成。单层条木地板的板材为松、杉等质地较软的木材；双层条木地板的面层材料为硬木板，多为水曲柳、柞木、枫木、柚木和榆木等硬质木材。条木地板的宽度一般不大于120mm，板厚为 20～30mm，拼缝处加工成企口或错口，端头接缝要相互错开，其外形构造如图 8-8 所示。

条木地板铺设完毕，应经过一段时间，待木材的变形稳定后再进行刨光、清扫和刷漆。

条木地板的木色和纹理较好，自重轻，弹性好，脚感舒适，耐磨、不易腐蚀、不易变形和开裂，且导热系数小，冬暖夏凉，是一种使用最为普遍的木质地面材料。

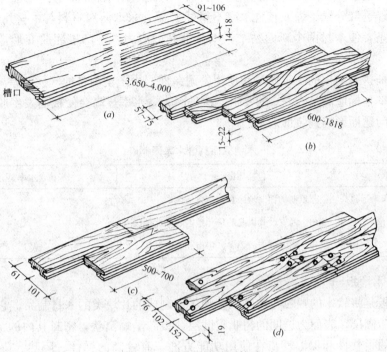

图 8-8　条木地板外形构造

(a)长尺寸的薄板条；(b)尺寸不齐的地板条；(c)宽度不同的木地板条；(d)带有装饰木钉的木地板条

　　建材市场上供应的条木地板有上漆和不上漆的两种。上漆地板是生产厂家在条木地板生产过程中就完成了上漆工作；不上漆的条木地板是用户安装完毕再上漆。比较受欢迎的是无需上漆的一次成型的条木地板（又称实木漆板），它有助于保证地面质量和简化了施工过程。

（二）拼木地板

　　拼木地板又叫拼花木地板，分单层和双层的两种，它们的面层都是硬木拼花层，拼花形式常见的有正方格式、斜方格式(蓆纹式)和人字形，如图 8-9 所示。面层拼花板材多选用柞木、水曲柳、核桃木、榆木、栎木及槐木等质地坚硬、不易开裂和不易腐朽的阔叶树木材，其规格尺寸一般长 30～250mm，宽 40～60mm，厚 20～25mm，木条都带有企口，以便于拼接。单层硬木拼花地板利用胶结材料直接粘贴在水泥砂浆地面或混凝土地面上；双层拼木地板的固定方法则是将面层板条借助暗钉钉在毛板上。

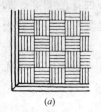
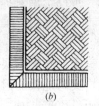
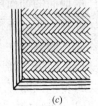

(a)　　　　　　　　　　(b)　　　　　　　　　　(c)

图 8-9　木质地板拼花形式

(a)正方格行；(b)斜方格行；(c)人字形

拼木地板的形式多样，但多是利用木材加工厂的边角余料或碎块拼接而成。拼木地板所用的木材经远红外线干燥，其含水率不超过12%，采取防腐材料与木材几何图案组合，四边企口串条，使木材两个断面粘结，以分散其内应力，不产生翘曲变形，保持地面平整、光滑。

为了保证拼木地板的施工质量和使用的耐久性，由于全国各地气候的差异，选择拼木地板时含水率指标应满足表 8-6 的要求，这是因为含水率过高会使板面发生脱胶、隆起和裂缝等质量问题而影响到装饰效果。

木地板面层含水率限制表 表 8-6

地区类别	包括地区	含水率(%)
I	包头、兰州以西的西北地区和西藏自治区	10
II	徐州、郑州、西安及其以北的华北地区和东北地区	12
III	徐州、郑州、西安以南的中海、华南和西南地区	15

（三）软木地板

软木地板是将软木的颗粒经特殊工艺加工而制成的片块类的木材制品，它的底面有聚氯乙烯塑料防潮层，表面为透明的树脂耐磨层，板芯呈蜂窝状，密封其内的空气占70%，故具有较好的柔软性和保温性。在使用功能方面，有较高的弹性、隔热、隔声性能，另外，软木地板的防滑、耐磨、耐污染、抗静电、吸声、阻燃及脚感等性能都较理想，是一种优良的天然的复合型的木地板和较高级的地面装饰材料。

软木地板的外形有正方形和长条形两种，正方形的规格为 300mm×300mm，长条形的规格为 900mm×150mm，能相互拼花，也可以切割出多种形式的图案。

软木地板除用来作地面装饰外，还可以用来作建筑物内墙装饰，即贴墙装饰材料。用软木板切割出来的装饰图案，弯曲不裂，古朴自然，给人们以亲切、宁静的感受。

（四）复合木地板

复合木地板是近年来在国内建筑装饰材料市场流行起来的一种新型、高档的地面装饰材料，尤其是德国、美国、奥地利和瑞典等国家产的复合木地板，在市场销售中占有很大的比例。由于复合木地板既具有原木地板的天然质感，又有石材、陶瓷地砖的硬度与耐磨性的特点，且装饰过程中无需刷漆、打蜡，污染后可用湿抹布擦洗，还有较好的阻燃性，故很受广大用户的青睐。

1. 复合木地板的构造

复合木地面的饰面层，即装饰层，可以根据要求设计制作成各种花色图案，如仿大理石花纹、各种印花、各种高级名贵树木，图案色彩绚丽精美，使复合木地板具有极好的装饰效果和更宽的选择性。

在复合木地板装饰层的表面设有三聚氰胺保护层，又称为表层或耐磨层，其作用是保护装饰层的花色、图案不受直接磨损，提高地板的耐久性。

中间层又叫基层，由高密度纤维板（HDF）构成。

复合木地板的底层为防潮层，这层材料主要由防水、防潮性能好的人工树脂构成，故又称该层为树脂层，起隔潮和稳定木地板的作用。

2. 复合木地板的类型

（1）实木复合木地板　这种地板的原材料就是木材，它保留了天然木材的优点，如纹理自然朴实，质感逼真且富有弹性等。我国云南生产的樱桃木地板、桦木地板、神农架生产的山毛榉地板，缅甸生产的红木复合木地板和加拿大生产的枫木复合木地板等。实木复合木地板的弹性好，脚感舒适。

（2）强化复合木地板　又称叠压式复合木地板。它的基材主要为小径材和边角余料，借助胶粘剂（脲醛树脂），通过一定的工艺加工而成。地板的表面光滑、平整、耐磨性好，花色和图案也较多，但弹性和脚感不如实木复合木地板。此外，脲醛树脂胶粘剂中有残留的甲醛，会向周围环境释放，是一种对人体健康有害的物质。人体较长时间处于甲醛浓度较高的环境中，会引起眼睛、鼻腔和呼吸道不适，并有致癌的危险，故在选择和使用复合木地板时要引起注意。

复合木地板的底层虽有防水、防潮的功能，但也不宜用在卫生间、浴室等长期处于潮湿的场所。

（五）实木淋漆木地板

这种地板是以实木烘干后经机械加工，表面再经过淋漆、固化处理而成。常见的品种有柞木淋漆地板、橡木淋漆地板、水曲柳淋漆地板、枫木淋漆地板、樱桃木淋漆地板、花梨木淋漆地板、紫檀木淋漆地板及其他稀有名贵树木淋漆地板等。

实木淋漆地板的规格有：450mm×60mm×16mm、750mm×60mm×16mm、750mm×90mm×16mm 等；地板的质量等级分 A、B 两级。A 级为精选板，板面均匀光洁，木质细腻，天然色差小，做工细致；B 级板与 A 级板相比，主要的差别在于优良板的比例不如A 级高，部分 B 级板的表面有色差，木质也较差，并有可能存在些质量缺陷，如疵点等。

实木淋漆木地板的漆面分为亮光型和亚光型两种，经过亚光处理，地板表面不会因光线折射而造成伤害人的眼睛，也不会因板面过于光滑而不安全，所以，亚光型实木淋漆地板适合家庭居室地面铺设。

实木淋漆地板真实自然，弹性好，脚感舒适，表面涂层均匀，规格尺寸较多，选择余地宽，保养方便，但耐潮湿性能较差。

二、条木地板铺设

条木地板又称普通木地板，其铺设方法有实铺和空铺两种。实铺是将木地板直接铺设在钢筋混凝土楼板或混凝土的垫层上；空铺则是要先在楼地面做龙骨（地格栅），龙骨上面钉固毛板，毛板上面再钉固条木地板面板，必要时，还要在毛板与面板之间加做防潮层。

（一）空铺木地板的构造

普通木地板空铺地面的构造由木格栅（地龙骨）、剪刀撑、垫木和条木地板等组成，如图 8-10 所示。木格栅架置在垫木上，格栅上面钉固毛板条（图 8-10 未示出），毛板条与格栅呈 30°或 45°钉固，毛板上面钉固条木地板，条木地板与木格栅呈垂直钉固。如果地垄墙或基础墙间距大于 2m，应在木格栅之间加剪刀撑，剪刀撑的截面一般为 38mm×50mm 或 50mm×50mm。空铺木地板要求通风良好，通风洞口设在地垄墙和外墙上，保证空气对流，防止木地板固受潮而腐朽。另外，木格栅、垫木、沿缘木在使用前都要做防腐处理。

（二）空铺木地板施工要点

1. 地垄墙的设置

地垄墙采用砖和 M2.5 的水泥砂浆砌筑，其标高应符合设计要求，地垄墙的厚度应根据架空的高度和使用条件，通过计算确定。地垄墙与地垄墙之间一般距离不大于 2m。地垄墙与砖墩的区别在于砖墩的布置要同木格栅的布置一样，如格栅间距为 400mm，砖墩的间距也应为 400mm。有时考虑到砖墩的尺寸偏大，间距又较密，墩与墩之间距离较小，为了施工方便，将砖敦连成一体，则变成了垄墙。

为了保证木地板具有良好的通风条件，每条地垄墙、内横墙都应留设 120mm×120mm 的两个通风洞口，且要求在同一直线上。外墙每隔 3~5m 预留不小于 180mm×180mm 的通风洞口，洞口外侧安装铁丝箅子，下皮标高距室外地墙应不小于 200mm。如果空间较大，要求在地垄墙内穿行，则要在地垄墙上设置 750mm×750mm 的过人孔洞。

2. 垫木的设置

在格栅与地垄墙之间一般用垫木连接（见图 8-10）。加设垫木的主要作用是将格栅传递下来的荷载通过木格栅下面的垫木，再传到下面的地垄墙上，以免一般砖地垄墙表面由于受力不均匀而使其上层的砌体松动，或者由于局部的应力集中，超过砖的抗压强度而被破坏。所以，用地垄墙支撑整个木地面荷载的构造体系，设置垫木是从使用时安全的角度出发而考虑的。垫木之所以选用木材，主要是因为木材质轻且抗压强度较高。

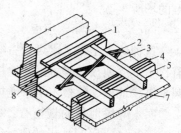

图 8-10　空铺木地板构造
1—企口木板；2—剪刀撑；3—木格栅；
4—垫木；5—地垄墙；6—灰土层；
7—油毡；8—沿缘木

凡使用的垫木应事先经过防腐处理。

垫木与地垄墙的连接，多用 8 号钢丝绑扎，钢丝应预埋在砌体中。垫木放稳、放平后，测试其表面高度应符合设计标高要求，之后，再用钢丝将其拧紧。

垫木的厚度一般为 50mm，可以锯成段，直接铺放在木格栅底下，也可以沿地垄墙通长设置。如果通长设置，其绑扎固定的间距应不超过 300mm，接头采取平接。两根垫木的接头处，应分别在接头处的两端 150mm 范围内，用钢丝绑扎牢固。

在空铺式木地板构造体系中，也有用混凝土垫板的，即在地垄墙上现浇一道混凝土圈梁（称作压顶），在圈梁内预埋 8 号绑丝，再与上面的木格栅相连接，同样可以起到垫木的作用，且其强度高、耐久性好。

3. 木格栅的安装

木格栅，又称地龙骨，木格栅的作用主要承托与固定木地板的面层。木格栅的铺设要与地垄墙垂直，设置间距一般为 400mm，要结合房间的具体尺寸均匀布置。木格栅与墙间应留出不小于 300mm 的缝隙。

木格栅安装时，应先校对四面墙上的 500mm 线为准线所弹出地面上皮标高线是否准确，经校验无误后，在沿缘木表面划出安置木格栅的中线，再依次摆正中间的木格栅。木格栅要放置平稳、平直，随安放随从纵横两个方向找平，用 2m 靠尺检查，尺与木格栅之间的间隙应不超过 3mm。若不平，可用适宜厚度的垫木找平，并将垫木与木格栅钉牢；若需砍削木格栅时，砍削、刨平的深度不要过大，一般不超过 10mm。

木格栅全部安放、调平后，用圆铁钉从木格栅的两侧中部斜向 45°与垫木钉牢，然后对木格栅的表面做防腐处理。

4. 安装剪刀撑

剪刀撑是为了增加木格栅的侧向稳定而设置的，将一根根独立的格栅连接成整体，提高了格栅的整体刚度，同时，对木格栅自身的翘曲变形，也起到一定的约束作用。

剪刀撑设置在木格栅的两侧（见图 8-10），用铁钉钉固在木格栅上，间距应根据设计要求确定。

5. 钉固毛板层

毛板的材料为较窄的松、杉木条，厚度为 10mm 左右，在木格栅上部满钉一层。毛板条用小铁钉与木格栅钉牢，表面要平整，但条与条之间的接缝不必太严密，可留出 2～3mm 的缝隙。相邻板条的接缝要错开。毛板层与木格栅呈 30°或 45°排布，钉固毛板条的小铁钉长度应为毛板厚的 2.5 倍，板条的每端不少于两颗钉。必要时还要在毛板层表面加做防潮层，以防木地面的面板因受潮湿作用而产生变形。

毛板层钉固完毕，应进行表面清理，为面板的铺设做好准备。

6. 面板的铺设

空铺木地面面层板的铺设方法有钉固法和粘结法两种。多见的固定方法为钉固法。

条木地板的拼缝方式有平口、企口和错口三种，其构造如图 8-11 所示。

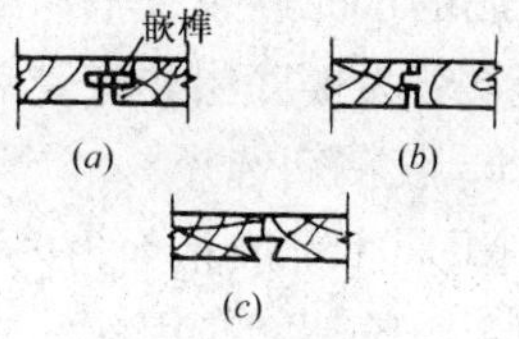

图 8-11　条木地板拼缝形式
(a)错口缝；(b)企口缝；
(c)平口缝

面板的钉固法是用圆钉将面板条固定在毛板或木格栅上。其固定形式又有单层条木地板钉固和双层条木地板钉固两种。

单层条木地板钉固是将条板垂直于木格栅铺设，借助圆钉与木格栅钉牢。

双层条木地板钉固是将条板直接钉固在毛板层上。

面板铺设要掌握好铺设方向、铺钉方法和铺钉方式三个工艺环节。

（1）铺设方向　条木地板的铺设方向，应根据铺钉的方便、固定的牢固程度和美观效果等方面来确定。如走廊、过道等部位，应根据人们的行走方向，顺向铺设；室内房间，要考虑进光的方向，顺光铺设。在多数情况下，条木地板都采取顺光铺设，同行走方向铺钉。

（2）铺钉方法　铺钉一般从墙面的一侧开始，将条木板材心潮上，一条条地排紧，继而钉固。铺设时，板缝一般不超过 1mm。板与板之间的纵向接口，应枕在木格栅上，所用圆钉的长度应相当于板厚的 2.0～2.5 倍。若板条为硬木，铺钉前要先钻孔，钻孔直径一般为钉子外径的 0.7～0.8 倍，然后再穿钉钉固。

（3）铺钉方式　用钉固法固定面板，钉法有两种，即明钉法和暗钉法。

明钉法是先将圆钉帽砸扁，然后钉入板内，同一行的钉帽应在同一条直线上。钉完后的钉帽应冲入板内 2～3mm，且要进行防腐和腻钉眼的处理；暗钉法要先将钉帽砸扁，再从条板的板边斜向钉入，同样要求钉帽要冲入板内 2～3mm，以免影响排板时的拼缝。

7. 刨平、磨光

条木地板铺设完后要对其表面进行刨平、磨光。刨削应分三次进行，刨去的总厚度应不超过 1.5mm。刨削应使用木工手电刨,顺着木纹的方向进行,刨削完后的表面应平整,不显刨痕。磨光工序应使用电动打磨机,打磨光亮的表面,应随即打扫干净,进入成品保护。

三、拼木地面铺设

拼木地面是用加工好的拼木地板铺钉在毛板层上或用胶粘剂直接粘贴在水泥砂浆或混凝土的基层上,两种做法的地面构造如图 8-12 所示。现以粘贴法铺设为例介绍其施工过程与技术要求。

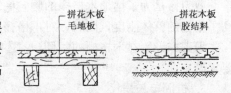

图 8-12　拼木地板面层构造

(一)施工准备

1. 基层处理

新抹完的水泥砂浆地面,在常温下应养护两周以上,地面含水率应不超过 6%,表面应坚实、平整,没有残灰、浮尘;旧的楼地面,油渍、涂层均应清理干净,凹陷处要用掺入树脂的水泥砂浆补平;凸出的部位要剔凿后,用水泥砂浆找平,最后用清水冲净,通风晾干,若为楼底层,有受潮湿的作用,尚应做防潮层。

2. 胶粘剂选择

MD—157 胶粘剂为丙烯酸型专用木地板胶粘剂,施工时可按设计要求选用;市场出售的 801 胶粘剂应用前,应掺入适量的聚醋酸乙烯水乳胶,以提高其粘结性能和耐水性;在胶粘剂中掺入适量的水泥配成胶泥,用胶泥粘贴木地板的好处是可以通过胶泥层的厚度来调节板料的厚薄误差,使刨平工序省时,省工。一般胶泥的配合比为:胶粘剂:水泥=7:3~4(重量比),施工时要随用随配。

3. 机具准备

拼木地板的铺设所用机具有:手电刨、电动打磨机、木锯、木锤或橡胶锤、硬质PVC 平面刮板和锯齿形刮板、搅拌棒、油灰刀、墨斗、钢板尺和皮尺等。

4. 弹线定位

测量室内地面四周的边长,以边长除以拼木地板的长度并取整数,多余部分作为两边的铺边部分。取木地板整数倍的长度,用墨线或其他工具在室内四周弹线成一个长方形,在长方形的四边找出中点,长短边中间连线,即十字线,在十字线的交点粘贴地板块,即标准块,以标准块为基准展开拼木板块的贴铺。

5. 确定贴铺图形

拼木地板贴铺的图案可以三条一拼、两条一拼或一条一拼,也可以拼成人字形或其他的图形。

(二)板块贴铺

基层表面平整度高,板块厚薄也比较均匀,可直接选用胶粘剂进行贴铺。贴铺时,板块边缘离墙根距离一般为 5~10mm,板块之间的缝隙一般不大于 0.3mm,并且要及时将板缝处挤出的胶液用湿抹布擦净。铺好几行板后,可在铺好的板面上洒些水,使板面两面同时受潮(板底面由于刷胶粘剂已经受潮),使板块膨胀均匀,以防在干燥过程中发生翘曲。

基层表面平整度较差,可使用胶泥粘贴板块。先将配好的胶泥摊铺在基层上,用刮尺刮平,再用塑料锯齿刮板沿木地板拼装相垂直的方向刮一遍,在基层上形成间距为 40~

60mm 的胶泥条(因塑料锯齿刮板齿沟宽 10mm、深度 3~4mm、齿间距为 40~60mm)，然后将拼木地板就位，轻轻按压，用木锤沿水平方向敲实，不准上下敲击。

（三）修整

粘贴完的板块要进行平整度检查，对其高低不平的部位用手电刨刨光，刨光时不要一次刨得太深，以免留下刨痕。面层基本刨平后，用电动打磨机磨光。

刨平、磨光后的地板表面还要刮 1~2 遍石膏腻子。腻子的配方为石膏∶清油∶水＝60∶30∶10。调配腻子时加入适量的氧化铬黄或铁黄，使腻子的颜色接近木地面本色。木地面面层经打两遍腻子后，木地板的缝隙、缺角等已嵌填密实，再用木砂纸打磨，磨去浮在板面的腻子，使木纹清晰地显示出来，最后清扫干净。

罩面漆又叫交活漆，可用硝基亚光漆，也可以用亮光漆。罩面漆应采用喷涂的方法，一般喷涂不少于 3 遍，每遍的间隔时间以漆膜干燥时间为准。

罩面漆喷涂完毕，经检验合格，进入成品保护。

四、复合木地板的铺设

复合木地板可以直接铺设在木板、塑料地板或地毯上，属于"悬浮"地板，即地板块与基层之间不需要胶粘、钉子或螺钉固定，而是靠地板块上面的舌头与槽及胶液进行连接。当地面为水泥砂浆、混凝土、砖面或其他硬质基层时，可以在木地板铺设前先铺一层松散材料，如聚氯乙烯泡沫薄层、波纹纸等，以起到隔声和提高地面弹性的作用。

如果地面长度超过 10m(地板块尾对尾)，宽度超过 8m(地板交叉铺设)时，应留出空隙结合处，结合处用过栅撑条包盖。铺设地板时，靠墙、柱子、管道、楼梯或其他硬立面处，要预留出 8~10mm 的空隙。

铺设地板过程中，需要切割拼料时，若使用电锯切割，木板的花纹正面朝下；若用手锯切割，木板的花纹应朝上。

木地板的铺设方向的确定，应考虑到装饰效果，一般应铺成与窗外大部分光线平行。走廊或较小的房间地面，地板的铺设应与墙壁的长边平行。

（一）施工准备

1. 基层处理

基层表面的残灰、浮尘、杂质要清理干净，基层应平整、干燥，若有局部凹凸，应予高凿低补，用 1∶3 水泥砂浆找平整。如果基层有潮湿作用，应在木地板铺设前做防潮层或铺一层聚乙烯防水薄膜，膜面的搭接宽度应不窄于 200mm。

2. 机具准备

铺设复合木地板使用的机具主要有：手电锯、电钻、连系钩、木锤、木帽楦、白乳胶、尺子、铅笔、尼龙绳和若干块厚度为 8~10mm 木楔等。

（二）复合木地板的安装

1. 基层表面清理干净，放入垫底料。根据地面面积大小从左向右排板。第一排放置时槽面要靠墙，板尾面放木楔，然后依次连接所需要的地板块，但不要刷胶。如果墙面不直，可画出墙的轮廓线，并照此切割第一排地板块。每一排的最后一块板应作 180°的反向，与该排其余板舌头对舌头，留出空隙，使该板紧靠墙面，长度有余，在板背面划线，按线切割。

2. 安装时，在板块尾舌头部分涂刷胶粘剂，使用木帽楦、木锤将板面连接起来，最后一块板可用连系钩拉紧安装，并用湿抹布将挤出的胶液随时擦掉。用线坠测试平衡状况合格后，在墙、板之间的空隙处放入木楔。

3. 第一排地板和第二排地板安装完毕，需过 2h 左右，待胶固化后再安装其余地板。使用上一排切下的地板块作为下一排安装的第一块板时，其切下的板长应不短于 300mm，否则应予以作废。

4. 安装到最后一排最后一块板时，为了与倒数第二块板更好的排齐，可另放一块板在其上面，用舌头面对着墙，做出标记，根据标记切割出最后一块板，并借助连系钩使最后一块板到位，放置隔离楔。24h 以内地板上不准上人和堆物，待胶粘剂彻底干结后，取出隔离楔，可上人安放踢脚板。

5. 安装到门框部位如需要可将木板锯短，使门框切口要与板厚相等。

6. 木地板安装如遇有管道通过时，需在地板上钻孔，且孔径应比管道外径大 10mm，然后根据情况进行切割、涂刷胶粘剂和安放木地板。

7. 复合木地板安装完后不需要喷漆、涂蜡上光，更不需要利用机械进行抛光，但在使用过程中不准用明水冲洗。

第四节　塑　料　地　面

塑料地面是当前国内外家居地面装饰和宾馆、饭店及医院等公共建筑的地面装饰中使用较多的一种地面，这是因为塑料地面装材料的品种多、图案美观大方、多样，如仿木纹、仿天然大理石、花岗石材的纹埋，其质感可以达到以假乱真，满足人们崇尚大自然美的装饰要求；作为地面装饰材料，塑料的材性好，如抗腐蚀、抗磨损和耐潮、耐水性等，能满足使用要求；再有，塑料地面的脚感好，特别是塑料地面卷材，柔性和弹性都好，站立和行走其上脚感舒适，克服了传统地面装饰材料的硬、冷、灰的缺陷，同石材、陶瓷板块地面相比，不打滑，冬季没有冰冷的感觉。与木质板材地面相比，隔声性能好，且污染后易清洁；还有，塑料地面装饰材料可以组织大规模的自动化生产，且生产效率高、成本低、质量稳定、施工简便、速度快，并且维修更新方便。

一、塑料板地面铺贴

（一）施工准备

1. 材料准备

（1）塑料地板

塑料地板的种类很多。按外观形状分有卷状和块状两种。塑料地板卷材按幅供货，具有施工简便和效率高的优点；塑料地板块材，可以拼接成各种不同的图案。

按塑料地板的性能不同，可以分为硬质、半硬质和软质的三种。硬质塑料地板又称为塑料地板砖，使用效果较差，近年来应用较少；半硬质塑料地板的耐热性和尺寸的稳定性能较好，价格也较低；软质塑料地板具有较高的弹性，故又有弹性塑料地板之称。软质塑料地板的铺覆性能好，并具有一定的绝热和吸声的功能。一般块状塑料地板半硬质塑料和软质塑料两种都有，而卷材塑料地板都为软质塑料。

就塑料地板的材质而言，当前国内外生产和使用的塑料地板多数为聚氯乙烯（PVC）塑料地板、聚丙烯（PP）塑料地板和聚氯乙烯卷材地板（简称 CPE）等。

（2）胶粘剂

塑料地面装饰施工常用的胶粘剂及主要性能特点见表8-7。

塑料地面常用胶粘剂及主要性能特点   表8-7

名称	性能特点	注意事项
氯丁胶	需双面涂胶，速干，初粘力大，有刺激性挥发气体。施工现场要防毒、防燃	胶粘剂在使用前必须经过充分拌合，方能使用。对双组分胶粘剂，要先将各组分分别搅拌均匀，再按规定配比准确称量，然后将两组混合，再次拌匀后才能使用。胶粘剂不用时，切勿打开容器盖，以防溶剂挥发，影响质量。使用时，每次取量不宜过多，特别是双组分胶粘剂配胶量要严格掌握，一般不超过2～4h。另外，溶剂型粘剂易燃和带有刺激味，所以施工现场严禁明火和吸烟，并要求有良好的通风条件
202胶	速干，粘结强度大，可用于一般耐水、耐酸碱工程。使用双组分要混合均匀，价格较贵	
JY-7胶	需双面涂胶，速干，初粘力大，低毒，价格相对较低	
水乳型氯乙胶	不燃，无味，无毒，初粘力大，耐水性好，对较潮湿基层也能施工，价格较低	
聚醋酸乙烯胶	使用方便，速干，粘结强度好，价格较低，对较潮湿基层也能施工，耐水性差	
405聚氨酯胶	固化后有良好的粘结力，可用于防水、耐酸碱等工程。初粘力差，粘结时须防止位移	
6101环氧胶	有很强的粘结力，一般用于地下室、地下水位高或人流量大的场合，粘结时要预防胺类固化剂对皮肤的刺激，价格较高	
立时得胶	日本产，粘结效果好，速度快	
VA黄胶	美国产，粘结效果好	

2. 工具准备

塑料地板铺贴常用的工具有橡胶滚筒、梳形刮板、橡胶压边滚筒、橡胶锤、划线器、墨斗、吸尘器、压辊和裁刀等，如图8-13所示。

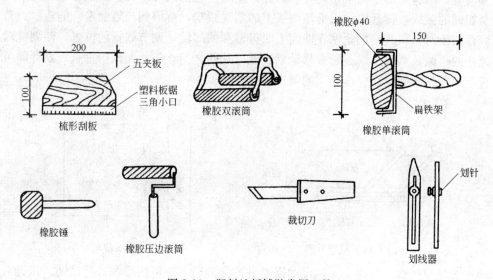

图8-13　塑料地板铺贴常用工具

3. 基层处理

水泥砂浆或细石混凝土地面铺贴塑料地板前要认真检查各阴阳角应方正，基层表面应平整，没有残灰，油污和浮尘，含水率应不大于 8%。若发现有大的凹坑、麻面要用腻子补平，腻子品种可选用石膏乳胶腻子(石膏：聚醋酸乙烯乳液：土粉：水＝2：1：2：适量)或滑石粉乳液腻子(滑石粉：聚醋酸乙烯乳液：羧甲基纤维素：水＝1：0.2～0.25：1：适量)

水磨石或陶瓷板块地面上铺贴塑料板块前应用碱水洗去污垢后，再用稀硫酸腐蚀表面或用砂轮打磨，提高基层表面的粗糙度。

(二) 施工过程

1. 弹线、分格

(1) 先弹出房间的中心位置，然后弹出两条相互垂直的定位线，若平行于墙面，则为直角定位法；若与墙面成 45°夹角，则为对角定位法；若房间为扇形，定位线应是半径和圆弧的关系。

(2) 弹分格线时，要先经计算，不要出现小于 1/2 板宽的窄条，且相邻房间面层的交界线应设置在门的裁口线处，不要落在门口边缘，避免关门后在某一房间出现两种图案形式。

2. 脱蜡、裁割与试铺

(1) 塑料板块试铺前要进行脱蜡，即将其置入 75°左右的热水中浸泡 15～20min，取出晾干后再用棉纱蘸 1：8 的丙酮汽油溶剂进行涂刷，以达到脱蜡目的，保证塑料板块粘贴牢固。

(2) 塑料板试铺时，靠墙根处未赶上整块的塑料板块，可按图 8-14 所示的方法，进行裁割，即在已铺好的塑料板上放一块塑料板，再用一块塑料板的一边与墙面贴紧，沿另一边的塑料板上划线，按线裁下的部分，即为所需尺寸的边框。

如果墙面有凸出物或为曲线，可以使用两脚规或划线器划线。突出物较大时，用划线器；突出物不大时，用两脚规，图 8-15 所示为用两脚规的划线方法。划线时，在突出物处放一块塑料板，两脚规的一端紧贴墙面，另一端压在塑料板上，然后沿墙面移动两脚规，移动时，两脚规的平面应始终与墙面保护垂直，这样就可以在塑料板上划出与墙面轮廓完全相同的弧线，接着用裁刀沿塑料板上的划线裁割，就得到与墙面密合的边框；若使用划线器划线时，将其一端紧贴在墙面上凹得最深的部位，调节划针的位置，使划针对准塑料地板的边缘，然后沿墙面轮廓移动划线器，并使之始终与墙面保护垂直，划针即可在塑料板上划出与墙面轮廓完全相同的图形。

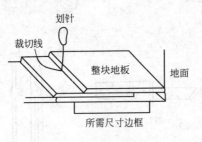

图 8-14 裁割示图

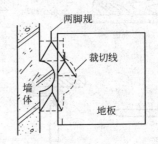

图 8-15 曲线裁割示图

塑料板经过脱蜡，并按实际铺设的需要进行裁割后，即可按准线进行试铺。试铺合格的塑料板要按顺序编号、备用。

3. 刷胶

刷底胶 塑料板铺贴前，清洁好基层，应先刷一层底胶，底胶要刷得均匀一致且为一薄层，但不准漏刷。底胶的成分与配制应根据塑料板粘贴选定的非水溶性胶粘剂加汽油和醋酸乙酯进行调配，调配的方法是按原胶粘剂质量加 10％的 70 号汽油和 10％的醋酸乙酯，经搅拌均匀后即可使用。底胶涂刷并经干燥后，才准刷胶进行塑料板的铺贴。

刷胶时，应掌握好胶的性能。如选用的是环氧树脂类胶粘剂，应按配方准确计量固化剂(乙二胺)加入调匀，涂胶后即可铺贴；若选用的是溶剂型胶粘剂，涂胶后应晾干到溶剂挥发不粘手时再铺贴；若为乳液类胶粘剂，则不需要晾干过程，但需要将塑料板的粘贴预先打毛，刷胶后即可粘贴；如果用双组分胶粘剂，如聚氨酯类，则要按组分配合比准确计量后，预先配制，并要及时用完。可见，选用的胶粘剂不同，其施工方法与施工要求也不一样，具体施工时要特别注意。

刷胶的方法一般是用锯齿形的涂胶刀将胶粘剂均匀地涂刮在基层表面，但乳胶类胶粘剂还要同时在塑料板背面满刷一层；而溶剂类的胶粘剂则可不必在塑料板背面涂胶，只是在基层上刷胶即可。

4. 塑料板铺贴

塑料板铺贴的顺序是从中间的定位板块向四周展开，要保持尺寸整齐和图案的对称。铺贴每一块板都不要整张与地面水平一下子贴合，应先将地板块的一端对齐粘结，轻轻地用橡胶滚筒将地板块平服地粘贴在基层上，使板块准确地就位，并赶走塑料板背面与基层之间的气泡。为确保塑料板铺贴牢固，还要用橡胶锤敲实或压滚压实。用橡胶锤敲实时，应从塑料板块的中间移向四周，或从一边移向另一边。铺贴到靠近墙根处时，要用橡胶压边滚筒压实和赶走气泡，铺贴过程如图 8-16 所示。

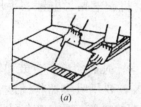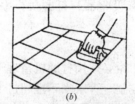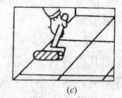

图 8-16　铺贴过程示图

(a)地板一端对齐粘合；(b)用橡胶滚筒赶走气泡；(c)压实

5. 清理、养护

用溶剂型胶粘剂粘结的塑料地板清理时，需用松节油或 200 号汽油擦拭干净；用水浮型胶粘剂粘接的塑料地板只要用湿抹布擦去板面上的污迹即可。

塑料地板贴牢后应养护 2～3d，在养护期间要保持室内通风，禁止有人在地面行走或堆物，最后再打上地板蜡，成品保护 1～3d 即可交用。

6. 塑料踢脚板铺贴

塑料踢脚板粘贴应与塑料地板铺贴同时进行，一个房间内应连续完成。

地面铺贴塑料板前的基层处理平整度对保证踢脚板粘贴上、下线平齐有直接影响，务必引起注意。

踢脚板粘贴要点：

(1) 弹线　以墙面的 500mm 准线为准下返找出踢脚板上口标高并在四面墙弹出上口线。

(2) 刷胶　刷胶应在踢脚板背面和墙面同时刷，胶层要薄且均匀。不要流淌到地面上。

（3）粘贴 从门口开始，三人一组，两人拉开踢脚板卷材，并向墙面粘贴，另一人调整并注意阴阳角的保护。一般贴到阳角处要向两边拉紧，阴角处应在下部先做一个开口，根据粘贴情况，再定是否需要剪裁。

踢脚板贴完后，应立即用棉纱蘸松香水等溶剂擦去表面残留的或挤出多余的胶液，再用橡胶压边滚筒压平压实。

二、软质橡-塑卷材地面铺贴

（一）施工准备

1. 材料准备

橡-塑地板卷材、水泥自流平、橡胶地板胶和底油等。

其中，水泥自流平为找平的材料，自动流平，施工效率高，使地面平整度控制在±1mm之内。自流平的水泥浆厚度约为3~5mm，表8-8为水泥自流平的主要性能指标。

水泥自流平主要性能指标 表8-8

检验项目	时间	检验结果	检验项目	时间	检验结果
流动度(mm)	初始	200	抗压强度(MPa)	7d	5.6
	30min	200		28d	6.7
	40min	150	粘接拉伸强度(MPa)	7d	2.3
凝结时间(min)	初凝	68		28d	2.7
	终凝	84			

2. 机具准备

卷材地面铺贴所用主要机具有吸尘器、打磨机、手磨机、电钻、电锤、手压滚、推刀、直尺和纸胶带等。

3. 基层处理

基层表面凡有残灰、油漆、污垢必须用打磨机清理干净；凡有裂缝、空鼓和较大凹凸的部位进行修整；地面湿度严格控制，含水率不准超过8%；要用吸室器将铺贴卷材区域吸取干净。基层确认合格后用纸胶带贴护踢脚线和设备终端接口等部位，以防水泥自流平污染，最后在基层上刷两遍底油。

（二）施工要点

1. 做水泥自流平

基层底油干透后，开始做水泥自流平。水泥自流平多为人工倾倒法做，应保证整个楼层一次成形，避免因接口过多而影响平整度。水泥自流平施工时要掌握好刮齿的垂直度，确保刮涂厚度均匀一致。水泥自流平做完后，至少封闭现场24h，禁止有人进入封闭区，以免踏坏自流平。水泥自流平干透后用打磨机磨去表面浮浆，经吸尘后直至显出光亮的表面。

2. 裁切下料

将卷材按各铺贴区域需要自然摊铺在地上，使其自然回弹，然后根据各部位需要划线裁切，裁切推刀尺量一刀成形，在保证做到拼缝严密顺直的情况下，合理考虑卷材使用，在不影响美观的前提下，力求做到节约。注意在门洞处不要出现拼缝，卷材地板需伸入踢脚板内不少于1.2mm，并要求刮胶贴牢。

3. 刮胶铺贴

刮胶前再检查一下卷材背面和自流平表面不准有粘附物，刮胶要保持刮齿垂直，且应顺着光源方向刮，以保证刮胶饱满、均匀。

铺贴时要按施工组织设计规定的方向贴铺，推板与赶气泡的方向要一致，力度要均匀。用手压滚对横纵缝压边时，要检查接缝口胶液有否溢出的现象，如有溢出的胶液，要用去蜡水及时清除。卷材贴铺完成后，应每隔 1h 用人工压滚碾压一遍，且不应少于 3 遍，并安排有经验的工人重点检查已铺完的卷材地面有无质量问题，如发现接头开口、翘曲、表面不平整、气泡和起壳等质量问题，必须认真抢在胶干透前排除。

卷材刮胶贴铺完毕，禁止施工人员穿有硬底鞋在卷材表面行走，检查贴铺质量的人员，要用脚踏板垫在地面上，贴铺完毕，现场要封闭 24h 进行成品保护。

4. 清洁

卷材全部贴铺完，要用去蜡水清洁卷材表面，然后涂上面蜡，等待交验。

第五节 地 毯 地 面

作为地面装饰材料，地毯有着悠久的历史，是一种高级地面装饰材料，也是世界通用的地面装饰材料。地毯不仅具有保温、隔热、吸声、弹性好、挡风和吸尘的优点，而且还能显示出高贵、华丽、典雅、美观和赏心悦目的装饰效果，因而经久不衰，广泛用于高级饭店、宾馆、会议大厅、会议室、办公室和高级居室的地面装饰。

近年来，随着地毯生产技术的发展，已经从传统的手工编织的纯羊毛地毯，发展到今天的款式多样、色泽淡雅、绒毛强韧的低、中、高档系列，拓宽了用户选用的范围，化纤地毯与塑料地毯的研制及生产，丰富了地面装饰材料的市场，地毯正在逐步地走进千家万户。

一、地毯的类型及主要特点

（一）按地毯生产所用材质分

1. 纯羊毛地毯

纯羊毛地毯是采用粗绵羊毛编织而成，具有弹性好、抗拉强度高、光泽度好和装饰效果好等优点，是很受人们喜爱的一种高级地面装饰材料。

2. 化纤地毯

化纤地毯是一种新型的地面装饰材料，它是以尼龙纤维（锦纶）、聚丙烯纤维（丙纶）、聚丙烯腈纤维（腈纶）和聚酯纤维（涤纶）等化学纤维为原材料，经过机织法、簇绒法等加工而成的面层织物，再与背衬进行复合而成，其外观和触感酷似羊毛，耐磨性好并富有弹性，是目前地毯地面装饰中用量较大的中、低档次的地毯。

3. 混纺地毯

混纺地毯是以合成纤维和羊毛按比例混纺后编织而成的地毯。由于在地毯中掺入了合成纤维，使地毯的耐磨性得到了显著的提高。如在羊毛纤维中掺入 20% 的尼龙纤维，可以使地毯的耐磨性提高 5 倍，且价格低于纯羊毛地毯，装饰效果也不会降低。

4. 塑料地毯

塑料地毯是使用聚氯乙烯（PVC）树脂、增塑剂等多种辅助材料，经过均匀混炼，塑制而成的一种新型的轻质地毯，这种地毯的质地柔软、色彩多样、自熄不燃、污染后可用水洗，故经久耐用，是一般公共建筑和住宅的地面装饰材料。

5. 剑麻地毯

剑麻地毯是采用剑麻(西沙尔麻)纤维为原料,经纺纱、编织、涂胶和硫化等工序加工而成。产品分有素色和染色两大类;表面质感有斜纹、罗纹、鱼骨纹、半巴拿纹、帆布平纹和多米诺纹等多种花色。这种地毯具有耐酸碱、无静电和耐磨性好,但弹性较差,且手感粗糙,适合用于人流较大的公共场所地面装饰。

（二）按地毯的编织工艺分

1. 手工编织地毯

手工编织地毯专指纯羊毛地毯。它采用双经双纬,通过人工打结、栽绒,将绒毛层与基底一起织结而成。手工编织地毯做工精细、图案多彩多姿、质地高雅,是高档的地毯产品。适合于高级宾馆、饭店地面装饰。

由于手工编织,故工效低、成本高、价格高,应合理选用。

2. 簇绒地毯

簇绒地毯又称栽绒地毯,其编织工艺是当前各国生产化纤地毯普遍采用的编织方式。这种地毯是由毯面纤维、初级背衬、防松涂层和次级背衬四部分组成,其中毯面纤维是地毯的主体,决定着地毯的脚感、质感、耐磨性能和防污等主要性能。初级背衬使绒圈固定,使地毯具有一定的刚性,保持外形稳定。防松涂层的作用是使绒圈与初级背衬粘结,防止绒圈从初级背衬中抽出去。次级背衬的作用是增加地毯的刚性,进一步增加了地毯外形的稳定性,能够平伏地铺设在地面上。

簇绒地毯的圈绒高度一般为5～10mm,平绒绒毛的高度为7～10mm。同时,因毯绒纤维的密度大,故其弹性好、脚感舒适,并且在毯面上可以印染各种花纹图案。

3. 针刺地毯

针刺地毯又称针扎地毯、粘合地毯或无纺地毯,是一种无经纬编织的短毛地毯,也是生产化纤地毯的方法之一。这种地毯由毯面纤维、底衬和防松涂层等三部分构成。底衬为化纤机织的网格布,使针刺地毯具有一定的刚性,保持外形稳定,同时使毯面纤维与它相互缠结;防松涂层使纤维间相互粘结,防止地毯在使用期间纤维勾出,以延长其使用寿命。

无纺生产地毯的方式也可以用于纯羊毛地毯,即纯羊毛无纺地毯。

4. 机织地毯

机织地毯是一种传统的地毯品种,它是将经纱和纬纱相互交织而编结成的地毯,故又有编织地毯之称,这种地毯花纹图案复杂而美丽,采用不同的工艺加工,尚可生产出表面不同质感的机织地毯。

（三）按地毯的规格尺寸

1. 块状地毯

纯羊毛地毯多为长方形和正方形块状地毯,其通用规格有6710mm×3660mm～610mm×610mm共56种;另外,异形地毯如椭圆形、圆形和三角形地毯等。地毯的厚度因质量等级不同而不等。纯羊毛块状地毯还可以组织成套供货,每套内由若干块规格尺寸和形状不同地毯组成。花色不同的方块地毯规格尺寸多为500mm×500mm,一般成箱供货,铺设时,可根据地面地毯装饰设计要求搭配选用。

2. 卷材地毯

化纤机织地毯一般加工成宽幅形式,幅宽以1～4m的多见,每卷长度20～25m不等,并按成卷包装供货。卷材地毯适合大面积地面的铺设,家庭居室地面装饰经裁割也可以应用。

（四）按地毯的使用场合及质地、性能不同分

（1）轻度家用级：适合铺设在不经常使用的房间地面。

（2）中度家用或轻度专业使用级：适合卧室、起居室或餐室的地面铺设。

（3）一般家用或一般专业使用级：只适用于卧室地面，楼梯等交通较为频繁的地面不宜选用。

（4）重度家用或中度专业使用级：供居室或其他重度磨损场所的地面选用。

（5）重度专业使用级：由于地毯的价格高，只适合特殊场合地面铺设，不适合家装应用。

（6）豪华级：一般指地毯品质在第三级以上，具有蓬松的长绒毛，主要用于装饰豪华的卧室地面，可呈现出一种豪华的氛围。

上述的等级分类，概括起来大致可分为家用级、专业级和豪华级；从磨损角度看，又可以划分为轻度、中度和重度三种情况。地毯地面装饰时，可以根据这种分级分类，考虑具体情况，经济、合理地进行选择。

二、地毯的铺设

（一）施工准备

1. 基层处理

水泥砂浆地面应光滑、平整，清除表面残灰、浮尘、油污；混凝土基层表面应平整、无凹凸不平之处，若有凹处应先用1∶3水泥砂浆修补平整；凸出部位应剔凿修平。基层表面若有油漆蜡质和油脂等难以除净的杂污，可用松节油或丙酮溶液擦拭，也可以用手持砂轮机打磨。基层表面应干燥，含水率控制在8%以内。

2. 材料准备

（1）地毯　根据装饰等级、使用要求及铺设部位进行合理选择。地毯的品种、质量等级一经确定，要一次备齐，确保地毯的质地、色泽一致，并存放在干燥通风的环境中，不得受潮。

（2）垫料　垫料可使用杂面毯垫，也可以使用海绵波纹衬底。铺毯时，如果固定铺设，并且用倒刺板固定地毯而地毯本身又无底垫时，应预先准备好该种垫料。

（3）胶粘剂　铺设地毯使用的胶粘剂一般都以天然乳胶为基料，掺入适量的增稠剂和防腐剂配制而成。胶粘剂主要用于地毯（化纤地毯）拼缝处理和地毯与地面的粘结。这种胶粘剂无毒、快干，一般刷涂后30min左右就可以达到要求的粘结强度。

（4）接缝带与麻布条　接缝带有纸基胶带、麻布胶带和玻璃绳等，主要用于地毯拼缝处的连接，若所选用的地毯无拼缝连接的问题，可不预备接缝带。

（5）倒刺板（地毯卡条）　用于固定式铺毯时在地面四周墙脚处固定地毯的辅件，一般在1200mm×21～25mm×4～6mm的胶合板上钉固上两排斜钉，底板用射钉法固定在基层表面，其外形如图8-17所示。

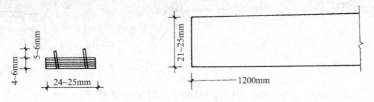

图8-17　倒刺板制作示图

（6）收口倒刺条　收口倒刺条一般用铝合
金制作，故又称为铝合金收口条、铝合金压条。
铝合金收口条用于两种不同材质的地毯相接部
位，其作用一是固定地毯，二是防止地毯的毛
边外露。常用的"L"形铝合金收口条外形构造
如图8-18所示。

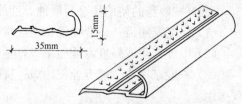

图8-18　"L"形铝合金倒刺收口条

铝合金门口压条一般用厚度为2mm左右的铝合金板材制作，用于门口处地毯压边，
其外形构造如图8-19所示。

3. 机具准备

（1）裁毯刀　裁毯刀有手握式和手推式两种，其外形构造如图8-20所示。

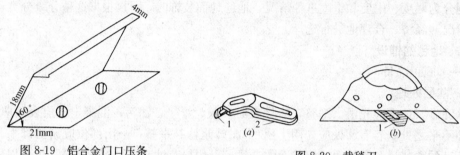

图8-19　铝合金门口压条

图8-20　裁毯刀
（a）手握式裁刀；（b）手推裁刀
1—活动式刀片；2—手把

手握式裁刀用于地毯铺设前的下料裁割，手推式裁刀主要用于铺设过程中少量的裁
割。此外，还有一种手持式地毯裁边机，用于地毯铺设时边角的裁割，可保持地毯边缘处
的纤维不硬结，故不会影响地毯的拼缝处的质量。

（2）地毯张紧器（地毯撑子）　地毯张紧器又称地毯撑子，地毯撑子有大、小两种，其
外形构造如图8-21所示。

撑子的作用是铺设地毯时起张拉平整，将地毯拉平。操作方法是通过可缩式的杠杆撑
头及铰接撑脚将地毯张拉，使毯面平整、服帖。根据地毯铺设面积的大小，可以在撑头与
撑脚之间接装连接管，以便使撑脚顶住对面墙；小撑子用于操作面狭窄或墙角处，只要用
膝盖顶住撑子尾部的空心橡胶垫，即可进行自由张拉操作。根据地毯的厚度不同，还可以
随时调节扒齿的长度，不用时应注意将扒齿缩回，以免伤人。

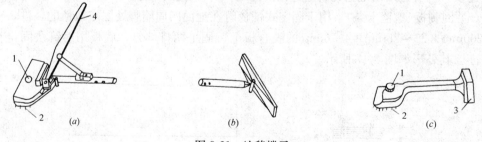

图8-21　地毯撑子
（a）大撑子撑头；（b）大撑子撑脚；（c）小撑子
1—扒齿调节钮；2—扒齿；3—空气橡胶垫；4—木杠压把

（3）扁铲、墩拐　此工具主要用来在踢脚板、或墙角处地毯的掩边，扁铲和墩拐的外形如图8-22所示。

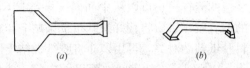

图 8-22　扁铲与墩拐
(a)扁铲；(b)墩拐

（4）其他机具　铺设地毯时，除了要使用上述机具外，还应准备好手电钻、剪刀、熨斗、尖嘴钳子、锤子、直尺、漆刷和弹线粉袋等。

（二）地毯铺设

地毯的铺设方法有固定式铺设与活动式铺设两种。固定式铺设是将地毯四周与房间地面借助于倒刺板条钉固或胶粘剂粘结固定，人们在地毯上走动时不致发生移动和变形；活动式铺设是将地毯明摆浮搁在地面上，不需要采取任何方式固定，此种铺设方法简单，且易于更换。

1. 方块地毯的铺设

一般方块地毯基底都较厚，故地毯本身较重，人在地毯上行走时不易卷起，所以，方块地毯都是采取活动铺设，其铺设过程中下：

弹线──→铺地毯块──→裁边──→整理绒毛──→压边──→清理。

（1）弹线　找出房间地面的中点，通过中心点弹出相互垂直的两条线作为定位线。如果地面排偶数块，则地毯块的接缝通过中心线；如果排奇数块，则地毯的中心线与地面中心线重合。

（2）铺地毯块　考虑到铺出后的地毯块美观，一般采取逆光和顺光交错铺设，使铺设后的地毯面有一块发亮，一块发暗的艺术效果。铺设时，先按绒毛方向将其用箭头画在背面，再由中间向两侧均铺。为避免出现铺设错误，可以先将背光面向上，使画有箭头的地毯按箭头的互相垂直的方向铺设好，经检查无误后，再由中间向两侧正式铺设。具体操作时，要保证一块紧靠一块相互挤紧。

（3）裁边　当周边地毯不足一块时，将地毯底面朝上，量好靠边处地毯应铺放的尺寸，再将绒面互相垂直，定出方向后，用裁刀由底面切断地毯，然后将周边地毯铺好。

（4）整理绒毛　地毯铺设完毕，要将接缝处的绒毛左右揉搓，使其相互交错而不显接缝。

（5）压边　在门口处地毯的接缝或地毯的边缘，地面两块不同材料的地毯的交接处，为保护地毯，同时防止人走动时踢起地毯，要用铝合金压边条压边，压住毯边后要将压边条敲平。

2. 成卷式地毯活动铺设

具有底层的较厚重的地毯，毯面人们走动少的，铺毯面积又不是很大的，周边还可以用办公家具等物件压住时，成卷地毯也可以采取活动铺设。

成卷式地毯活动铺设工艺流程为：

弹线──→测量裁毯──→接缝处理──→铺毯──→清理。

（1）弹线　根据房间地面的形状和大小，测量准确，确定出地毯的用量，在地面上弹出各幅地毯的铺设位置线。

（2）测量裁毯　按地面上弹出的铺设地毯的基准线预铺地毯，用长尺压住地毯，用裁毯刀切去多余的部分。裁毯时，每幅地毯裁出的长度要比地面长出 20mm 左右；宽度应以准线间距加上地毯裁去的边缘为准。

（3）接缝处理　接缝的处理方法有两种。一种是将地毯两端对齐，用大针满缝，如果缝毯的缝较长，可以从中间向两端缝接，缝完后，应在缝合处刷一道宽度为 50~60mm 的白乳胶，然后将裁好的麻布窄条贴上，密封缝线；另一种接缝处理是用地毯烫带，即塑料胶纸粘贴对缝，再用熨斗将胶纸熨帖牢固。

（4）铺毯　从房间地面里面向门口方向退后推铺，即将拼好缝的地毯直接铺在地面上，不需粘结，只需用扁铲将地毯四周沿墙角铺齐，最后裁去地毯多余部分。

（5）清理　地毯铺设完毕，应对毯面进行清理，确保毯面平整、服帖，无杂物。

3. 成卷式地毯固定铺设

成卷式地毯固定铺设有两种固定方法。一是用倒刺板固定地毯；另一种是利用胶粘来固定地毯。

（1）成卷式地毯倒刺板卡条固定铺设　这种铺设方法是在房间周边的地面上，按规定的间距设置带有倒刺的木卡条，将地毯的背面固定在倒刺板的小钉钩上。此种铺设方法只适合地毯下面设有单独的弹性胶垫的地毯固定。其铺设顺序为：

确定倒刺木卡条的位置并钉固倒刺木卡条──→铺设弹性胶垫──→裁毯──→接缝处理──→铺毯──→固定地毯──→清理。

① 钉固倒刺木卡条　铺设地毯的地面清理干净后，便可以沿踢脚板边缘以外 8~10mm 处用高强水泥钉将倒刺木卡条钉固在基层上，水泥钉的间距约为 40mm，倒刺板上的斜钉朝向墙面。

② 铺设弹性胶垫　胶垫在地面上采取满铺点粘的方法进行，可先长边铺好一边胶垫，使其距另一边倒刺板 10mm，弹好线后用长尺压住，裁去多余的胶垫，然后用乳胶粘贴在基层上。

③ 裁毯、接缝处理　根据房间地面大小进行实地裁毯，然后将地毯铺在胶垫上，再将地毯卷起来，处理拼缝。凡拼缝处，要将地毯两端对齐，用缝针间断地在拼缝处先缝几针，作为两块地毯临时连接固定，然后再用大针满缝。将背面缝合好的地毯平铺好，如面层绒毛较长，再用弯针在接缝处做绒毛密实的缝合，使毯面不显接缝。

④ 铺毯　铺毯时，先将地毯的一条长边固定在倒刺板上，沿边的毛边将其掩到踢脚板下或与踢脚板紧贴压平，然后用地毯撑子在另一边拉伸地毯，使毯面平整、服帖。拉伸平整后的地毯，将多余的地毯用裁毯刀裁下，将毛边掩好，最后将地毯四周边都固定在倒刺板上。

对于纵向较长的走廊铺设地毯时，要充分利用地毯撑子将地毯的纵横方向拉伸，其张紧方向由地毯中心向外拉紧呈"V"字形，这种张拉结果，应使地毯的横向伸长为 15mm/m（1.5%），纵向伸长为 20mm/m（2%），然后再对地毯固定。

⑤ 清理　地毯铺设完后要认真地进行检查，确认合格后，用吸尘器对地毯表面进行清理干净。

（2）成卷地毯粘贴固定铺设

① 局部刷胶固定铺设法　这种铺毯方法适合人的走动少，且有较多的家具摆放的房间地面。施工时，先裁毯、试铺、处理好接缝，卷起 1/2，在地面中央刷一条地毯胶，稍晾后铺平地毯，再沿墙边刷第二条地毯胶，铺好地毯，即可放置周边家具，压住地毯。

② 满刷胶固定铺设法　满刷胶固定地毯法适用于人们活动较为频繁的场所。先根据地面面积裁毯、试铺，然后卷起 1/2 以上，在地面中间刷一道地毯胶，晾置 5~10min 后铺设粘结地毯。铺毯后，用地毯撑子向四边撑拉，再沿墙四边的地面涂刷 120~150mm 宽的地毯胶，将地毯与地面粘贴牢固。

地面狭长的走廊、影剧院的观众大厅走道铺设地毯时，应采取逐段铺设固定的方法，即纵向每隔 2m，两侧长边在离边缘 20mm 处，分别刷胶固定地毯。

（三）楼梯地毯铺设

1. 施工准备

（1）测量每一阶楼梯的深度与高度，以估计所需地毯的数量。将量得楼梯的深度与高度（指每一阶）相加乘以楼梯的阶数，再加上 450mm 的余量，以便将来挪动或转移、调换地毯受磨损的位置。

（2）如果选用无底衬地毯，则要准备在地毯下面加楼梯垫料，衬垫的深度必须能触及楼梯竖板，并可延伸至每阶踏步板外 50mm，以便包覆，同时起吸收噪声的作用。

（3）铺设地毯前，应清除楼梯表面所有的障碍物，如钉头、木楔等，以免损坏地毯，并将每阶楼梯都清扫干净。

2. 地毯铺设

（1）将带地毯胶垫的胶垫先用地板木条分别钉固在楼梯的阴角两边。

（2）将切割好的固定地毯用的角钢钉固在每阶压板与踏板所形成的转角的胶垫上。由于整条角钢都带有突起的抓钉，故可以抓住整条地毯。

（3）从楼梯的最高一阶铺毯。将始端翻起，在顶阶的竖板上钉住，然后用扁铲将地毯压在第一阶角钢的抓钉上，将地毯拉紧包住楼梯，顺竖板而下，在楼梯阴角处用扁铲将地毯压入阴角，并使地板木条上的抓钉紧紧抓住地毯，然后铺设第二个梯阶，固定角钢。如此连续铺下去，直到楼梯的最后一个梯阶竖板为止，并将多余的地毯朝内摺转，钉固在底阶的竖板上。

若所选用的地毯带有海绵衬底，铺毯时可用地毯胶粘剂来代替固定角钢，即将胶粘剂涂抹在竖板与踏板表面，将地毯粘结牢固。

楼梯地毯铺设时，要将毯面绒毛理顺，找出绒毛最为光滑的方向，以绒毛的走向朝下铺为准。在阶梯阴角处用扁铲压实，地板木条上的抓钉要紧紧抓住地毯。在每阶竖板与踏板转角处用不锈钢螺钉拧紧铝角防滑条。

三、地毯铺设质量要求

1. 地毯的品种、规格、图案和色泽应符合设计要求。

2. 地毯的接缝应牢固、严密，无离缝和明显的接头。

3. 地毯表面颜色、光泽应一致，无明显的错格和错花的现象。

4. 地毯表面应洁净、平整，无松弛、皱褶、起鼓和翘边等缺陷。

5. 地毯的周边与倒刺板应嵌挂牢固、整齐。门口和进口等部位的收口应顺直、稳固。

6. 踢脚板处的塞边应严密，封口应平整。

第六节　楼地面装饰施工质量要求及检验方法

国家标准《建筑地面工程施工质量验收规范》（GB 50209—2010）对基层铺设、整体面层铺设、板块面层铺设和木竹面层铺设的施工质量要求及检验方法作出了具体的规定。

一、基层铺设

楼地面是房屋建筑底层地坪与楼层地坪的总称。

基层铺设包括基土、垫层、找平层、填充层、隔离层和绝热层等分项工程，基层的标高、坡度、厚度等应符合设计要求。基层表面平整度的允许偏差和检验方法应符合表 8-9 的规定。

基层表面平整度的允许偏差和检验方法　　　　　表 8-9

项次	项目	允许偏差(mm)														检验方法
		基土	垫层					找平层				填充层		隔离层	绝热层	
						垫层地板										
		土	砂、砂石、碎石、碎砖	灰土、三合土、四合土、炉渣、水泥混凝土、陶粒混凝土	木搁栅	拼花实木地板、拼花实木复合地板、软木类地板面层	其他种类面层	用胶结料做结合层铺设板块面层	用水泥砂浆做结合层铺设板块面层	用胶粘剂做结合层铺设拼花木板、浸渍纸层压木质地板、实木复合地板、竹地板、软木地板面层	金属板层面层	松散材料	板块材料	防水、防潮、防油渗	板块材料、浇筑材料、喷涂材料	
1	表面平整度	15	15	10	3	3	5	3	5	2	3	7	5	3	4	用2m靠尺和楔形塞尺检查
2	标高	0 −50	±20	±10	±5	±5	±8	±5	±8	±4	±4	±4	±4	±4	±4	用水准仪检查
3	坡度	不大于房间相应尺寸的 2/1000，且不大于 30														用坡度尺检查
4	厚度	在个别地方不大于设计厚度的 1/10，且不大于 20														用钢尺检查

二、整体面层铺设

整体面层铺设施工质量及检验方法适用于水泥混凝土(含细石混凝土)面层、水泥砂浆面层、水磨石面层等分项工程。

整体式地面面层允许偏差和检验方法应符合表 8-10 的规定。

整体式地面面层的允许偏差和检验方法　　　　　表 8-10

项次	项目	允许偏差(mm)									检验方法
		水泥混凝土面层	水泥砂浆面层	普通水磨石面层	高级水磨石面层	硬化耐磨面层	防油渗混凝土和不发火(防爆)面层	自流平面层	涂料面层	塑胶面层	
1	表面平整度	5	4	3	2	4	5	2	2	2	用2mm靠尺和楔形塞尺检查
2	踢脚线上口平直	4	4	3	3	4	4	3	3	3	拉5m线和用钢尺检查
3	缝格顺直	3	3	3	2	3	3	2	2	2	

（一）水泥混凝土面层的质量控制和检验方法

1. 主控制项目及检验方法

（1）水泥混凝土采用的粗骨料，最大粒径不应大于面层厚度的 2/3，细石混凝土面层采用的石子粒径不应大于 16mm。

检验方法：观察检查和检查质量合格证明文件。

检查数量：同一工程、同一强度等级、同一配合比检查一次。

（2）防水水泥混凝土中掺入的外加剂的技术性能应符合国家现行有关标准的规定，外加剂的品种和掺量应经试验确定。

检验方法：检查外加剂合格证明文件和配合比试验报告。

检查数量：同一工程、同一品种、同一掺量检查一次。

（3）面层的强度等级应符合设计要求，且强度等级不应小于 C20。

检验方法：检查配合比试验报告和强度等级检测报告。

检查数量：配合比试验报告按同一工程、同一强度等级、同一配合比检查一次；强度等级检测报告按本规范第 3.0.19 条的规定检查。

（4）面层与下一层应结合牢固，且应无空鼓和开裂。当出现空鼓时，空鼓面积不应大于 400cm^2，且每自然间或标准间不应多于 2 处。

检验方法：观察和用小锤轻击检查。

检查数量：按规范第 3.0.21 条规定的检验批检查。

2. 一般项目及检验方法

（1）面层表面应洁净，不应有裂纹、脱皮、麻面、起砂等缺陷。

检验方法：观察检查。

检查数量：按本规范第 3.0.21 条规定的检验批检查。

（2）面层表面的坡度应符合设计要求，不应有倒泛水和积水现象。

检验方法：观察和采用泼水或用坡度尺检查。

检查数量：按本规范第 3.0.21 条规定的检验批检查。

（3）踢脚线与柱、墙面应紧密结合，踢脚线高度和出柱、墙厚度应符合设计要求且均匀一致。当出现空鼓时，局部空鼓长度不应大于 300mm，且每自然间或标准间不应多于 2 处。

检验方法：用小锤轻击、钢尺和观察检查。

检查数量：按本规范第 3.0.21 条规定的检验批检查。

（4）楼梯、台阶踏步的宽度、高度应符合设计要求。楼层梯段相邻踏步高度差不应大于 10mm；每踏步两端宽度差不应大于 10mm，旋转楼梯梯段的每踏步两端宽度的允许偏差不应大于 5mm。踏步面层应做防滑处理，齿角应整齐，防滑条应顺直、牢固。

检验方法：观察和用钢尺检查。

检查数量：按本规范第 3.0.21 条规定的检验批检查。

（5）水泥混凝土面层的允许偏差应符合本规范表 8-10 的规定。

检验方法：按本规范表 8-10 中的检验方法检验。

检查数量：按本规范第 3.0.21 条规定的检验批和第 3.0.22 条的规定检查。

（二）水泥砂浆面层的质量控制及检验方法

1. 主控制项目及检验方法

（1）水泥宜采用硅酸盐水泥、普通硅酸盐水泥，不同品种、不同强度等级的水泥不应混用；砂应为中粗砂，当采用石屑时，其粒径应为 1～5mm，且含泥量不应大于 3%；防水水泥砂浆采用的砂或石屑，其含泥量不应大于 1%。

检验方法：观察检查和检查质量合格证明文件。

检查数量：同一工程、同一强度等级、同一配合比检查一次。

（2）防水水泥砂浆中掺入的外加剂的技术性能应符合国家现行有关标准的规定，外加剂的品种和掺量应经试验确定。

检验方法：观察检查和检查质量合格证明文件、配合比试验报告。

检查数量：同一工程、同一强度等级、同一配合比、同一外加剂品种、同一掺量检查一次。

（3）水泥砂浆的体积比（强度等级）应符合设计要求，且体积比应为 1:2，强度等级不应小于 M15。

检验方法：检查强度等级检测报告。

检查数量：按本规范第 3.0.19 条的规定检查。

（4）有排水要求的水泥砂浆地面，坡向应正确、排水通畅；防水水泥砂浆面层不应渗漏。

检验方法：观察检查和蓄水、泼水检验或坡度尺检查及检查检验记录。

检查数量：按本规范第 3.0.21 条规定的检验批检查。

（5）面层与下一层应结合牢固，且应无空鼓和开裂。当出现空鼓时，空鼓面积不应大于 $400cm^2$，且每自然间或标准间不应多于 2 处。

检验方法：观察和用小锤轻击检查。

检查数量：按本规范第 3.0.21 条规定的检验批检查。

2. 一般项目及检验方法

（1）面层表面的坡度应符合设计要求，不应有倒泛水和积水现象。

检验方法：观察和采用泼水或坡度尺检查。

检查数量：按本规范第 3.0.21 条规定的检验批检查。

（2）面层表面应洁净，不应有裂纹、脱皮、麻面、起砂等现象。

检验方法：观察检查。

检查数量：按本规范第 3.0.21 条规定的检验批检查。

（3）踢脚线与柱、墙面应紧密结合，踢脚线高度及出柱、墙厚度应符合设计要求且均匀一致。当出现空鼓时，局部空鼓长度不应大于 300mm，且每自然间或标准间不应多于 2 处。

检验方法：用小锤轻击、钢尺和观察检查。

检查数量：按本规范第 3.0.21 条规定的检验批检查。

（4）楼梯、台阶踏步的宽度、高度应符合设计要求。楼层梯段相邻踏步高度差不应大于 10mm；每踏步两端宽度差不应大于旋转楼梯梯段的每踏步两端宽度的允许偏差不应大于 10mm。踏步面层应做防滑处理，齿角应整齐，防滑条应顺直、牢固。

检验方法：观察和用钢尺检查。

检查数量：按本规范第 3.0.21 条规定的检验批检查。

（5）水泥砂浆面层的允许偏差应符合本规范表 8-10 的规定。

检验方法：按本规范表 8-10 中的检验方法检验。

检查数量：按本规范第 3.0.21 条规定的检验批和第 3.0.22 条的规定检查。

（三）水磨石面层的质量控制及检验方法

1. 主控制项目及检验方法

（1）水磨石面层的石粒应采用白云石、大理石等岩石加工而成，石粒应洁净无杂物，其粒径除特殊要求外应为 6～16mm；颜料应采用耐光、耐碱的矿物原料，不得使用酸性颜料。

检验方法：观察检查和检查质量合格证明文件。

检查数量：同一工程、同一体积比检查一次。

（2）水磨石面层拌合料的体积比应符合设计要求，且水泥与石粒的比例应为 1：1.5～1：2.5。

检验方法：检查配合比试验报告。

检查数量：同一工程、同一体积比检查一次。

（3）防静电水磨石面层应在施工前及施工完成表面干燥后进行接地电阻和表面电阻检测，并应做好记录。

检验方法：检查施工记录和检测报告。

检查数量：按本规范第 3.0.21 条规定的检验批检查。

（4）面层与下一层结合应牢固，且应无空鼓、裂纹。当出现空鼓时，空鼓面积不应大于 400cm²，且每自然间或标准间不应多于 2 处。

检验方法：观察和用小锤轻击检查。

检查数量：按本规范第 3.0.21 条规定的检验批检查。

2. 一般项目及检验方法

（1）面层表面应光滑，且应无裂纹、砂眼和磨痕；石粒应密实，显露应均匀；颜色图案应一致，不混色；分格条应牢固、顺直和清晰。

检验方法：观察检查。

检查数量：按本规范第 3.0.21 条规定的检验批检查。

（2）踢脚线与柱、墙面应紧密结合，踢脚线高度及出柱、墙厚度应符合设计要求且均匀一致。当出现空鼓时，局部空鼓长度不应大于 300mm，且每自然间或标准间不应多于 2 处。

检验方法：用小锤轻击、钢尺和观察检查。

检查数量：按本规范第 3.0.21 条规定的检验批检查。

（3）楼梯、台阶踏步的宽度、高度应符合设计要求。楼层梯段相邻踏步高度差不应大于 10mm；每踏步两端宽度差不应大于 10mm，旋转楼梯梯段的每踏步两端宽度的允许偏差不应大于 5mm。踏步面层应做防滑处理，齿角应整齐，防滑条应顺直、牢固。

检验方法：观察和用钢尺检查。

检查数量：按本规范第 3.0.21 条规定的检验批检查。

（4）水磨石面层的允许偏差应符合本规范表 8-10 的规定。

检验方法：按本规范表 8-10 中的检验方法检验。

检查数量：按本规范第 3.0.21 条规定的检验批和第 3.0.22 条的规定检查。

三、板块面层铺设

板块面层包括砖面层、大理石和花岗石面层、预制板块面层、塑料板块面层、活动地板面层和地毯面层等。

板块面层的允许偏差和检验方法应符合表 8-11 的规定。

板块面层的允许偏差和检验方法

表 8-11

项次	项目	允许偏差(mm)											检验方法
		陶瓷锦砖面层、高级水磨石板、陶瓷地砖面层	缸砖面层	水泥花砖面层	水磨石板块面层	大理石面层、花岗石面层、人造石面层、金属板面层	塑料板面层	水泥混凝土板块面层	碎拼大理石、碎拼花岗石面层	活动地板面层	条石面层	块石面层	
1	表面平整度	2.0	4.0	3.0	3.0	1.0	2.0	4.0	3.0	2.0	10	10	用 2m 靠尺和楔形塞尺检查
2	缝格平直	3.0	3.0	3.0	3.0	2.0	3.0	3.0	—	2.5	8.0	8.0	拉 5m 线和用钢尺检查
3	接缝高低差	0.5	1.5	0.5	1.0	0.5	0.5	1.5	—	0.4	2.0	—	用钢尺和楔形塞尺检查
4	踢脚线上口平直	3.0	4.0	—	4.0	1.0	2.0	4.0	1.0	—	—	—	拉 5m 线和用钢尺检查
5	板块间隙宽度	2.0	2.0	2.0	2.0	1.0	—	6.0	—	0.3	5.0	—	用钢尺检查

（一）大理石面层和花岗石面层质量控制及检验方法

（1）大理石、花岗石面层采用天然大理石、花岗石（或碎拼大理石、碎拼花岗石）板材，应在结合层上铺设。

（2）板材有裂缝、掉角、翘曲和表面有缺陷时应予剔除，品种不同的板材不得混杂使用；在铺设前，应根据石材的颜色、花纹、图案、纹理等按设计要求，试拼编号。

（3）铺设大理石、花岗石面层前，板材应浸湿、晾干；结合层与板材应分段同时铺设。

1. 主控制项目及检验方法

（1）大理石、花岗石面层所用板块产品应符合设计要求和国家现行有关标准的规定。

检验方法：观察检查和检查质量合格证明文件。

检查数量：同一工程、同一材料、同一生产厂家、同一型号、同一规格、同一批号检查一次。

（2）大理石、花岗石面层所用板块产品进入施工现场时，应有放射性限量合格的检测报告。

检验方法：检查检测报告。

检查数量：同一工程、同一材料、同一生产厂家、同一型号、同一规格、同一批号检查一次。

（3）面层与下一层应结合牢固，无空鼓（单块板块边角允许有局部空鼓，但每自然间或标准间的空鼓板块不应超过总数的 5%）。

检验方法：用小锤轻击检查。

检查数量：按本规范第 3.0.21 条规定的检验批检查。

2．一般项目及检验方法

（1）大理石、花岗石面层铺设前，板块的背面和侧面应进行防碱处理。

检验方法：观察检查和检查施工记录。

检查数量：按本规范第 3.0.21 条规定的检验批检查。

（2）大理石、花岗石面层的表面应洁净、平整、无磨痕，且应图案清晰，色泽一致，接缝均匀，周边顺直，镶嵌正确，板块应无裂纹、掉角、缺棱等缺陷。

检验方法：观察检查。

检查数量：按本规范第 3.0.21 条规定的检验批检查。

（3）踢脚线表面应洁净，与柱、墙面的结合应牢固。踢脚线高度及出柱、墙厚度应符合设计要求，且均匀一致。

检验方法：观察和用小锤轻击及钢尺检查。

检查数量：按本规范第 3.0.21 条规定的检验批检查。

（4）楼梯、台阶踏步的宽度、高度应符合设计要求。踏步板块的缝隙宽度应一致；楼层梯段相邻踏步高度差不应大于 10mm；每踏步两端宽度差不应大于 10mm，旋转楼梯梯段的每踏步两端宽度的允许偏差不应大于 5mm。踏步面层应做防滑处理，齿角应整齐，防滑条应顺直、牢固。

检验方法：观察和用钢尺检查。

检查数量：按本规范第 3.0.21 条规定的检验批检查。

（5）面层表面的坡度应符合设计要求，不倒泛水、无积水；与地漏、管道结合处应严密牢固，无渗漏。

检验方法：观察、泼水或用坡度尺及蓄水检查。

检查数量：按本规范第 3.0.21 条规定的检验批检查。

（6）大理石面层和花岗石面层（或碎拼大理石面层、碎拼花岗石面层）的允许偏差应符合本规范表 8-11 的规定。

检验方法：按本规范表 8-11 中的检验方法检验。

检查数量：按本规范第 3.0.21 条规定的检验批和第 3.0.22 条的规定检查。

（二）塑料面层质量控制及检验方法

（1）塑料板面层应采用塑料板块材、塑料板焊接、塑料卷材以胶粘剂在水泥类基层上采用满粘或点粘法铺设。

（2）水泥类基层表面应平整、坚硬、干燥、密实、洁净、无油脂及其他杂质，不应有麻面、起砂、裂缝等缺陷。

（3）胶粘剂应按基层材料和面层材料使用的相容性要求，通过试验确定，基质量应符合国家现行有关标准的规定。

（4）焊条成分和性能应与被焊的板相同，其质量应符合有关技术标准的规定，并应有出厂合格证。

（5）铺贴塑料板面层时，室内相对湿度不宜大于 70％，温度宜在 10～32℃之间。

（6）塑料板面层施工完成后的静置时间应符合产品的技术要求。

（7）防静电塑料板配套的胶粘剂、焊条等应具有防静电性能。

1. 主控制项目及检验方法

(1) 塑料板面层所用的塑料板块、塑料卷材、胶粘剂等应符合设计要求和国家现行有关标准的规定。

检验方法：观察检查和检查形式检验报告、出厂检验报告、出厂合格证。

检查数量：同一工程、同一材料、同一生产厂家、同一型号、同一规格、同一批号检查一次。

(2) 塑料板面层采用的胶粘剂进入施工现场时，应有以下有害物质限量合格的检测报告：

① 溶剂型胶粘剂中的挥发性有机化合物(VOC)、苯、甲苯十二甲苯；

② 水性胶粘剂中的挥发性有机化合物(VOC)和游离甲醛。

检验方法：检查检测报告。

检查数量：同一工程、同一材料、同一生产厂家、同一型号、同一规格、同一批号检查一次。

(3) 面层与下一层的粘结应牢固，不翘边、不脱胶、无溢胶(单块板块边角允许有局部脱胶，但每自然间或标准间的脱胶板块不应超过总数的5%；卷材局部脱胶处面积不应大于 20cm^2，且相隔间距应大于或等于 50cm)。

检验方法：观察、敲击及用钢尺检查。

检查数量：按本规范第 3.0.21 条规定的检验批检查。

2. 一般项目及检验方法

(1) 塑料板面层应表面洁净，图案清晰，色泽一致，接缝应严密、美观。拼缝处的图案、花纹应吻合，无胶痕；与柱、墙边交接应严密，阴阳角收边应方正。

检验方法：观察检查。

检查数量：按本规范第 3.0.21 条规定的检验批检查。

(2) 板块的焊接，焊缝应平整、光洁，无焦化变色、斑点、焊瘤和起鳞等缺陷，其凹凸允许偏差不应大于 0.6mm。焊缝的抗拉强度应不小于塑料板强度的 75%。

检验方法：观察检查和检查检测报告。

检查数量：按本规范第 3.0.21 条规定的检验批检查。

(3) 镶边用料应尺寸准确、边角整齐、拼缝严密、接缝顺直。

检验方法：观察和用钢尺检查。

检查数量：按本规范第 3.0.21 条规定的检验批检查。

(4) 踢脚线宜与地面面层对缝一致，踢脚线与基层的粘合应密实。

检验方法：观察检查。

检查数量：按本规范第 3.0.21 条规定的检验批检查。

(5) 塑料板面层的允许偏差应符合本规范表 8-11 的规定。

检验方法：按本规范表 8-11 中的检验方法检验。

检查数量：按本规范第 3.0.21 条规定的检验批和第 3.0.22 条的规定检查。

(三) 地毯面层质量控制及检验方法

(1) 地毯面层应采用地毯块材或卷材，以空铺法或实铺法铺设。

(2) 铺设地毯的地面面层(或基层)应坚实、平整、洁净、干燥，无凹坑、麻面、起砂、裂缝，并不得有油污、钉头及其他凸出物。

（3）地毯衬垫应满铺平整，地毯拼缝处不得露底衬。

（4）空铺地毯面层应符合下列要求：

① 块材地毯宜先拼成整块，然后按设计要求铺设；

② 块材地毯的铺设，块与块之间应挤紧服帖；

③ 卷材地毯宜先长向缝合，然后按设计要求铺设；

④ 地毯面层的周边应压入踢脚线下；

⑤ 地毯面层与不同类型的建筑地面面层的连接处，其收口做法应符合设计要求。

（5）实铺地毯面层应符合下列要求：

① 实铺地毯面层采用的金属卡条（倒刺板）、金属压条、专用双面胶带、胶粘剂等应符合设计要求；

② 铺设时，地毯的表面层宜张拉适度，四周应采用卡条固定；门口处宜用金属压条或双面胶带等固定；

③ 地毯周边应塞入卡条和踢脚线下；

④ 地毯面层采用胶粘剂或双面胶带粘结时，应与基层粘贴牢固。

（6）楼梯地毯面层铺设时，梯段顶级（头）地毯应固定于平台上，其宽度应不小于标准楼梯、台阶踏步尺寸；阴角处应固定牢固；梯段末级（头）地毯与水平段地毯的连接处应顺畅、牢固。

1. 主控制项目及检验方法

（1）地毯面层采用的材料应符合设计要求和国家现行有关标准的规定。

检验方法：观察检查和检查形式检验报告、出厂检验报告、出厂合格证。

检查数量：同一工程、同一材料、同一生产厂家、同一型号、同一规格、同一批号检查一次。

（2）地毯面层采用的材料进入施工现场时，应有地毯、衬垫、胶粘剂中的挥发性有机化合物（VOC）和甲醛限量合格的检测报告。

检验方法：检查检测报告。

检查数量：同一工程、同一材料、同一生产厂家、同一型号、同一规格、同一批号检查一次。

（3）地毯表面应平服，拼缝处应粘贴牢固、严密平整、图案吻合。

检验方法：观察检查。

检查数量：按本规范第 3.0.21 条规定的检验批检查。

2. 一般项目及检验方法

（1）地毯表面不应起鼓、起皱、翘边、卷边、显拼缝、露线和毛边，绒面毛应顺光一致，毯面应洁净、无污染和损伤。

检验方法：观察检查。

检查数量：按本规范第 3.0.21 条规定的检验批检查。

（2）地毯同其他面层连接处、收口处和墙边、柱子周围应顺直、压紧。

检验方法：观察检查。

检查数量：按本规范第 3.0.21 条规定的检验批检查。

四、木、竹面层铺设

木、竹面层包括实木地板面层、实木集成地板面层、竹地板面层、实木复合地板面层、浸渍纸层压、木质地板面层和软木类地板面层等。

木、竹面层的允许偏差和检验方法应符合表 8-12 的规定。

木、竹面层的允许偏差和检验方法　　　　　表 8-12

项次	项目	允许偏差(mm)				检查方法
		实木地板、实木集成地板、竹地板面层			浸渍纸层压木质地板、实木复合地板、软木类地板面层	
		松木地板	硬木地板、竹地板	拼花地板		
1	板面缝隙宽度	1.0	0.5	0.2	0.5	用钢尺检查
2	表面平整度	3.0	2.0	2.0	2.0	用2m靠尺和楔形塞尺检查
3	踢脚线上口平齐	3.0	3.0	3.0	3.0	拉5m线和用钢尺检查
4	板面拼缝平直	3.0	3.0	3.0	3.0	
5	相邻板材高差	0.5	0.5	0.5	0.5	用钢尺和楔形塞尺检查
6	踢脚线与面层的接缝	1.0				楔形塞尺检查

（一）实木地板、实木集成地板、竹地板面层质量控制及检验方法

（1）实木地板、实木集成地板、竹地板面层应采用条材或块材或拼花，以空铺或实铺的方式在基层上铺设。

（2）实木地板、实木集成地板、竹地板面层可采用双层面层和单层面层铺设，其厚度应符合设计要求；其选材应符合国家现行有关标准的规定。

（3）铺设实木地板、实木集成地板、竹地板面层时，其木搁栅的截面尺寸、间距和稳固方法等均应符合设计要求。木搁栅固定时，不得损坏基层和预埋管线。木搁栅应垫实钉牢，与柱、墙之间留出 20mm 的缝隙，表面应平直，其间距不宜大于 300mm。

（4）当面层下铺设垫层地板时，垫层地板的髓心应向上，板间缝隙不应大于 3mm，与柱、墙之间应留 8~12mm 的空隙，表面应刨平。

（5）实木地板、实木集成地板、竹地板面层铺设时，相邻板材接头位置应错开不小于 300mm 的距离；与柱、墙之间应留 8~12mm 的空隙。

（6）采用实木制作的踢脚线，背面应抽槽并做防腐处理。

（7）席纹实木地板面层、拼花实木地板面层的铺设应符合本规范本节的有关要求。

1. 主控制项目及检验方法

（1）实木地板、实木集成地板、竹地板面层采用的地板、铺设时的木（竹）材含水率、胶粘剂等应符合设计要求和国家现行有关标准的规定。

检验方法：观察检查和检查形式检验报告、出厂检验报告、出厂合格证。

检查数量：同一工程、同一材料、同一生产厂家、同一型号、同一规格、同一批号检查一次。

（2）实木地板、实木集成地板、竹地板面层采用的材料进入施工现场时，应有以下有害物质限量合格的检测报告：

① 地板中的游离甲醛(释放量或含量);

② 溶剂型胶粘剂中的挥发性有机化合物(VOC)、苯、甲苯十二甲苯;

③ 水性胶粘剂中的挥发性有机化合物(VOC)和游离甲醛。

检验方法:检查检测报告。

检查数量:同一工程、同一材料、同一生产厂家、同一型号、同一规格、同一批号检查一次。

(3)木搁栅、垫木和垫层地板等应做防腐、防蛀处理。

检验方法:观察检查和检查验收记录。

检查数量:按本规范第 3.0.21 条规定的检验批检查。

(4)木搁栅安装应牢固、平直。

检验方法:观察、行走、钢尺测量等检查和检查验收记录。

检查数量:按本规范第 3.0.21 条规定的检验批检查。

(5)面层铺设应牢固;粘结应无空鼓、松动。

检验方法:观察、行走或用小锤轻击检查。

检查数量:按本规范第 3.0.21 条规定的检验批检查。

2. 一般项目及检验方法

(1)实木地板、实木集成地板面层应刨平、磨光,无明显刨痕和毛刺等现象;图案应清晰、颜色应均匀一致。

检验方法:观察、手摸和行走检查。

检查数量:按本规范第 3.0.21 条规定的检验批检查。

(2)竹地板面层的品种与规格应符合设计要求,板面应无翘曲。

检验方法:观察、用 2m 靠尺和楔形塞尺检查。

检查数量:按本规范第 3.0.21 条规定的检验批检查。

(3)面层缝隙应严密;接头位置应错开,表面应平整、洁净。

检验方法:观察检查。

检查数量:按本规范第 3.0.21 条规定的检验批检查。

(4)面层采用粘、钉工艺时,接缝应对齐,粘、钉应严密;缝隙宽度应均匀一致;表面应洁净,无溢胶现象。

检验方法:观察检查。

检查数量:按本规范第 3.0.21 条规定的检验批检查。

(5)踢脚线应表面光滑,接缝严密,高度一致。

检验方法:观察和用钢尺检查。

检查数量:按本规范第 3.0.21 条规定的检验批检查。

(6)实木地板、实木集成地板、竹地板面层的允许偏差应符合本规范表 8-12 的规定。

检验方法:按本规范表 8-12 中的检验方法检验。

检查数量:按本规范第 3.0.21 条规定的检验批和第 3.0.22 条的规定检查。

(二)实木复合木地板面层质量控制及检验方法

(1)实木复合地板面层采用的材料、铺设方式、铺设方法、厚度以及垫层地板铺设等,均应符合本规范第 7.2.1 条~第 7.2.4 条的规定。

（2）实木复合地板面层应采用空铺法或粘贴法（满粘或点粘）铺设。采用粘贴法铺设时，粘贴材料应按设计要求选用，并应具有耐老化、防水、防菌、无毒等性能。

（3）实木复合地板面层下衬垫的材料和厚度应符合设计要求。

（4）实木复合地板面层铺设时，相邻板材接头位置应错开不小于300mm的距离；与柱、墙之间应留不小于10mm的空隙。当面层采用无龙骨的空铺法铺设时，应在面层与柱、墙之间的空隙内加设金属弹簧卡或木楔子，其间距宜为200～300mm。

（5）大面积铺设实木复合地板面层时，应分段铺设，分段缝的处理应符合设计要求。

1. 主控制项目及检验方法

（1）实木复合地板面层采用的地板、胶粘剂等应符合设计要求和国家现行有关标准的规定。

检验方法：观察检查和检查形式检验报告、出厂检验报告、出厂合格证。

检查数量：同一工程、同一材料、同一生产厂家、同一型号、同一规格、同一批号检查一次。

（2）实木复合地板面层采用的材料进入施工现场时，应有以下有害物质限量合格的检测报告：

① 地板中的游离甲醛（释放量或含量）；

② 溶剂型胶粘剂中的挥发性有机化合物（VOC）、苯、甲苯十二甲苯；

③ 水性胶粘剂中的挥发性有机化合物（VOC）和游离甲醛。

检验方法：检查检测报告。

检查数量：同一工程、同一材料、同一生产厂家、同一型号、同一规格、同一批号检查一次。

（3）木搁栅、垫木和垫层地板等应做防腐、防蛀处理。

检验方法：观察检查和检查验收记录。

检查数量：按本规范第3.0.21条规定的检验批检查。

（4）木搁栅安装应牢固、平直。

检验方法：观察、行走、钢尺测量等检查和检查验收记录。

检查数量：按本规范第3.0.21条规定的检验批检查。

（5）面层铺设应牢固；粘贴应无空鼓、松动。

检验方法：观察、行走或用小锤轻击检查。

检查数量：按本规范第3.0.21条规定的检验批检查。

2. 一般项目及检验方法

（1）实木复合地板面层图案和颜色应符合设计要求，图案应清晰，颜色应一致，板面应无翘曲。

检验方法：观察、用2m靠尺和楔形塞尺检查。

检查数量：按本规范第3.0.21条规定的检验批检查。

（2）面层缝隙应严密；接头位置应错开，表面应平整、洁净。

检验方法：观察检查。

检查数量：按本规范第3.0.21条规定的检验批检查。

（3）面层采用粘、钉工艺时，接缝应对齐，粘、钉应严密；缝隙宽度应均匀一致；表面应洁净，无溢胶现象。

检验方法：观察检查。

检查数量：按本规范第 3.0.21 条规定的检验批检查。

(4) 踢脚线应表面光滑，接缝严密，高度一致。

检验方法：观察和用钢尺检查。

检查数量：按本规范第 3.0.21 条规定的检验批检查。

(5) 实木复合地板面层的允许偏差应符合本规范表 8-12 的规定。

检验方法：按本规范表 8-12 中的检验方法检验。

检查数量：按本规范第 3.0.21 条规定的检验批和第 3.0.22 条的规定检查。

复 习 思 考 题

1. 试述水泥砂浆地面的施工过程。

2. 水泥砂浆地面质量要求有哪些内容？

3. 现制水磨石地面的分格条如何安置？分格条起什么作用？

4. 何谓现制水磨石地面的"两浆三磨"？

5. 试述条木地板、拼木地板和复合木地板等材料的构造特点及主要性能和应用。

6. 用流程的方式写出条木地板空铺的施工过程及质量要求？

7. 为什么说复合木地板属于"悬浮"地板？其铺设过程如何？

8. 塑料地板的原材料主要品种有哪些？它们的主要性能特点是什么？

9. 试述半硬质塑料地面的铺贴过程。

10. 塑料地板块铺贴前的"脱蜡"工序如何进行？为什么要脱蜡？

11. 陶瓷板块铺贴前怎样找基准？

12. 试述陶瓷板块地面铺贴的质量要求。

13. 地毯就原材料不同有几种？它们各自的主要性能特点是什么？

14. 试述成卷式地毯固定铺设的施工过程。

15. 试述楼梯地毯铺设的施工过程。

第九章 细部装饰工程

建筑物室内细部装饰工程一般指木质护墙板安装、窗帘盒、窗台板、散热器罩制作与安装、门窗套制作与安装、护栏和扶手制作与安装以及内墙镜面制作与安装等。细木装饰都具有天然木材的纹理、质感，使室内具有自然、朴实的气氛，给人们创造一个幽雅、美观、舒适的工作与生活环境。

第一节 细木装饰工程

一、木质板材装饰

内墙木质板材包括微薄木板、木板、胶合板、纤维板、曲柳板、榉木板、核桃木板、木丝板和软木板等。

（一）微薄木贴面板装饰

微薄木贴面板是由天然木材经过木材切片机切片加工成厚薄均匀、木纹清晰的薄木片，然后再附上一层增强用的衬纸复合而成。

微薄木保留了天然木材的真实质感、花色和纹理，并具有很好的柔性。微薄木可以上色及做各种油漆饰面，也可以做各种板材基层的面层，还可以直接做裱糊材料，粘贴在混凝土及抹灰的墙面上，装饰效果自然、逼真，给人以回归大自然美的感受。

1. 施工准备

（1）材料准备

微薄木，目前生产厂家提供的微薄木贴面板规格为 2100mm×1350mm×(0.2～0.5)mm。要求一次备齐到位。

胶粘剂，聚醋酸乙烯乳胶。

清油，清漆加香蕉水拌匀，做封底油使用。

腻子，同粘贴塑料壁纸打底的腻子。

面漆，各种无色、无味的罩面油漆。

（2）工具准备

主要工具有弹线盒、钢卷尺、铝合金直尺或钢直尺、裁刀、电熨斗及 0 号砂纸等。

2. 施工过程

（1）基层处理 清扫墙面上的浮尘、残灰；凸出部分要剔平；凹坑要用 1∶3 的水泥砂浆补平；油污要清除干净，必要时用强碱溶液刷洗，再用清水冲洗；墙面上安装的电器开关等要拆下，然后满刮腻子找平整并用 0 号砂纸打磨。

第一遍腻子干后要打磨砂纸，接着，刮第二遍腻子，干后仍用砂纸打磨平整。

刷封底油一遍，底油要涂刷均匀，厚薄一致，不准漏刷。刷封底油的目的一是防止墙体返潮浸湿面板，二是为下一步微薄木贴面板粘贴的牢固。

弹线、找规矩是在墙中位置弹出垂直准线，确定第一幅微薄木贴面板的位置。弹线时，应考虑整个墙面粘贴时，木纹拼接的要合理、自然，同时裁割加工量要少。

（2）粘贴面板

① 刷胶　用干净的漆刷蘸取胶液，均匀地涂刷在微薄木贴面板的背面和被粘贴的基层表面。涂层要均匀，边角都要刷到，宽度要宽于贴面板 20～30mm，不准漏刷。

② 粘贴　刷胶后的基层表面和微薄木板的背面 10～15min，胶液呈半干状态时，用手提起微薄木板上端的两角，自上而下地贴在基层上。要求是从上到下沿着事先弹出的准线逐段粘贴，一边对准弹线，一边用手抚平，要赶出气泡，切忌一次贴完整幅微薄木板，以免因对不齐弹线而造成拼缝误差和木板起翘。

③ 接缝处理　微薄木粘贴采取叠缝，即将第二张微薄木板与前一张微薄木板的边缘紧靠，随贴随用电熨斗熨平、服帖，拼缝处不准有张口、离缝现象。熨烫时可以在熨斗下垫一层湿布，以免将微薄木板烫坏。

④ 涂刷罩面漆　微薄木板贴完后，经检查无质量缺陷后，可刷罩面漆一遍，然后清理表面，交活验收。

3. 施工要点

（1）微薄木贴面板在运输、入库、出库以及存放中，应保护好端头不被碰撞、损坏，破损了的微薄木板端头需裁割下来后才准使用。

（2）存放过久或因保管不当，已经造成卷曲变形了的微薄木板，使用前可用清水喷洒，然后放在平整的纤维板上，加压校正为平整的板面后并晾至九成干，才准使用。

（3）粘贴微薄板的房间，必须具备一次完成粘贴的条件。当墙面高低尺寸不一致时，应使用钢卷尺测量四周，然后以最高尺寸作为落料的尺寸。

（4）粘贴时，遇到阴阳角部位，可不必裁割微薄木板，直接按顺序粘贴过去，以确保微薄木板的木纹连接不被割断。

（二）木质护墙板装饰

木质护墙板有局部的和全高的两种。面板的种类有木板、胶合板和企口板等。

当前，在室内装饰工程中，木墙裙（局部）和全高装饰墙板的施工，多采用方木为固定面板的龙骨（木筋），然后将胶合板钉固在上面作为饰面板。这种做法主要因为胶合板材源丰富，现场加工和艺术造型也比较灵活，再配装上各种木线和花饰，可以构成形式多样的平面和立面的内墙装饰效果，同时，胶合板的面层还可以进行油漆、涂料、裱糊壁纸、墙布以及镶装各种金属、塑料板材，以满足不同使用功能和装饰风格的要求。

1. 施工过程

（1）弹线、查（做）预埋件　根据施工图上尺寸的要求，从 500mm 线上返在墙面上，划出水平标高线，弹出竖向分档线。根据档线在墙面上用电锤打孔、预埋木楔；若为砖墙，在砌砖时则要埋入木砖。电锤钻孔的间距和木砖预埋的间距，横、竖一般均不超过400mm，经检查，凡预埋件的位置不符合木墙筋（龙骨）的分档尺寸要求或预埋件的数量不够，都要按设计要求进行补救或补做。

（2）制作、安装木墙筋（龙骨）　建材市场上提供的木方子多为 25mm×30mm 的带有凹槽的原材，拼装成龙骨框格的尺寸有 300mm×300mm 和 400mm×400mm（指龙骨框格中心线的间距）。如果护墙板饰面面积不太大，其龙骨可以先在地面上一次性拼装，然后将其钉固在墙面上；若饰面面积大，龙骨架还可以先在地面上分片拼装，然后再联片组装，最后固定在墙面上。

龙骨应与每个预埋木楔或木砖钉牢。在木砖上固定龙骨要钉两颗钉子，钉位要上下斜角错开；在木楔上固定，其木楔的预埋深度应不浅于 50mm，位置应在弹线的交点上。木砖、木楔预埋前都要做防腐处理。

局部护墙板（木墙裙）的木龙骨架可以一次性钉装在墙面上；全高护墙板的龙骨架需要根据房间四角和上下龙骨架角先找正、找平，按面板分块大小由上到下做好木标筋，然后，在空档内按设计要求钉装横竖龙骨。

龙骨安装完毕，要检查立面的垂直度、表面的平整度，阴阳角要用方尺套方。当发现有较大的安装误差，而且必须进行调整时，可以采取在木龙骨下面垫方木块的方法，但方木块必须与木龙骨钉牢。

木质护墙板作建筑内墙装饰，若墙体会有潮湿作用，在木龙骨安装之前，应在墙面与龙骨之间加做防潮层，防潮层可以铺一层防水卷材，也可以在墙面上刷两遍聚氨酯防水涂料，以防止饰面板因受潮而产生变形。

（3）面板装钉　胶合板面板可以采取射钉或圆钉与木龙骨钉固。铺钉时要求分布均匀，钉距在 100mm 左右。

圆钉固定胶合板时，厚度在 5mm 以下的胶合板，用 25mm 长的圆钉；厚度在 5mm 及以上的胶合板，应使用 30～35mm 长的圆钉钉固。圆钉的钉帽要先砸扁，后顺木纹方向钉入板内 0.5～1.0mm，然后先给钉帽涂防锈漆，再用腻子将钉眼腻平。

射钉固定胶合板时，可使用 15mm 长的射钉，钉头可以直接埋入板面内。为了保证钉固质量和操作上的安全，射钉时应将钉枪嘴垂直顶压在板面后，再扣动扳机射钉。

钉固面板拼缝处的压条时，接头处要先加工出暗榫。立条所用板材应是通长的整料，不准几段拼接。钉固时要起榫割角，砸扁钉帽，然后顺木纹方向将钉子砸入板面 3mm 左右。木质较硬的压条，为了避免将木条钉裂，应先用木钻钻出通孔，然后再进行钉固，同时要注意在砸钉子时不准破坏板面。硬木压条钉固完毕，也要统一处理钉帽，处理方法同面板钉帽。钉固完的压条所有端头应规格一致，割角必须严密。

（4）刷交活漆　木质装饰板材的质感和纹理显示出自然美、材质美和高雅、古朴的艺术品位。如红松、楠木、枫木、水曲柳和白松等，这些板材的纹理均匀、舒展大方，作护墙板用时，应使用显木纹，至少半显木纹的油漆作为交活漆涂饰。

红松、水曲柳、枫木、柚木和柞木等呈红褐色的深色板材，透明涂饰后，则显示其深沉、凝重与高雅的格调；白松等本身颜色为浅淡者，可以利用它们天然的白底，再涂上白色的粉底，用清漆涂刷后，既透明，又可以显示出饰面的清淡与名贵。反之，对于材质较差，表面色彩和纹理都不符合要求的板材，可以使用混色油漆作不透明的涂饰，以覆盖其表面的缺陷。

木质护墙板刷漆的顺序是先在板面用砂纸打磨、刮腻子找平，再涂刷油漆，最后在饰面层满打工业蜡并擦出亮光。

2. 木质护墙板装饰施工质量要求

（1）饰面板安装必须牢固，无脱层、鼓包、翘曲和折裂等缺陷。

（2）横竖龙骨的安装位置应正确，连接牢固，无松动现象。

（3）饰面板表面应平整、洁净、颜色应一致，无污染锈斑、麻点及锤印。

（4）饰面板的拼缝应宽窄一致、整齐，压条的宽窄也应一致，纵横拼缝必须严密。

（5）饰面板（胶合板）安装质量要求表面平整度用 2m 靠尺和楔形塞尺检查不准超过 2mm；立面垂直度用 2m 托线板检查不准超过 3mm；压条平直度拉 5m 线，不足 5m 的拉通线和量尺检查不准超过 3mm；接缝平直度安装质量要求与压条平直度安装精度要求相同；接缝高低用直尺和塞尺检查不准超过 0.5mm；压条间距用尺量检查不准超过 2mm。

二、木窗帘盒的安装

安装在建筑物内墙窗口顶部，用于挂窗帘的细木装饰制品，包括窗帘盒和窗帘轨两个部分。最简单的窗帘盒内用钢筋（镀锌光圆钢筋）或木棍挂窗帘，多数情况采用的是窗帘轨道。窗帘轨有单轨、双轨和三轨三种形式，窗帘在轨道上的移动又有手拉和电动拉两种。

木窗帘盒分明窗帘盒和暗窗帘盒两种。明窗帘盒用于室内标高矮，不做吊顶装饰的房间；暗窗帘盒则适合用于室内标高高，且为吊顶装饰的房间，图 9-1 所示为常用的单轨明、暗窗帘盒节点构造。

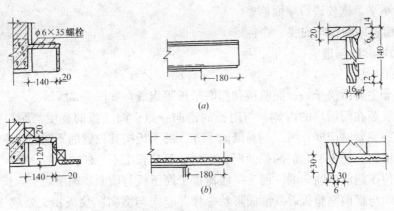

图 9-1　窗帘盒节点构造

（a）单轨明窗帘盒；（b）单轨暗窗帘盒

（一）施工准备

1. 窗帘盒的制作

窗帘盒制作要根据设计要求精选木料，下料后用机刨刨平、刨光，达到图纸上要求的尺寸。组装时，要按照先胶粘，后钉固的顺序进行，所有接头都要严密、连接牢固，并随时将挤出来的胶液擦拭干净。若决定采用钢筋或木棍作窗帘杆时，在窗帘盒制作时，要在盒的两端预先钻孔，以便窗帘杆安装时固定。

2. 预埋件的检查与补做

墙体结构为砖砌体，在主体结构施工时，已按设计要求预埋了防腐木砖；混凝土墙体结构已预埋了铁件，窗帘盒安装之前，要检查这些预埋件的位置和数量是否符合安装要求。若墙体上未做预埋件，则要按设计要求的间距和位置，用电锤打孔，预埋膨胀螺栓，补做预埋件，作为窗帘盒安装时连接之用。

（二）窗帘盒安装

1. 窗帘轨的安装

明窗帘盒先安装窗帘轨，暗窗帘盒的窗帘轨可以后安装。

安装前要先检查窗帘轨的外形和尺寸是否合乎安装要求，遇有不合格者要进行修整或调换。如钢筋窗帘轨全长有弯曲变形的应予调直，以免安装后窗帘环在上面运行时发生阻碍。

当窗宽超过 1.2m 时，可以在窗帘轨中间部位断开，在断开的钢筋轨处要煨弯错开，其弯曲角度应平缓，两端的搭接长度应不小于 200mm。

2. 窗帘盒的安装

室内同一墙面需要安装两个或两个以上的窗帘盒时，为了保证它们都在同一平面上，安装前，要弹出公共基准线。公共基准线的弹法是从室内墙面 500mm 线往上返，找到窗帘盒的上口设计标高，在安装窗帘盒的墙面上弹出水平通线，这条通线则是各窗帘盒安装时的基准线，在线位上安装，可以保证各窗帘盒的位置高矮一致。

窗帘盒的长度由窗洞口的宽度决定，一般要比洞口宽出 300mm 或 360mm。安装时，先将窗帘盒中部与洞口中线对齐，两端的外伸长度应一致，然后借助于窗帘盒顶板上面的连接件，通过螺栓与墙面预埋件连接并紧固。

窗帘盒的靠墙部分应与内墙面紧贴无缝隙，若达不到此要求，可修刨窗帘盒的盖板；若发现墙面不平，则要进行墙面修整。

三、门窗套的制作与安装

（一）门窗套的构造

1. 门套的构造

木质门套主要由筒子板、贴脸板和门墩子板等组成，如图 9-2 所示。

筒子板安装在门洞口的内侧，与门框的走向一致。筒子板的宽度与洞口的进深相匹配，且要求一侧紧贴门框，另一侧与墙面平齐。筒子板按其位置的不同分为左、右竖向筒子板与梁底横向筒子板，它们的截面形状相同，只是长度不一样。

贴脸板位于门洞口朝向的一面，一般覆盖于筒子板与墙面装饰层之上，按其设置的位置不同分竖向与横向贴脸板，其截面形状一样。竖向与横向贴脸板相交处成 45°割角。小型的贴脸板只起遮盖门框与墙面灰缝的作用，所以又称盖灰条。

门墩子是竖向筒子板和贴脸板下端收口的延续部分，略高于相邻的踢脚板，并突出 3～5mm，外形基本上与上部的筒子板和贴脸板相似。为了简化装饰，可直接在贴脸板下安装门墩子。

2. 窗套的构造

木质窗套由筒子板、贴脸板和窗台板等组成，如图 9-3 所示。

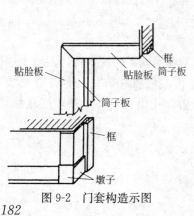

图 9-2 门套构造示意图

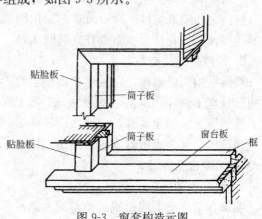

图 9-3 窗套构造示意图

窗套中的贴脸板和筒子板构造要求和做法基本同门套，只是对其通风、防潮要求较高。

（二）门窗套安装

细木装饰为了节省木材常用大芯板作底衬板，用曲柳板或榉木板贴皮，其施工工艺流程一般为：选料→弹线→下料→门窗框与墙体交界处按门窗套的设计宽度和钉固间距在墙体上用电锤打孔、预埋木楔→钉固小方木龙骨→小圆钉或高压空气射钉固定衬板于龙骨上→曲柳板或榉木板板皮粘贴→钉固板皮→腻钉眼→喷涂硝基亚光漆。

四、木窗台板装饰

窗台板的作用是保护和装饰窗台。在同一房间内装两个或两个以上窗台板，安装前，应先拉出水平通线，以保证各窗台板的标高一致。水平通线的拉法，同样要从墙面的500mm公共基准线上返找出窗台板的设计标高并统一拉线。

窗台板的长度应比窗框长出120mm左右，窗台板的安装位置应保持和窗子对称。当窗台板的宽度比窗框宽度大过150mm时，在拼缝处的背面要加穿暗带，以防窗台板翘曲变形。

砖墙结构需要安装窗台板时，墙体砌筑到窗台面时要预埋木砖，木砖埋设前要做防腐处理，木砖的间距以500mm为宜，每樘窗应不少于两块。将加工好了的窗台板放置在窗台的墙面上，对准窗子洞口的中线，窗台板的里边要嵌入窗框的下槛槽内。钉固时先将圆钉钉帽砸扁，再与预埋木砖钉固。钉帽要钉入窗台板面 1~1.5mm，然后腻好钉眼，并在窗台板的下部与墙交角处装钉三角木压条（窗台线）起遮缝的作用，最后刷好罩面漆。窗台板的节点构造如图9-4所示。

混凝土墙体需要安装窗台板时，若在主体结构施工时未做出预埋件，可以用电锤打孔，预埋木楔的方法补做预埋件，窗台板的安装方法与安装要求同在砖墙窗台面上安装窗台板，不再重复。

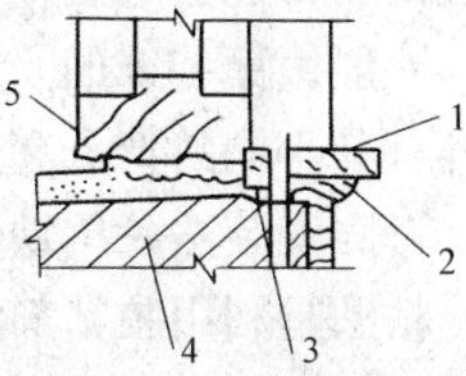

图 9-4　窗台板节点构造图
1—窗台板；2—窗台线；3—木砖；4—砖墙；5—框下槛

在砖墙或混凝土窗台面上安装窗台板，都要使超出窗洞口两侧墙的外伸端长度相等。窗台板钉固时，其板面都要向室内略有倾斜，倾斜的坡度约为1%。

五、散热器罩的安装

散热器罩同属于一种室内的细木装饰，同时对散热器片等散热装置起着保护的作用。

室内散热器罩的基本形式有整体开窗式和镶嵌开窗式两种。安装时，先在内墙面上弹出水平通线，作为室内各组散热器罩的安装基准。

散热器罩的安装方法一种是三面板固定安装法，这种安装方法是先在内墙面上按要求的尺寸预埋木条（电锤打孔，预埋木楔，钉固木条），然后从两侧木条和上部木条向散热器罩内三面板上以斜钉钉固散热器罩；另一种安装方法是散热器罩的上沿与墙面预埋的木条固定，下沿用木压条（三角木压条）固定。这种安装方法多用于室内做木地面装饰，即散热器罩的下沿与木地板的板面用三角木压条钉固。

六、木挂镜线装饰

木挂镜线是装钉在内墙面上部的一圈带有一定线型要求的木条，用来挂吊镜框、条幅壁画，同时具有一定线形美的装饰效果。

挂镜线安装前选好木材并加工好后，先在墙面上按设计标高弹出基准线。基准线的弹法是从室内墙面上的 500mm 线上返找出挂镜线的设计标高，四墙拉出水平线。砖砌体按每隔 500mm 左右的间距预埋 600mm×1200mm×1200mm 的木砖，阴阳角两侧都要预埋木砖，且木砖预埋前必须做防腐处理。木砖外面再按抹灰层的厚度钉固 20mm×30mm×30mm 的防腐木块，作为钉固挂镜线之用。

木挂镜线不准任意接长，凡接长处必须赶在木砖上，即两段接长的挂镜线要整齐地排列在木砖上，并进行钉固。挂镜线所有接头都必须锯切成 45°角，接头处的缝隙应严密，表面应光滑、平整，不显接槎。挂镜线钉固时钉帽要先砸扁，并且要钉入木挂镜线表面 1mm 左右，然后用与木挂镜线相同颜色的腻子腻平钉眼，最后刷罩面漆。

混凝土墙体墙面做挂镜线装饰，又未在墙体上做预埋件，可以按挂镜线的设计标高和钉固的间距用电锤打孔，预埋木楔的方法来钉固挂镜线；若混凝土墙面或抹灰墙面光滑、平整，也可以采用胶粘的方法，直接将木挂镜线粘贴在墙面规定的位置上。

建筑物室内标高较矮，挂镜线也可以做在分层吊顶的顶面与墙面交接的阴角处，即与阴角线合并的做法。

第二节　内墙镜面装饰

建筑物内墙、内柱面进行镜面装饰，饰面层会显得格外整洁、亮丽，同时，各种颜色的镜面装饰还会起到扩大室内空间、反射景物、创造环境气氛的作用。

一般镜面装饰的安装方法有三种，即钉固安装法、粘贴法和托压安装法，每种安装方法都有其不同的特点和适用的范围。

钉固安装法是用铁钉或螺钉为固定件，将镜面固定在木框上或直接固定在墙面或柱面上；粘贴是利用胶粘剂将镜面粘贴在木衬板或直接粘贴在墙面上；托压安装法则是要求在镜面的四周或上下用金属型材、塑料或木材，将镜面固定在墙面或柱面上。

一、施工准备

（一）材料准备

镜面材料有普通平镜、茶色镜和各种花饰特制镜等；镜面装饰要求不很高的内墙面和柱面，还可以使用压花玻璃、磨砂玻璃、钢化玻璃或喷漆玻璃等，可以取得近似的镜面装饰效果。

平镜和茶镜可以根据装饰需要的实际规格、尺寸在现场切割，小尺寸的镜面厚度为 3mm，大尺寸的镜面厚度在 5mm 以上。

镜面装饰需要的底衬材料有木方子、胶合板、防水涂料或防水卷材等。

固定镜面的材料主要有铁钉、螺钉、环氧树脂、玻璃胶、盖条（金属型材、铝合金型材或木材等）和橡胶垫圈等。

（二）机具准备

镜面装饰施工所用的机具有玻璃手电钻、玻璃打胶筒、玻璃吸盘、玻璃刀、水平尺、托线尺、锤子和螺丝刀等。

（三）基层处理

基层表面应处理得光滑、平整，无明显的凹凸部分。混凝土墙体装饰时应按镜面安装图的要求做预埋件，预埋件的做法是用电锤打孔，孔的间距纵、横各为 500mm，孔的深度不浅于 70mm，然后预埋木楔；砖墙装饰时应检查砌砖时所埋木砖的数量、间距是否符合安装镜面的要求，且砖的表面应抹灰。

为了防止衬板受潮和镜面因受潮造成水银层脱落，镜面失去光泽，镜面安装前要先在基层表面做防潮层。防潮层可采取"一油一毡"的做法，即在基层表面刷一层热沥青，随后贴铺一层油毡；也可以在基层表面满刷两遍聚氯酯防水涂料。

二、施工过程

（一）立墙筋

按设计要求先在墙面上弹出垂线，拉出水平通线，并以此作为立墙筋的基准。

小块镜面安装多为单向墙筋；大块镜面安装可以双向立筋。横竖墙筋的位置要按弹线的位置安放，要求横平、竖直，并能与木砖或预埋的木楔钉固。

墙筋一般采用 40mm×40mm 或 50mm×50mm 的木方子，木墙筋钉固后用靠尺检查其平整度应符合安装精度要求。

（二）钉固衬板

衬板可以是木板，也可以用胶合板。衬板表面应无翘曲和起皮的现象，表面应平整、光洁。衬板的尺寸可以稍大于木筋的间距尺寸，但板与板的拼缝要落在墙筋上。

衬板用小圆钉钉固在木筋上，钉头要钉入板内，以免影响镜面安装。

（三）安装镜面

1. 下料

安装一定尺寸的镜面要从大片的镜面上切割下料。切割镜面应在台案或平整的地面上进行，上面要铺好橡胶板或线毯。先将大片镜面置于台案或地面的垫板（毯）上，按设计要求量好尺寸，然后以靠尺板作依托，用玻璃刀一次从头划到尾，再将镜面切割线处移至台案边缘，一端用靠尺板按住，以手持另一端，快速向下扳，完成下料。

镜面下料后要编号分别堆放，以备安装之用。镜面切割下料和搬运时，操作者要戴手套，以免划伤。

2. 钻孔

镜面安装用螺钉固定的要先钻孔。钻孔的位置应设在镜面的边角处。钻孔时，先将镜面平放在工作台面上（或地面），按钻孔的位置量好尺寸，用色笔做出标记，或用手电钻的小钻头钻出一小盲孔。钻机上安装的钻头直径应稍大于固定螺钉的外径，然后双手持玻璃钻垂直于玻璃面，启动钻机，用力下按进行钻削。钻孔时要连续向钻孔处浇水冷却，直至孔钻通畅为止，但要注意当孔快钻透时应适当减小对钻机的压力。

3. 镜面安装

（1）螺钉固定安装法　用直径为 3～5mm 的圆头螺钉或平头螺钉，通过玻璃上的孔眼拧固在墙筋上，使镜面固定。

安装顺序一般是自下而上、自左至右地进行。有衬板的应按每块镜面的位置在衬板上先弹线，然后按弹线的位置安装。

安装时，将已钻好孔的玻璃拿起，放在拟定的安装位置上，在孔眼中穿入螺钉，套上橡胶垫圈，用螺丝刀将螺钉逐个地拧入木筋，但不要拧得太紧，并依次安装完毕。镜面全部固定后，用长靠尺靠平，将稍高于其他镜面的部位再拧紧一下螺钉，直至全部调平为止，螺钉固定法安装完的镜面如图 9-5 所示。

安装完的镜面之间的缝隙用玻璃打胶筒打入玻璃胶嵌平，要求密实、饱满、均匀，且不准污染镜面。

（2）嵌钉固定安装法　嵌钉固定安装镜面是用铁钉钉在墙筋上，将镜面玻璃的四个角压紧的固定方法。

在平整的木衬板上先做防潮层，若防潮层采用防水卷材，则在衬板上满铺一层，两端用木压条临时固定，以保持防水卷材的平整，并紧贴在木衬板上。然后在防水卷材或涂料防潮层上按镜面玻璃的大小分块弹线。镜面的安装顺序同样为自下而上、从左向右地进行。

多排镜面安装时，安装第一排时，嵌钉要临时固定，待装好第二排时再拧紧，其他要求同螺钉固定安装法。镜面嵌钉固定安装法如图 9-6 所示。

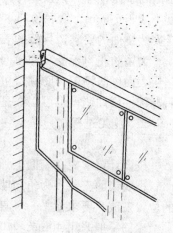

图 9-5　螺钉固定镜面

（3）托压固定安装法　这种安装方法是靠压条和边框将镜面托压在墙面上。压条和边框可以使用木材，也可以使用铝合金型材。压条为木材时，条长同镜面长度，宽度为 30mm，在压条表面可做出装饰线，每隔 200mm 钉钉子固定，钉头要埋入木压条表面 0.5～1.0mm，然后用腻子找平后刷漆。由于钉子要从镜面玻璃缝中钉入，所以，两块镜面之间的缝宽至少应为 10mm 左右，弹线分格时要注意这个问题。

安装时，先在基层上弹线，然后按弹线位置从下向上用压条压住两块镜面间的接缝处。先用竖向压条固定最下一排镜面，待安放好上一层镜面后，再固定横向压条，如图 9-7 所示。

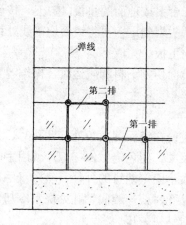

图 9-6　嵌钉固定镜面

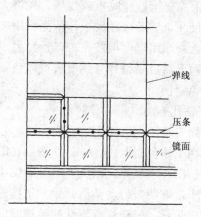

图 9-7　托压固定镜面

（4）粘结固定安装法　粘结固定安装镜面是指用玻璃胶或环氧树脂胶等胶粘剂将镜面粘贴在木衬板上的固定方法。

粘贴前，首先检查木衬板的平整度和固定的牢固程度，因为这种安装方法，镜面的重量全部是借助于木衬板来传递的，所以，木衬板本身必须在墙面上固定牢固。然后对衬板表面进行清理，表面的污物和浮尘要清理干净，以免影响粘结强度。接着在木衬板上按镜面分块尺寸弹线，刷胶粘剂。胶粘剂应涂刷均匀，不要涂得太厚，但也不准漏涂。每次刷胶面积不要过大，要随刷随贴，并及时将从镜面接缝处挤出的胶液擦净。

粘贴镜面要按弹线分格自下而上地进行。多层镜面粘贴时，应待第一层镜面粘贴并具有一定粘结强度后，再进行上一层镜面的粘贴。

以上四种镜面安装方法除托压固安装法，其余三种安装固定镜面的方法，还可以在镜面的周边加框，一方面起封闭镜面端头的作用，同时具有一定的装饰效果。

三、施工要点

1. 镜面的品种、规格和颜色的选定必须符合设计要求。

2. 镜面进场后应入库，库房应保持干燥、通风，镜面玻璃都要立放，严禁平放或斜放。

3. 在同一墙面上安装同一种颜色的镜面玻璃时，最好是同一批的产品，以免安装后颜色深浅不一致。

4. 安装固定后的镜面表面应达到平整、清洁，按缝顺直、严密，不准出现松动、翘起、裂纹和缺棱、掉角等现象。

第三节　楼梯栏杆与扶手安装

在屋面、平台、阳台和楼梯上临空的一侧垂直方向设置安全护栏，可以阻挡人们误跨而坠落，护栏的一般构造形式为栏板或栏杆。凡以板状构件为阻挡设施的称为栏板；以垂直杆件作为阻挡设施的称为栏杆，其外形如图9-8所示。

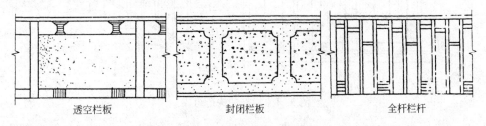

透空栏板　　　　　　　封闭栏板　　　　　　　全杆栏杆

图9-8　栏板与栏杆的外形

一、楼梯栏杆

（一）栏杆的外形

1. 按侧面形状不同楼梯栏杆有矩形、斜形和曲面形，如图9-9所示。

2. 按在楼梯上栏杆所在位置不同分为梯段栏杆、中间栏杆、平台栏杆和靠墙栏杆，如图9-10所示。

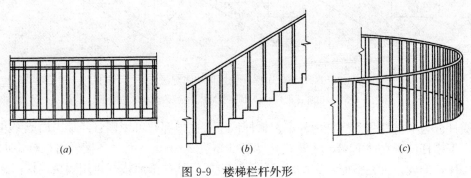

(a)　　　　　　　　　　(b)　　　　　　　　　　(c)

图9-9　楼梯栏杆外形
(a)矩形；(b)斜形；(c)曲面形

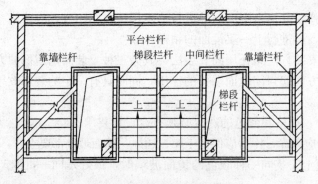

图 9-10　楼梯中栏杆的设置

3. 栏杆的高度如设置在楼梯上为 900mm（楼梯踏步中间到栏杆顶面之间的垂直距离）；设在平台上的栏杆高度为 1100mm。

（二）栏杆的构造

楼梯栏杆一般由立柱、竖杆、上横梁、扶手和饰件等组成，如图 9-11 所示。

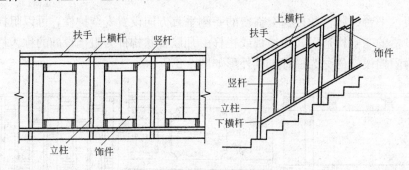

图 9-11　栏杆的构造组成

栏杆中的立柱是栏杆中主要承受载荷的构件，上面与扶手相连，下端与楼面板或踏板固定，固定方法多为埋入式、电焊接或套接法，如图 9-12 所示。

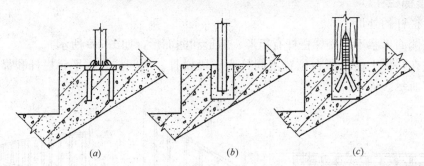

图 9-12　栏杆立柱下端固定法
(a)电焊接埋件；(b)预留孔埋入；(c)套接连接

横杆分为上横杆和下横杆两种，上横杆位于立柱顶部，可用钢管经加工而成，并兼作扶手；下横杆位于立柱下端，其设置高度不准超过 200mm。上、下横杆将栏杆中的立柱联成一体，形成一个完整而稳定的承载体系。金属立柱与金属横杆可用焊接连接；金属立柱与木质横杆可用螺钉连接；木质立柱与木质横杆之间用榫接连接。

（三）栏杆的安装

1. 弹线

根据设计要求定出各梯段、平台段上栏杆的平面设置位置线，然后拉线定出各立柱的安装控制线，将线在踏步面上或平台面上一一画出。

根据楼地面、平台的标高，定出栏杆的控制高度点，并将此值写在相应的立柱安装位置处。

2. 安装栏杆

（1）分件安装法是指逐个安装栏杆件。其安装流程为：弹控制线→安装栏杆两端的立柱→调整好吊直和标高值后拉通线→在通线中逐个安装各立柱→分别吊直，确保各立柱顶在同一直线上→安装上、下横杆→联接上、下相邻栏杆段→安装栏杆饰件。

（2）综合安装法是预先拼装相应长度的栏杆段，然后安装栏杆饰件。其安装流程为：按上、下平台踏步处的立柱控制线将整片栏杆段就位→调整标高和吊垂后固定两端立柱→固定栏杆段的中间其他立柱→连接上、下相邻位置的栏杆段→安装栏杆饰件。

楼梯栏杆中的饰件除了为取得一定装饰效果之外，主要是加强栏杆的整体刚度。楼梯栏杆中的饰件由竖杆及相应的木质或金属花饰等组成。

二、楼梯扶手

扶手是栏杆顶部构件，起扶助人们安全行走的作用。金属杆件之间的扶手采用电焊连接；木质扶手和金属杆件之间可采用螺钉连接，如图 9-13 所示。

靠墙栏杆一般可不设立柱，而是将扶手直接固定在墙身上，如图 9-14 所示。

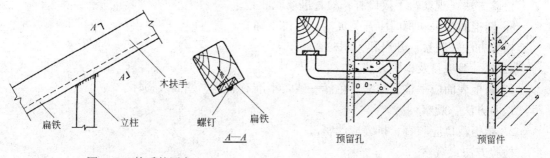

图 9-13　扶手的固定　　　　　　　图 9-14　靠墙扶手固定

楼梯扶手分直扶手、弯头扶手和异面曲线扶手三种形式。

楼梯扶手的安装：

1. 安置与固定

楼梯扶手的安置与固定方法应由下向上顺序进行。先将每段直扶手与相邻的弯头连接好，然后再放在钢板上进行整体连接。若扶手的截面高度超过 100mm 时，用于固定扶手的双头螺栓上部应加暗栓，以防接头处产生扭转移位。

钢板下固定扶手的木螺钉，安装时要对直，螺钉肩部不准露出扁钢面。安装时遇到硬木扶手可先钻孔后拧入螺钉，钻孔时孔经应略小于木螺钉的直径，孔深应不浅于木螺钉长度的 2/3。

2. 修整

扶手安装完毕，接头处应用木锉、短刨、斜凿和砂纸等工具再做修整。

修整后应使扶手外观平整、光滑、和顺。修整扶手时应注意保护好栏杆，不要碰撞和污染。

第四节　细部装饰工程施工质量要求及检验方法

国家现行标准《建筑装饰装修工程质量验收规范》（GB 50210—2001)规定，对橱柜制作与安装、窗帘盒、窗台板、散热器罩制作与安装、门窗套制作与安装、护栏和扶手制作与安装以及花饰制作与安装的施工质量控制及检验方法分主控制项目和一般项目。

一、橱柜制作与安装工程

（一）主控制项目及检验方法

1. 橱柜制作与安装所用材料和规格、木材的燃烧性能等级和含水率、花岗石的效射性及人造木板的甲醛含量应符合设计要求及国家现行标准的有关规定。

检验方法：观察；检查产品合格证书进场验收记录、性能检测报告和复验报告。

2. 橱柜安装预埋件或后置埋件的数量、规格、位置应符合设计要求。

检验方法：检查隐蔽工程验收记录和施工记录。

3. 橱柜的造型、尺寸、安装位置、制作和固定方法应符合设计要求。橱柜安装必须牢固。

检验方法：观察；尺量检查；手扳检查。

4. 橱柜配件的品种、规格应符合设计要求。配件应齐全，安装牢固。

检验方法：观察；手扳检查；检查进场验收记录。

5. 橱柜的抽屉和柜门应开关灵活、回位正确。

检验方法：观察；开启和关闭检查。

（二）一般项目及检验方法

1. 橱柜表面应平整、洁净、色泽一致，不准有裂缝、翘曲及损坏。

检验方法：观察。

2. 橱柜裁口应顺直、拼缝应严密。

检验方法：观察。

3. 橱柜安装的允许偏差和检验方法应符合表 9-1 的规定。

检验方法：按表 9-1 中的规定进行检验。

橱柜安装的允许偏差和检验方法   表 9-1

项次	项目	允许偏差(mm)	检验方法
1	外型尺寸	3	用钢尺检查
2	立面垂直度	2	用1m垂直检测尺检查
3	门与框架的平行度	2	用钢尺检查

二、窗帘盒、窗台板和散热器罩制作与安装工程

（一）主控制项目及检验方法

1. 窗帘盒、窗台板和散热器罩制作与安装所使用材料的材质和规格、木材的燃烧性能等级和含水率、花岗石的放射性及人造木板的甲醛含量应符合设计要求及国家现行标准的有关规定。

检验方法：观察；检查产品合格证书、进场验收记录、性能检测报告和复验报告。

2. 窗帘盒、窗台板和散热器罩的造型、规格、尺寸、安装位置和固定方法必须符合设计要求。窗帘盒、窗台板和散热器罩的安装必须牢固。

检验方法：观察；尺量检查；手扳检查。

3. 窗帘盒配件的品种、规格应符合设计要求，安装应牢固。

检验方法：手扳检查；检查进场验收记录。

（二）一般项目及检验方法

1. 窗帘盒、窗台板和散热器罩表面应平整、洁净、线条顺直、接缝严密、色泽一致，不得有裂缝、翘曲及损坏。

检验方法：观察。

2. 窗帘盒、窗台板和散热器罩与墙面、窗框的衔接应严密，密封胶缝应顺直、光滑。

检验方法：观察。

3. 窗帘盒、窗台板和散热器罩安装的允许偏差和检验方法应符合表 9-2 的规定。

窗帘盒、窗台板和散热器罩安装的允许偏差和检验方法　　　表 9-2

项次	项目	允许偏差(mm)	检验方法
1	水平度	2	用 1m 水平尺和塞尺检查
2	上口、下口直线度	3	拉 5m 线，不足 5m 拉通线，用钢直尺检查
3	两端距窗洞口长度差	2	用钢直尺检查
4	两端出墙厚度差	3	用钢直尺检查

三、门窗套的制作与安装工程

（一）主控制项目及检验方法

1. 门窗套制作与安装所使用材料的材质、规格、花纹和颜色、木材的燃烧性能等级和含水率、花岗石的放射性及人造木板的甲醛含量应符合设计要求及国家现行标准的有关规定。

检验方法：观察；检查产品合格证书、进场验收记录、性能检测报告和复验报告。

2. 门窗套的造型、尺寸和固定方法应符合设计要求，安装应牢固。

检验方法：观察；尺量检查；手扳检查。

（二）一般项目及检验方法

1. 门窗套表面应平整、洁净、线条顺直、接缝严密、色泽一致，不得有裂缝、翘曲及损坏。

检验方法：观察。

2. 门窗套安装的允许偏差和检验方法应符合表 9-3 的规定。

门窗套安装的允许偏差和检验方法　　　表 9-3

项次	项目	允许偏差(mm)	检验方法
1	正、侧面垂直度	3	用 1m 垂直检测尺检查
2	门窗套上口水平度	1	用 1m 水平检测尺和塞尺检查
3	门窗套上口直线度	3	拉 5m 线，不足 5m 拉通线，用钢直尺检查

四、护栏和扶手制作与安装工程

（一）主控制项目及检验方法

1. 护栏和扶手制作与安装所使用材料的材质、规格、数量和木材、塑料的燃烧性能等级应符合设计要求。

检验方法：观察；检查产品合格证书、进场验收记录和性能检测报告。

2. 护栏和扶手的造型、尺寸及安装位置应符合设计要求。

检验方法：观察；尺量检查；检查进场验收记录。

3. 护栏和扶手安装预埋件的数量、规格、位置以及护栏与预埋件的连接节点应符合设计要求。

检验方法：检查隐蔽工程验收记录和施工记录。

4. 护栏高度、栏杆间距、安装位置必须符合设计要求。护栏安装必须牢固。

检验方法：观察；尺量检查；手扳检查。

5. 护栏玻璃应使用公称厚度不小于 12mm 的钢化玻璃或钢化夹层玻璃。当护栏一侧距楼地面高度为 5m 及以上时，应使用钢化夹层玻璃。

检验方法：观察；尺量检查；检查产品合格证书和进场验收记录。

（二）一般项目及检验方法

1. 护栏和扶手转角弧度应符合设计要求，接缝应严密，表面应光滑，色泽应一致，不得有裂缝、翘曲及损坏。

检验方法：观察；手摸检查。

2. 护栏和扶手安装的允许偏差和检验方法应符合表 9-4 的规定。

<table>
<tr><td colspan="4">护栏和扶手安装的允许偏差和检验方法　　　　　　　　　　表 9-4</td></tr>
<tr><td>项次</td><td>项目</td><td>允许偏差(mm)</td><td>检验方法</td></tr>
<tr><td>1</td><td>护栏垂直度</td><td>3</td><td>用 1m 垂直检测尺检查</td></tr>
<tr><td>2</td><td>栏杆间距</td><td>3</td><td>用钢尺检查</td></tr>
<tr><td>3</td><td>扶手直线度</td><td>4</td><td>拉通线，用钢直尺检查</td></tr>
<tr><td>4</td><td>扶手高度</td><td>3</td><td>用钢尺检查</td></tr>
</table>

复 习 思 考 题

1. 建筑物室内做细部装饰一般都有哪些装饰做法？
2. 简述微薄木贴面的施工过程与施工要点。
3. 简述内墙木墙裙的施工过程和质量要求。
4. 试述木窗帘盒的安装过程。
5. 试述木门窗套的构造及施工工艺过程。
6. 室内散热器罩有哪两种安装方式？质量要求有哪些？
7. 室内镜面装饰镜面安装有几种方法？其安装过程如何？
8. 楼梯栏杆由几部分构成？有哪两种安装方法？
9. 试述楼梯扶手安装过程。

第十章 幕墙装饰工程

建筑物作幕墙装饰属于维护结构。幕墙造型美观，可以取得较好的装饰效果；幕墙自重轻，有较高的抗震性能和绝热、隔声的功能；幕墙装饰造价较高，只适用于高档建筑的外墙装饰。

现代高档建筑外墙作幕墙装饰主要有玻璃幕墙，它能给人以流畅高雅的感觉；石材幕墙，主要特点是庄重大方；金属幕墙的立面简洁、时代感强。

幕墙是高层建筑墙体改革的重要组成部分，它对发展高层建筑起了极大的推动作用。幕墙同承重墙和承自重墙相比，可以大大减轻结构面积的自重，增加了建筑物有效使用面积；幕墙采用建筑工业化生产和安装，有利于加快施工进度、保证工程质量，提高建筑工业化程度。

第一节 玻璃幕墙装饰工程

玻璃幕墙是利用玻璃作为饰面材料，覆盖建筑物表面，特别是使用热反射玻璃(镀膜玻璃)可以将建筑物所处周围景物、蓝天和白云等自然物像映衬到建筑物表面，达到建筑物与景物相互交融，层层交错，变幻莫测的感觉，远看，熠熠生辉、光彩夺目；近看，景物丰富、若隐若现。

一、玻璃幕墙的构造类型

(一)明框玻璃幕墙

幕墙的构造可用型钢为骨架，也可以用铝合金型材作骨架和玻璃框兼用材料，在整个幕墙平面都显示出横、竖金属框架的一种玻璃幕墙。

(二)全隐框玻璃幕墙

这种幕墙构造是将玻璃固定在铝合金构件组成的框格上，上框挂在铝合金框格体系的横梁上，其余三边用不同的方法固定在框格的竖杆及横梁上。玻璃则用结构胶预先粘在玻璃框上。由于铝合金框格体系和玻璃框均隐在玻璃后面，形成大面积玻璃(或有色玻璃)镜面反射幕墙，所以称其为全隐框玻璃幕墙。

(三)半隐框玻璃幕墙

这种幕墙构造分为竖隐横不隐和横隐竖不隐两种。前者只是铝合金竖杆隐在玻璃后面，玻璃安装在横杆的玻璃嵌槽内，槽外加盖铝合金盖板，盖在玻璃外面；后者是竖向采用玻璃嵌槽内固定，横向采用玻璃胶粘结。

(四)点式玻璃幕墙

这种幕墙采用四爪式不锈钢挂件与立柱焊接，挂件的每个爪与一块玻璃的一个孔相连接，即两个挂件同时与四块玻璃相连接，或者说一块玻璃固定在四个挂件上，形成四个点接式。玻璃的四角要各钻出一个孔，孔径一般为20mm。

（五）无骨架玻璃幕墙

无骨架玻璃幕墙又称为结构幕墙，玻璃本身既是饰面构件，又是承重构件。通常是用以间隔一定距离设置的吊钩或用以特殊的型材从上部将玻璃悬吊起来。吊钩或特殊型材借助于通孔螺栓固定在槽钢主框架上，然后再将槽钢悬吊于梁或板底下。为了增加玻璃的刚度，还要在上部架设支撑框架，在下部设置横档，这种幕墙多用于建筑物首层，类似落地窗，使用的是大块玻璃，通透感强，视野更加开阔，装饰效果更好。

无骨架玻璃幕墙一般应用钢化玻璃或夹层玻璃，玻璃的固定方法有三种方式，如图 10-1 所示。

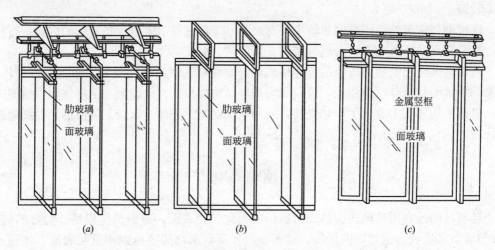

图 10-1 玻璃固定形式
(a)用悬吊的吊钩将肋玻璃及面玻璃固定(这种固定方式多用于高度较大的单块玻璃)；
(b)用特殊型材在玻璃的上部将玻璃固定(室内的玻璃隔断多采用此种方式)；
(c)不设肋玻璃(用金属竖框来加强面玻璃的刚度)

二、玻璃幕墙安装

玻璃幕墙分单元式玻璃幕墙和元件式玻璃幕墙。前者为工厂化生产玻璃幕墙半成品，然后到现场安装，后者则是在施工现场下料、组装成玻璃幕墙构件并进行安装。

（一）单元式玻璃幕墙安装

1. 幕墙安装条件

（1）已作好施工组织设计，具有可靠的质量和施工安全保证。

（2）安装玻璃幕墙前应对主体结构各楼层的标高、边线和预埋件位置等尺寸进行检查，对不符合设计要求的要给予修整。

（3）气候条件应适宜，大气温度低于−5℃时，不准进行玻璃幕墙安装；不准在大风大雨等气候条件下施工；雨天不准进行密封胶施工。

（4）单元式幕墙安装应由下往上进行，幕墙间隙应用胶带密封。

（5）各节点构造应按设计要求进行幕墙的防雷接地。

2. 安装前的准备

（1）材料准备

① 玻璃

按玻璃功能分有钢化玻璃、镜面玻璃和镀膜玻璃等。

单层玻璃可为钢化玻璃或浮法生产的平板玻璃，厚度一般为 6mm 或 8mm。

双层中空玻璃规格为 $6+12+6$(mm)或 $8+9+8$(mm)，中间数为两片玻璃之间的干燥空气层。

② 填缝材料　主要有聚苯乙烯泡沫胶、聚乙烯泡沫胶和氯丁二烯橡胶等，其作用是填充间隙和玻璃定位。

③ 防火保温材料　一般为矿棉或岩棉，作为楼层与楼层之间防火分区的填缝之用。

④ 密封材料　硅酮密封胶和橡胶密封条等。

(2) 机具准备

玻璃幕墙使用的主要机具有电焊机、手电钻、射钉枪、拉铆枪、经纬仪、填缝密封条嵌刀、水平尺、线锤、嵌防水胶带滚轮、钢卷尺和扳手等。

3. 安装过程

(1) 测量放线

① 根据施工单位提供的建筑物轴线及标高点进行，要搞清建筑物轴线与幕墙框架之间的关系。

② 凡由横、竖杆组成的幕墙骨架，要先弹出竖杆的位置，再确定其锚固点。横杆一般是固定在竖杆上，所以横杆的位置线应弹在竖杆上。

(2) 安装牛腿

牛腿件是幕墙与建筑物主体结构之间的连接件。主体结构为钢筋混凝土结构，可在结构上预埋铁件或 T 形槽来固定连接件，或在结构上用电锤钻孔安装膨胀螺栓来固定连接件；若主体结构为钢结构，连接件可以直接焊接或用螺栓固定在钢结构上，如图 10-2 所示。

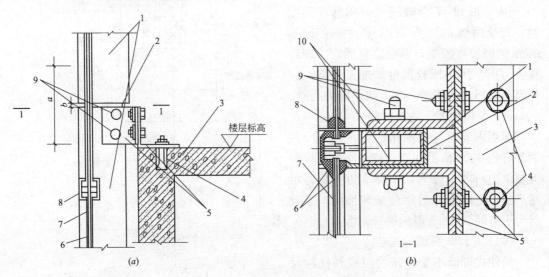

图 10-2　竖杆与楼层结构支承连接构造

(a)牛腿铁件固定在混凝土结构上；(b) 1—1 剖面图

1—竖杆；2—竖杆滑动支座；3—楼层结构；4—膨胀螺栓；5—连接角钢；
6—橡胶条和密封胶；7—玻璃；8—横杆；9—螺栓；10—防腐蚀垫片

牛腿安装前，先用螺钉穿入 T 形槽内，再将牛腿件就位，待精确找正后再紧固。

牛腿的三维找正定位要三个方向同时进行，X 轴向按建筑物轴线确定距牛腿尺寸，用经纬仪测量平直；Y 轴向是将标尺放置在牛腿减震橡胶平面上，用水平仪抄出牛腿标高；Z 轴向用钢尺测量。找平误差控制在 ±1mm。水平找正可用 1~4mm 的镀锌钢板垫在牛腿与混凝土表面间进行调平。待一层全部找正后，将牛腿上的两个螺钉完全拧紧，并将牛腿与 T 形槽接触部分平整，如图 10-2 所示。

牛腿找正和幕墙安装要用"四四法"，即当找正了八层腿时，只能吊装四层幕墙。因为余下已找正的四层可以作为其他牛腿找正的基准。

（3）幕墙吊装和调整

牛腿找正焊接牢固后即可吊装幕墙，吊装应自下而上逐层进行。吊装前需将幕墙之间的 V 形和 W 形防风橡胶带暂时铺挂在外墙面上。幕墙吊至安装位置时，幕墙下端两块凹型轨道插入下层已安装好的幕墙上端的凸形轨道内，将螺钉通过牛腿孔穿入幕墙螺孔内，螺钉中间要垫好两块橡胶减震圆垫。幕墙上方的方管梁上焊接的两块定位块坐落在牛腿悬挑出的矩形橡胶块上，用两个六角螺栓固定，如图 10-3 所示。

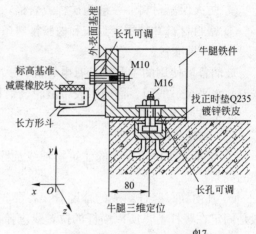

牛腿三维定位

（4）塞焊胶带

用 V 形和 W 形橡胶带封闭幕墙间隙时，胶带两侧的圆形槽内用一条直径为 6mm 的圆胶将胶带与铝合金框固定。胶带接头可用专用热压胶带电炉加工连接。胶带塞压时可用水润滑，冬天改用硅油润滑。

（5）塞填保温、防火材料

幕墙内表面与建筑物的梁、柱之间四周都有约 200mm 的间隙，这些间隙要按防火要求进行收口处理，用轻质防火材料填塞严实，空隙上方封铝合金装饰板，下方封大于空隙 0.8mm 厚的镀锌钢板。

（二）元件式幕墙的安装

元件式幕墙不受建筑物层高和柱网尺寸的限制，故是当前应用较多的一种幕墙，它适用于明框、隐框和半隐框玻璃幕墙。

1. 测量放线

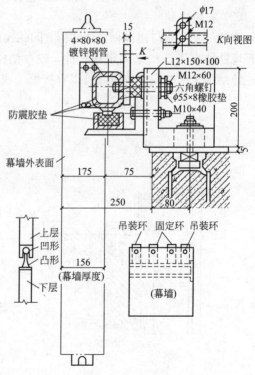

图 10-3　幕墙安装就位图

在安装层上放出各向轴线，再根据各层轴线定出楼板上预埋件的中心线和连接件的外边线，以便与主龙骨—竖杆连接。如主体结构为钢结构，应考虑到结构挠度，选择在风小时测量定位。

2. 装配铝合金主、次龙骨

铝合金主次龙骨的装配工作可在室内进行。主要是装配好竖向主龙骨紧固件之间的连接件、横向次龙骨的连接件、安装镀锌钢板、主龙骨间接头的内、外套管以及连接的配件和密封橡胶等。

3. 安装主、次龙骨

安装固定主龙骨—竖杆。安装方法有连接件与预埋件焊接和直接用膨胀螺栓锚固连接件两种方法。连接件安装后可进行竖杆的连接。主龙骨一般每两层一根，通过紧固件与连接件连接。每安装一根都应调直、固定。横向杆件如为型钢时，可用螺栓连接或焊接，也可以采取将横杆穿担在穿插件上，穿插件用螺栓与竖杆固定，如图10-4所示。

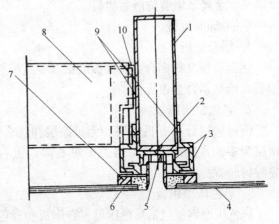

图10-4 隐框幕墙横向杆件穿插连接示意图
1—竖杆；2—聚乙烯泡沫压条；3—铝合金固定玻璃连接件；4—玻璃；5—密封胶；6—结构胶；7—聚乙烯泡沫；8—横杆；9—螺栓、垫圈；10—横杆与竖杆连接件

横杆如用铝合金型材时，与铝合金竖杆可用角钢或角铝为连接件。如横杆两端套有防水橡胶垫，安装时则需用木撑将竖杆撑开些，装下横杆后再放开支撑，这样做可以将橡胶垫压紧。

4. 安装楼层间封闭镀锌钢板

安装封闭镀锌钢板时，将橡胶密封垫套在镀锌钢板四周，插入次龙骨铝件槽中，在镀锌钢板上焊钢钉，将矿棉保温层粘在钢板上，并用铁钉、压片固定保温层。

5. 安装玻璃

玻璃一般都安装在铝合金框内，只因立柱与横杆的构造稍有不同。立柱安装玻璃时，先在内侧安上铝合金压条，然后再放玻璃；而横杆需考虑排除因密封不严流入槽内的雨水，故要使支撑玻璃的部分呈倾斜状态。安装时可先在下框塞垫两块橡胶定位块，然后再嵌入内胶条、安装玻璃，再嵌入外胶条。图10-5所示为玻璃幕墙竖、横杆安装玻璃构造。

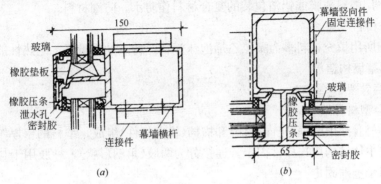

图10-5 玻璃幕墙竖、横杆安装玻璃构造
(a)横杆安装玻璃构造；(b)竖杆安装玻璃构造

第二节　金属幕墙装饰工程

金属幕墙主要特点是强度高、重量轻、防火性能好、板面色泽丰富、光滑平整、可加工性好、耐久性好和施工方便，可适用于各种类型的建筑物外墙装饰。

一、金属幕墙装饰所需材料

（一）饰面板材

1. 铝合金板

铝合金板又称铝合金装饰板或铝合金压型板。按其构造不同可分为单层铝合金板、铝塑板和蜂窝铝合金板等。

2. 彩色涂层钢板

钢板涂层分为有机涂层、无机涂层和复合涂层三种类型，其中用于幕墙装饰的有机涂层为多。常用的有机涂层为聚氯乙烯，也有的板材涂层为聚丙烯酸酯、环氧树脂或醇酸树脂等。

3. 彩色压型钢板

彩色压型钢板包括彩色压型复合钢板和彩色不锈钢板等。

（二）预埋件和连接件

1. 预埋件

金属幕墙所用预埋件多采用型钢或钢板加工而成。主体结构施工时埋入墙体中称为前置埋件；主体结构施工未埋入墙体的，幕墙安装时新做的称为后置埋件。

预埋件是幕墙与主体结构连接的承接件，起着承受载荷的作用，故要求埋点符合设计要求，且应结实、牢固。

2. 连接件

幕墙的连接件一般用角钢、槽钢或钢板加工而成。连接件用来连接主体结构与幕墙的骨架，起着将幕墙自重和风载传递给主体结构的作用，要求锚固可靠、位置准确。

（三）辅助材料

1. 保温、防火和防水材料

金属幕墙使用的保温材料主要有矿棉、岩棉、玻璃棉和防火板等不燃或难燃的材料，同时还应该采用塑料薄膜或铝箔包装的复合材料作防水、防潮材料。

2. 填充材料

金属幕墙所用填充材料多为聚氯乙烯泡沫塑料，特点是质量轻、绝热性能好。

二、金属幕墙构造

（一）幕墙骨架

1. 铝合金型材骨架

铝合金型材骨架由竖框（竖向杆件）和横档（横向杆件）组成。型材的壁厚不小于 3mm。幕墙的竖框与主体结构用连接件固定。连接分为两肢（角钢形状），一肢用于与主体结构固定，另一肢用于竖框固定。

2. 型钢骨架

型钢骨架的特点是强度高、锚固间距大、造价低，但使用时间长了容易生锈，因此应使用镀锌型钢。型钢骨架多用于底层建筑或精度要求不高的金属幕墙。

（二）幕墙构造

1. 附着式金属幕墙

这种幕墙是饰面金属板直接依附在钢筋混凝土墙体上。墙面基层借助于螺母固定锚栓来连接 L 形角钢，然后将轻钢型材焊接在 L 形角钢上，金属板在板与板之间用 Ｃ 形压板固定在轻钢型材上，最后在压板上填充防水嵌缝橡胶。

2. 骨架式金属幕墙

幕墙构造特点与隐框式玻璃幕墙构造相似，它是用抗风受力骨架固定在楼板梁或结构柱上，轻钢型材再固定在受力骨架上。金属板的固定方法与附着式幕墙相同。

三、金属幕墙安装

（一）施工准备

1. 审图

施工前要对幕墙安装大样图、结构详图和相关的专业图进行认真审核，发现不妥之处做到预先修正。

2. 安装脚手架或吊篮，并用起重设备将金属板材及配件运送至各安装面层上。

（二）幕墙安装

1. 安放预埋件

预埋件应在主体结构施工时埋入，预埋件一般由锚板和对称配置的直锚钢筋组成。受力预埋件宜采用 HPB235 或 HRB335 级钢筋，不准采用冷加工钢筋。预埋件的直锚筋不宜少于 4 根，直径不宜小于 8mm。受剪力预埋件的直锚筋可用 2 根。预埋件的锚筋应放在外排主筋的内侧，锚板应与混凝土墙面平行，且锚板的外表面不应凸出墙的外表面。直锚筋与锚板应采取 T 形焊接，预埋件的组成如图 10-6 所示。

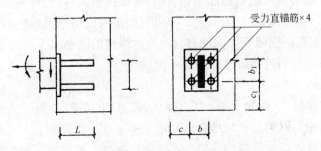

图 10-6　锚板和直锚筋组成的预埋件

混凝土主体结构施工，若未做预埋件，可采取膨胀螺栓作为连接件，但必须保证安全可靠。有些旧建筑改造工程按计算只需要一条膨胀螺栓，实际常设 2～4 个；砖墙或轻质墙体材料砌成的墙体，若拟在外墙挂金属板时，还不允许用膨胀螺栓作连接件，也不准简单地采用夹墙板的形式，要根据实际情况采取稳妥的加固措施解决。

2. 放线定位

放线是为将骨架的安装位置弹线到主体结构上，以保证骨架安装位置的准确性。

放线应根据建筑物的轴线，选适当位置用经纬仪测定一根竖框基准线，弹出一根纵向通长线。在基准线位置，从底层到顶层，逐层在主体结构上弹出此竖框骨架的锚固点。再按水平通线以纵向基准线为起点，量出每根竖框的间隔点，通过仪器和尺量，就可依次在主体结构上弹出各层楼所有锚固点的十字中心线，即竖框连接预埋件的位置。

3. 安装(焊接)铁码

将准备好的铁码利用焊接的方法固定在预埋件上，待幕墙校准后，将组件铝码用螺栓固定在铁码上。

铁码焊完经检查未发现质量问题后要做防锈处理，一般做法是在铁码表面刷防锈漆。

4. 骨架安装

骨架安装根据放线的具体位置从底部开始逐层向上推进。

在检查好预埋件之后开始安装连接件。连接件安装完毕其外伸端必须在同一垂直平面上。连接件固定好后开始安装竖框，竖框与连接件用螺栓连接，一般以一层建筑物高安装一根竖框，然后安装横梁。

横梁安装同样按弹线位置进行。横梁与竖框之间采用角码连接，待横梁固定后，用硅酮密封胶将伸缩缝密封。横梁的安装顺序应自上而下进行。安装精度要求是相邻两根横梁的水平标高偏差不应大于 1mm 同层标高偏差，当一幅金属板幕墙的宽度小于或等于 35mm 时，不应大于 5mm；当一幅幕墙宽度大于 35mm 时，不应大于 7mm。

5. 安装保温、防潮层

多数金属幕墙装饰只设保温层，而不设防潮层。若设计上有防潮层，则要先做，然后在防潮层上铺设保温层。

保温层材料一般为聚丙乙烯泡沫塑料(模塑板或挤塑板)，也可使用矿棉板。做法是将已裁好的保温板用金属丝固定在角铝上，将带有底盘的钉用建筑胶粘结到墙体上。钉的间距应保持 400mm 左右。接缝处应保证有钉，板边缘钉的间距也不应大于 400mm。保温板间及板与金属幕墙构件间的接缝应严密。

6. 金属板安装

金属幕墙的主体框架(铝合金框)有两种形状(见图 10-7)，其中，第一种副框与第二种主框可以搭配使用，但第二种副框只能与第二种主框配合使用。

副框与主框接触处应加设胶垫一层，不要刚性连接。采用第一种主框将胶条安装在两边的凹槽内，采用方管作主框，应将胶条粘结到主框上；如果采用第二种主框，压片和螺栓要安装到主框上，螺母端应在主框中间的凹槽内。板材定位后，将压片的两脚插入板上副框的凹槽内，将压片的螺母紧固。

当第二种副框与方管配合使用时，板定位后用自攻螺栓将压片固定在主框上。当采用第一种副框时，主框必然是方管，用自攻螺栓将副框固定到主框上。

金属板之间缝隙一般为 10~20mm，用橡胶条或硅酮密封胶封堵，垂直接缝内可放置衬垫棒。

铝塑板在主框上的安装构造图如图 10-7 所示，图中(a)、(b)、(c)表示铝塑板在主框上的三种安装构造。

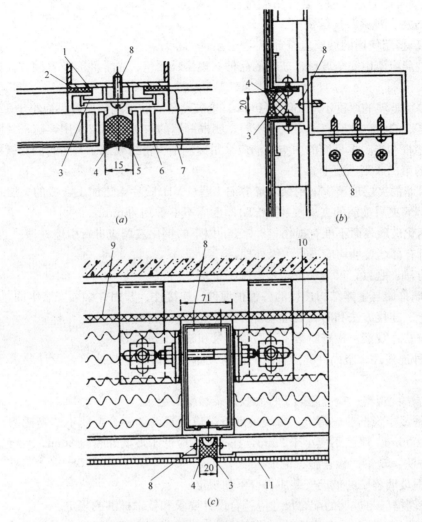

图 10-7　铝塑板在主框上三种安装构造

1—主框；2—胶垫；3—压片；4—泡沫胶条；5—密封胶；6—副框；

7—铝塑板；8—自攻螺钉；9—防潮板；10—保温板；11—复合铝板

第三节　幕墙装饰工程施工质量要求及检验方法

国家现行标准《建筑装饰装修工程质量验收规范》（GB 50210—2001）规定，幕墙装饰工程施工质量控制与检验分为主控制项目及检验方法和一般项目及检验方法两部分。

一、玻璃幕墙装饰工程施工质量控制及检验方法

（一）主控制项目及检验方法

1. 玻璃幕墙工程所使用的各种材料、构件和组件的质量，应符合设计要求及国家现行产品标准和工程技术规范的规定。

检验方法：检查材料、构件、组件的产品合格证书、进场验收记录、性能检测报告和材料复验报告。

2. 玻璃幕墙的造型和立面分格应符合设计要求。

检验方法：观察；尺量检查。

3. 玻璃幕墙使用的玻璃应符合下列规定：

（1）玻璃应使用安全玻璃，玻璃的品种、规格、颜色、光学性能及安装方向应符合设计要求。

（2）幕墙玻璃的厚度不应小于 6.0mm。全玻璃幕墙肋玻璃的厚度不应小于 12mm。

（3）幕墙的中空玻璃应采用双道密封。明框幕墙的中空玻璃应采用聚硫密封胶及丁基密封胶；隐框和半隐框幕墙的中空玻璃应采用硅酮结构密封胶及丁基密封胶；镀膜面应在中空玻璃的第二或第三面上。

（4）幕墙的夹层玻璃应采用聚乙烯醇缩丁醛(PVB)胶片干法加工合成的夹层玻璃。点支撑玻璃幕墙夹层玻璃的夹层胶片(PVB)厚度应不小于 0.76mm。

（5）钢化玻璃表面不准有损伤；8.0mm 以下的钢化玻璃应进行引爆处理。

（6）所有幕墙玻璃均应进行边缘处理。

检验方法：观察；尺量检查；检查施工记录。

4. 玻璃幕墙与主体结构连接的各种预埋件、连接件、紧固件必须安装牢固，其数量、规格、位置、连接方法和防腐处理应符合设计要求。

检验方法：观察；检查隐蔽工程验收记录和施工记录。

5. 各种连接件、坚固件的螺栓应有防松动措施；焊接连接应符合设计要求和焊接规范的规定。

检验方法：观察；检查隐蔽工程验收记录和施工记录。

6. 隐框或半隐框玻璃幕墙，每块玻璃下端应设置两个铝合金或不锈钢托条，其长度不应小于 100mm，厚度不应小于 2mm，托条外端应低于玻璃外表面 2mm。

检验方法：观察；检查施工记录。

7. 明框玻璃幕墙的玻璃安装应符合下列规定：

（1）玻璃槽口与玻璃的配合尺寸应符合设计要求和技术标准的规定。

（2）玻璃与构件不准直接接触，玻璃四周与构件凹槽底部应保护一定空隙，每块玻璃下部应至少放置两块宽度与槽口宽度相同、长度不小于 100mm 的弹性定位垫块；玻璃两边嵌入量及空隙应符合设计要求。

（3）玻璃四周橡胶条的材质、型号应符合设计要求，镶嵌应平整，橡胶条长度应比边框内槽长 1.5%～2.0%，橡胶条在转角处应斜面断开，并应用胶粘剂粘结牢固后嵌入槽内。

检验方法：观察；检查施工记录。

8. 高度超过 4m 的全玻璃幕墙应吊挂在主体结构上，吊夹具应符合设计要求，玻璃与玻璃、玻璃与玻璃肋之间的缝隙，应采用硅酮结构密封胶填嵌严密。

检验方法：观察；检查隐蔽工程验收记录和施工记录。

9. 点支承玻璃幕墙应采用带万向头的活动不锈钢爪，其钢爪间的中心距离应大于 250mm。

检验方法：观察；尺量检查。

10. 玻璃幕墙四周、玻璃幕墙内表面与主体结构之间的连接节点、各种变形缝、墙角的连接节点应符合设计要求和技术标准的规定。

检验方法：观察；检查隐蔽工程验收记录和施工记录。

11. 玻璃幕墙应无渗漏。

检验方法：在易渗漏部位进行淋水检查。

12. 玻璃幕墙结构胶和密封胶的打注应饱满、密实、连续、均匀、无气泡，宽度和厚度应符合设计要求和技术标准的规定。

检验方法：观察；尺量检查；检查施工记录。

13. 玻璃幕墙开启窗的配件应齐全，安装应牢固，安装位置和开启方向、角度应正确；开启应灵活，关闭应严密。

检验方法：观察；手扳检查；开启和关闭检查。

14. 玻璃幕墙的防雷装置必须与主体结构的防雷装置可靠连接。

检验方法：观察；检查隐蔽工程验收记录和施工记录。

（二）一般项目及检验方法

1. 玻璃幕墙表面应平整、洁净；整幅玻璃的色泽应均匀一致；不得有污染和镀膜损坏。

检验方法：观察。

2. 每平方米玻璃的表面质量和检验方法应符合表 10-1 的规定。

每平方米玻璃的表面质量和检验方法　　　　　　表 10-1

项次	项　目	质量要求	检验方法
1	明显划伤和长度＞100mm 的轻微划伤	不允许	观察
2	长度≤100mm 的轻微划伤	≤8 条	用钢尺检查
3	擦伤总面积	≤500mm²	用钢尺检查

3. 一个分格铝合金型材的表面质量和检验方法应符合表 10-2 的规定。

一个分格铝合金型材的表面质量和检验方法　　　　　　表 10-2

项次	项　目	质量要求	检验方法
1	明显划伤和长度＞100mm 的轻微划伤	不允许	观察
2	长度≤100mm 的轻微划伤	≤2 条	用钢尺检查
3	擦伤总面积	≤500mm²	用钢尺检查

4. 明框玻璃幕墙的外露框或压条应横平竖直，颜色、规格应符合设计要求，压条安装应牢固。单元玻璃幕墙的单元拼缝或隐框玻璃幕墙的分格玻璃拼缝应横平竖直、均匀一致。

检验方法：观察；手扳检查；检查进场验收记录。

5. 玻璃幕墙的密封胶缝应横平竖直、深浅一致、宽窄均匀、光滑顺直。

检验方法：观察；手摸检查。

6. 防火、保温材料填充应饱满、均匀，表面应密实、平整。

检验方法：检查隐蔽工程验收记录。

7. 玻璃幕墙隐蔽节点的遮封装修应牢固、整齐、美观。

检验方法：观察；手扳检查。

8. 明框玻璃幕墙安装的允许偏差和检验方法应符合表 10-3 的规定。

明框玻璃幕墙安装的允许偏差和检验方法   表 10-3

项次	项 目		允许偏差(mm)	检验方法
1	幕墙垂直度	幕墙高度≤30m	10	用经纬仪检查
		30m＜幕墙高度≤60m	15	
		60m＜幕墙高度≤90m	20	
		幕墙高度＞90m	25	
2	幕墙水平度	幕墙幅宽≤35m	5	用水平仪检查
		幕墙幅宽＞35m	7	
3	构件直线度		2	用2m靠尺和塞尺检查
4	构件水平度	构件长度≤2m	2	用水平仪检查
		构件长度＞2m	3	
5	相邻构件错位		1	用钢直尺检查
6	分格框对角线长度差	对角线长度≤2m	3	用钢尺检查
		对角线长度＞2m	4	

9. 隐框、半隐框玻璃幕墙安装的允许偏差和检验方法应符合表 10-4 的规定。

隐框、半隐框玻璃幕墙安装的允许偏差和检验方法   表 10-4

项次	项 目		允许偏差(mm)	检验方法
1	幕墙垂直度	幕墙高度≤30m	10	用经纬仪检查
		30m＜幕墙高度≤60m	15	
		60m＜幕墙高度≤90m	20	
		幕墙高度＞90m	25	
2	幕墙水平度	层高≤3m	3	用水平仪检查
		层高＞3mm	5	
3	幕墙表面平整度		2	用2m靠尺和塞尺检查
4	板材立面垂直度		2	用垂直检测尺检查
5	板材上沿水平度		2	用1m水平尺和钢直尺检查
6	相邻板材板角错位		1	用钢直尺检查
7	阳角方正		2	用直角检测尺检查
8	接缝直线度		3	拉5m线，不足5m拉通线，用钢直尺检查
9	接缝高低差		1	用钢直尺和塞尺检查
10	接缝宽度		1	用钢直尺检查

二、金属幕墙装饰工程施工质量控制及检验方法

（一）主控制项目及检验方法

1. 金属幕墙工程所使用的各种材料和配件，应符合设计要求及国家现行产品标准和工程技术规范的规定。

检验方法：检查产品合格证书、性能检测报告、材料进场验收记录和复验报告。

2. 金属幕墙的造型和立面分格应符合设计要求。

检验方法：观察；尺量检查。

3. 金属面板的品种、规格、颜色、光泽及安装方向应符合设计要求。

检验方法：观察；检查进场验收记录。

4. 金属幕墙主体结构上的预埋件、后置埋件的数量、位置及后置埋件的拉拔力必须符合设计要求。

检验方法：检查拉拔力检测报告和隐蔽工程验收记录。

5. 金属幕墙的金属框架立栓与主体结构预埋件的连接、立柱与横梁的连接、金属面板的安装必须符合设计要求，安装必须牢固。

检验方法：手扳检查；检查隐蔽工程验收记录。

6. 金属幕墙的防火、保温、防潮材料的设置应符合设计要求，并应密实、均匀、厚度一致。

检验方法：检查隐蔽工程验收记录。

7. 金属框架及连接件的防腐处理应符合设计要求。

检验方法：检查隐蔽工程验收记录和施工记录。

8. 金属幕墙的防雷装置必须与主体结构的防雷装置可靠连接。

检验方法：检查隐蔽工程验收记录。

9. 各种变形缝、墙角的连接节点应符合设计要求和技术标准的规定。

检验方法：观察；检查隐蔽工程验收记录。

10. 金属幕墙的板缝注胶应饱满、密实、连续、均匀、无气泡，宽度和厚度应符合设计要求和技术标准的规定。

检验方法：观察；尺量检查；检查施工记录。

11. 金属幕墙应无渗漏。

检验方法：在易渗漏部位进行淋水检查。

（二）一般项目及检验方法

1. 金属板表面应平整、洁净、色泽一致。

检验方法：观察。

2. 金属幕墙的压条应平直、洁净、接口严密、安装牢固。

检验方法：观察；手扳检查。

3. 金属幕墙的密封胶缝应横平竖直、深浅一致、宽窄均匀、光滑顺直。

检验方法：观察。

4. 金属幕墙上的滴水线、流水坡向应正确、顺直。

检验方法：观察；用水平尺检查。

5. 每平方米金属板的表面质量和检验方法应符合表 10-5 的规定。

每平方米金属板的表面质量和检验方法 表 10-5

项次	项　　目	质量要求	检验方法
1	明显划伤和长度>100mm 的轻微划伤	不允许	观察
2	长度≤100mm 的轻微划伤	≤8 条	用钢尺检查
3	擦伤总面积	≤500mm²	用钢尺检查

6. 金属幕墙安装的允许偏差和检验方法应符合表 10-6 的规定。

金属幕墙安装的允许偏差和检验方法　　　　　　表 10-6

项次	项　　目		允许偏差(mm)	检验方法
1	幕墙垂直度	幕墙高度≤30m	10	用经纬仪检查
		30m<幕墙高度≤60m	15	
		60m<幕墙高度≤90m	20	
		幕墙高度>90m	25	
2	幕墙水平度	层高≤3m	3	用水平仪检查
		层高>3m	5	
3	幕墙表面平整度		2	用2m靠尺和塞尺检查
4	板材立面垂直度		3	用垂直检测尺检查
5	板材上沿水平度		2	用1m水平尺和钢直尺检查
6	相邻板材板角错位		1	用钢直尺检查
7	阳角方正		2	用直角检测尺检查
8	接缝直线度		3	拉5m线，不足5m拉通线，用钢直尺检查
9	接缝高低差		1	用钢直尺和塞尺检查
10	接缝宽度		1	用钢直尺检查

三、石材幕墙装饰工程施工质量控制及检验方法

石材幕墙内容详见本书第五章饰面板(砖)工程。

（一）主控制项目及检验方法

1. 石材幕墙工程所用材料的品种、规格、性能和等级，应符合设计要求及国家现行产品标准和工程技术规范的规定。石材的弯曲强度不应小于 8.0MPa；吸水率应小于 0.8％。石材幕墙的铝合金挂件厚度不应小于 4.0mm，不锈钢挂件厚度不应小于 3.0mm。

检验方法：观察；尺量检查；检查产品合格证书、性能检测报告、材料进场验收记录和复验报告。

2. 石材幕墙的造型、立面分格、颜色、光泽、花纹和图案应符合设计要求。

检验方法：观察。

3. 石材孔、槽的数量、深度、位置、尺寸应符合设计要求。

检验方法：检查进场验收记录或施工记录。

4. 石材幕墙主体结构上的预埋件和后置埋件的位置、数量及后置埋件的拉拔力必须符合设计要求。

检验方法：检查拉拔力检测报告和隐蔽工程验收记录。

5. 石材幕墙的金属框架立柱与主体结构预埋件的连接、立柱与横梁的连接、连接件与金属框架的连接、连接件与石材面板的连接必须符合设计要求，安装必须牢固。

检验方法：手扳检查；检查隐蔽工程验收记录。

6. 金属框架和连接件的防腐处理应符合设计要求。

检验方法：检查隐蔽工程验收记录。

7. 石材幕墙的防雷装置必须与主体结构防雷装置可靠连接。

检验方法：观察；检查隐蔽工程验收记录和施工记录。

8. 石材幕墙的防火、保温、防潮材料的设置应符合设计要求，填充应密实、均匀、厚度一致。

检验方法：检查隐蔽工程验收记录。

9. 各种结构变形缝、墙角的连接节点应符合设计要求和技术标准的规定。

检验方法：检查隐蔽工程验收记录和施工记录。

10. 石材表面和板缝的处理应符合设计要求。

检验方法：观察。

11. 石材幕墙的板缝注胶应饱满、密实、连续、均匀、无气泡，板缝宽度和厚度应符合设计要求和技术标准的规定。

检验方法：观察；尺量检查；检查施工记录。

12. 石材幕墙应无渗漏。

检验方法：在易渗漏部位进行淋水检查。

（二）一般项目及检验方法

1. 石材幕墙表面应平整、洁净，无污染、缺损和裂痕。颜色和花纹应协调一致，无明显色差，无明显修痕。

检验方法：观察。

2. 石材幕墙的压条应平直、洁净、接口严密、安装牢固。

检验方法：观察；手扳检查。

3. 石材接缝应横平竖直、宽窄均匀；阴阳角石板压向应正确，板边合缝应顺直；凸凹线出墙厚度应一致，上下口应平直；石材面板上洞口、槽边应套割吻合，边缘应整齐。

检验方法：观察；尺量检查。

4. 石材幕墙的密封胶缝应横平竖直、深浅一致、宽窄均匀、光滑顺直。

检验方法：观察。

5. 石材幕墙上的滴水线、流水坡向应正确、顺直。

检验方法：观察；用水平尺检查。

6. 每平方米石材的表面质量和检验方法应符合表 10-7 的规定。

每平方米石材的表面质量和检验方法   表 10-7

项次	项目	质量要求	检验方法
1	裂痕、明显划伤和长度>100mm 的轻微划伤	不允许	观察
2	长度≤100mm 的轻微划伤	≤8 条	用钢尺检查
3	擦伤总面积	≤500mm²	用钢尺检查

7. 石材幕墙安装的允许偏差和检验方法应符合表 10-8 的规定。

石材幕墙安装的允许偏差和检验方法　　　　表 10-8

项次	项　目		允许偏差（mm）		检验方法
			光面	麻面	
1	幕墙垂直度	幕墙高度≤30m	10		用经纬仪检查
		30m＜幕墙高度≤60m	15		
		60m＜幕墙高度≤90m	20		
		幕墙高度＞90m	25		
2	幕墙水平度		3		用水平仪检查
3	板材立面垂直度		3		用水平仪检查
4	板材上沿水平度		2		用 1m 水平尺和钢直尺检查
5	相邻板材板角错位		1		用钢直尺检查
6	幕墙表面平整度		2	3	用垂直检测尺检查
7	阳角方正		2	4	用直角检测尺检查
8	接缝直线度		3	4	拉 5m 线，不足 5m 拉通线，用钢直尺检查
9	接缝高低差		1	—	用钢直尺和塞尺检查
10	接缝宽度		1	2	用钢直尺检查

复习思考题

1. 幕墙装饰工程有哪几种基本形式？各自主要特点如何？
2. 试述玻璃幕墙的几种构造类型及主要特点。
3. 写出单元式玻璃幕墙安装的工艺流程。
4. 写出元件式玻璃幕墙安装的工艺流程。
5. 金属幕墙有哪两种基本构造形式？
6. 试述铝塑板幕墙安装工艺流程及安装要点。
7. 简述石材幕墙的安装质量要求及检验方法。

第十一章　装饰装修工程施工机具

　　装饰工程施工机具是保证装饰装修工程施工质量、提高劳动生产率、减轻体力劳动的重要条件。长期以来，建筑装饰工程施工一直靠手工操作，不仅施工质量难以保证，而且拖长了工期。由于装饰材料大部分是成品或半成品，因此基本上采取装配或半装配的形式施工。锯、刨、钻、磨、钉等是施工过程中采用的主要手段，而这些施工手段必须用相应的、先进的机具来替代，才能有效地保证装饰设计的要求并取得良好的经济效益和社会效益。

　　改革开放以来，随着社会经济、文化的迅速发展，建筑装饰的任务不断加大，装饰档次在不断地提高。为顺应这一形势的需要，许多机械生产厂家研制、生产了众多品种、规格的小型的电动或气动的装饰机具，并推向建筑市场。与此同时，国家还引进德国、日本、美国等国生产的先进装修机具，使装饰工程施工机械化的程度得到了很大的提高，收到了良好的经济效益和社会效益。

　　建筑装饰施工机具品种繁多、功能也十分齐全，按它们所使用的动力形式可划分成电动机具和风动机具两大类。其中，电动类的机具应用较为普通。

第一节　电 动 机 具

　　电动机具是利用小容量的电动机或电磁铁通过各种传动机构带动工作机构（工作头）来作功的一种手持式或携带式的机具，它既可以安装在工作台架上，作台式机具使用，也可以从台架上拆下来作手持式或携带式的小型机具使用，具有结构紧凑、自重轻、携带方便，以及操作、维修方便和生产率高的优点。

　　电动机具根据供电电流种类不同分为交直流两用串激电动机具、三相工频电动机具和三项中频电动机具，按机具的工作方式可分为连续工作式和断续工作式两种。按电压和绝缘性能又可将电动机具分为三类：普通绝缘型电动机具，这种机具的额定电压超过 50 伏，绝缘结构中多数部位只有工作绝缘，一旦绝缘被损坏，操作者即有触电的危险，因此在使用时，应设有接地或接零保护；二类电动机具具有双重绝缘的性能；三类电动机具是指常用的低压电动工具。二类和三类的电动机具使用时，可不设接地或接零装置。

　　电动机具一般都由电动机、外壳、传动机构、工作部分（又称工作头）、操作手柄、电缆线和电源插头等组成。动力装置电动机与工作装置组成一个整体，成为整体式直动电动机具，装饰工程中使用的小型电动机具大多属于这种形式；另一种是通过电动软轴来连接电动机和工作机构，则称为电动软轴式的机具。电动机具的外壳只起支撑和保护作用，因而要求它的强度高、重量轻、耐热，且要造型匀称，色彩协调、大方。电动机具的外壳多用铝合金或工程塑料制作。手柄的构造形式应满足结构的要求和操作的方便。目前工程中使用的手持式电动机具的手柄有双横式手柄、后托式手柄、手托式手柄和后直式手柄等。有些电动机具只设辅助手柄或无手柄。

电动机具的传动机构是用来将动力装置的动力传给工作机构，供作功机构作功时消耗之用，同时起变速和改变运动方向的作用。传动机构的基本形式是各种齿轮传动，它们具有强度高、过载能力强，能承受较大转矩和冲击力的作用，可满足电动机具在作业中所产生的旋转、往复直线运动、冲击、振动和冲击旋转兼有的复合运动的要求。

电动机具的工作机构，又称为工作头，直接对各种装饰材料和工件进行加工，其形式主要有刀具、刃具、夹具和磨具等。刀具和刃具有各种规格的钻头、丝锥、板牙和锯条等；磨具有各种形状、尺寸的砂轮、磨头、砂布和抛光轮等。

电动机具的控制开关一般都安设在手柄上，因而要求其体积小、结构紧凑和安全可靠，一般不要使用普通开关。开关的结构多为二级桥式，双断触头，有瞬时动作机构使触头快速通断。正反转电动机具要安装正反转开关。电源线大多数采用轻型橡胶套电缆或塑料套电缆，接地或接零的芯线为黑色。电源线在引入电动机具的入口处要牢固夹紧。

一、电动机具的分类、代号

电动机具按大类划分可分为：金属切削加工机具，装配机具，建筑、道路用机具，装配机具，矿山用机具，林、木加工用机具和其他机具等。各大类电动机具中所包括的主要机具品种详见表 11-1。

我国对电动机具的代号（型号）编制方法作了统一的规定，其内容包括系列代号和规格代号两部分，这些代号的内容在电动机具产品的铭牌上都能表示清楚。

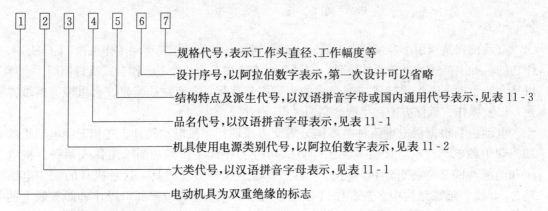

二、电动机具的技术要求

（一）电动机具对使用环境的要求

1. 海拔高度应不超过 2000m。

2. 工作环境湿度应不超过 90%。

3. 工作环境温度最高应不超过 40℃，最低应不低于-10℃。

（二）电动机具的选用要点

1. 安全可靠

电动机具的绝缘性能必须良好，以确保操作者的人身安全。一般电动机具接地保护必须可靠，或采取双重绝缘；低压电动机具的危险工作机构应安装保护罩。

2. 重量轻

金属切削(J)	电钻(Z)	多速电钻(D)	矿山(K)	电动凿岩机(Z)
		角向电钻(J)		岩石电钻(Y)
		万向电钻(W)	铁道(T)	铁道螺钉扳手(B)
		软轴电钻(R)		枕木电钻(Z)
	磁座钻(C)			枕木电镐(G)
	电绞刀(A)		农牧(N)	电动剪毛机(J)
	电动刮刀(K)			电动采茶机(C)
	电剪刀(J)			电动剪枝机(Z)
	电冲剪(H)			电动喷洒机(P)
	电动曲线锯(Q)			电动深层粮食取样机(L)
	电动锯管机(U)		林、木加工(M)	电刨(B)
	电动往复锯(F)			电动开槽机(K)
	电动型材切割机(G)			电插(C)
	电动攻丝机(S)			电动带锯(A)
	多功能电动工具(D)			电动木工砂光机(G)
砂磨(S)	电动砂轮机(S)	直向砂轮机		电链锯(L)
		角向磨光机(J)		电圆锯(Y)
		软轴砂轮机(R)		电木铣(X)
	电动砂光机(G)	直向砂光机		电木钻(Z)
		角向砂光机(J)		电动打枝机(H)
	电动抛光机(P)	直向抛光机		电动木工刃具砂轮机(S)
		角向抛光机(J)	其他(Q)	电动骨钻(G)
装配(P)	电动扳手(B)			电动胸骨锯(X)
	电动螺丝刀(L)			石膏电钻(S)
	电动胀管机(Z)			电动卷花机(H)
建筑、道路(Z)	混凝土振动器(D)			电动地毯剪(T)
	冲击电钻(J)			电动裁布机(C)
	电锤(C)			电动雕刻机(K)
	电镐(G)			电动去锈机(Q)
	电动地板刨平机(B)			电动喷枪(P)
	电动打夯机(H)			电动锅炉去垢机(G)
	电动地板砂光机(S)			
	电动水磨石机(M)			
	电动砖瓦铣沟机(X)			
	电动钢筋切断机(Q)			
	电动混凝土钻机(Z)			

电动机类别代号		表 11-2
代号	电动机类别	
0	低压直流(24V 以下)	
1	交直流两用及单相串联	
2	三相中频(200Hz)	
3	三相工频	
4	三相中频(400Hz 以上)	
5	往复式电磁动机	

结构特征代号		表 11-3
代号	结构形式	
J	"角"向(Jiao)	
R	"软"轴式(Ruan)	
T	"台"式(Tai)	
S	"双"速(Shuang)	
D	"多"速(Duo)	
Z	"直"筒式(Zhi)	
H	"后"托柄式(Hou)	
P	领"攀"柄式(Pan)	
G	"高"速(Gao)	

在电动机具要求的功率不变的情况下，尽量选用重量轻的电动机具，以便减轻操作人员的劳动强度，提高生产率。一般手提式电动机具都能满足这一要求；即便是固定式电动机具，若能做到重量轻，也有利于作业中的安装和移动。

3. 技术性能好

电动机具的构造应紧凑、坚固、耐用，装卸方便，运行平稳，使用性能良好。

4. 外形美观，使用和携带方便

电动机具的外形在满足技术性能要求的前提下应尽量制作得美观、适用，而不要粗糙笨重，尤其要注意的是开关、电缆线以及手柄形式和位置的确定等。

三、装饰工程施工中常用的电动机具

（一）电钻

电钻可对金属材料、塑料或木材等装饰构件钻孔，是一种体积小、重量轻、操作简单、使用灵敏、携带方便的小型电动机具，其外形如图 11-1 所示。

电钻一般由外壳、电动机、传动机构、钻头和电源连接装置等组成。

电钻所用的电动机有交直流两用串激式、三相中频、三相工频及直流永弹磁式，其中交直流两用串激式的电钻构造较简单，容易制造，且体积小、重量轻，在装饰工程施工中应用较为普遍。

图 11-1　手电钻外形

从技术性能上看，电钻有单速、双速、四速和无级调速，其中双速电钻为齿轮变速。装饰工程中使用电钻钻孔多在 13mm 孔径以下，钻头可以直接卡固在钻头夹内；若钻削 13mm 以上的孔径，则还要加装莫氏锥套筒。

电钻的规格是以最大钻孔直径来表示，国产交直流两用电钻的规格、技术性能见表 11-4。

电钻使用要点：

1. 使用前应先检查电源是否符合要求，然后空转试运转，检查传动机构工作是否正常，接地保护是否良好，以免烧毁电动机或造成安全事故。

2. 不同直径孔的钻削，应选用相应规格的电钻，不要形成小马拉大车，也不准超越电钻的技术性能强行钻孔。

3. 选用的钻头角度正确，钻刃锋利，钻孔过程

交直流两用电钻规格		表 11-4
电钻规格 * (mm)	额定转速 (r/min)	额定转矩 (N·m)
4	≥2200	0.4
6	≥1200	0.9
10	≥700	2.5
13	≥500	4.5
16	≥400	7.5
19	≥330	8.0
23	≥250	8.6

* 钻削 45 钢时，电钻允许使用的钻头直径。

中用力不要过猛，以免电钻过载。凡感觉钻削速度突然下降时，应即减小压力，当孔即将钻透时，压力也要减小。钻削过程中遇到钻机突然停转时，要立即切断电源，检查停转的原因并排除后方准继续钻削。

4. 转移作业位置需移动电钻时，必须手持电钻手柄，拿起电缆线，不准拖拉电缆线，以防绝缘层破损后操作者触电。

5. 电钻在使用过程中要轻拿、轻放，避免损坏机壳和内部零件。电钻使用完毕，应立即进行保养。较长时间不使用，应存放在通风干燥的环境中保存，重新使用时，应先检查绝缘电阻不得小于 7 兆欧，否则必须进行干燥处理。

（二）电锤

电锤是一种在钻削的同时兼有锤击（冲击）功能的小型电动机具，国外也叫冲击电钻。它是由单相串激式电动机、传动装置、曲轴、连杆、活塞机构、离合器、刀夹机构和手柄等组成，如图 11-2 所示。

电锤的旋转运动是由电动机经一对圆柱斜齿轮传动和一对螺旋锥齿轮减速来带动钻杆旋转。当钻削出现超载时，保险离合器使锤杆旋转打滑，不会使电动机过载和零件损坏；电锤的冲击运动，是由电动机旋转，经一对齿轮减速，带动曲轴，然后通过连杆、活塞销带动压气活塞在冲击活塞缸中作往复直线运动，来冲击活塞缸中的锤杆，以较高的冲击频率打击工具端部，造成钻头

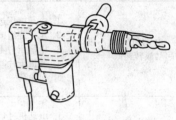

图 11-2 电锤外形图

向前冲击来完成的。电锤的这种旋转加冲击的复合钻孔运动，比单一的钻孔运动钻削效率要高得多，并且因为冲击运动可以冲碎钻孔部位的硬物，还能钻削电钻不能钻削的孔眼，因而拓宽了使用范围。

1. 电锤的技术性能及适用范围

国产 JIZC—22 电锤的技术性能见表 11-5。这种电锤随机配有标准辅助件，包括钻孔深度限位杆、侧手柄、防尘罩、注射器和整机包装手提箱。

JIZC 电锤广泛适用于饰面石材、铝合金门窗和铝合金龙骨吊顶的安装装饰工程，也可用它在混凝土地面钻孔，预埋膨胀螺栓，以代替普通地脚螺栓来安装各种设备。

2. 电锤使用要点

（1）使用前应与检查电源与电压是否与电锤铭牌上的规定相符，电源开关必须处于"断开"的位置。若电源距作业位置较远，可使用延长电缆线。电缆线的截面应足够，在满足作业要求的前提下，应力求电缆线短些，要认真检查电缆线的完好状况，不准有破损漏电部位，且应接地良好，安全可靠。

JIZC 电锤技术性能		表 11-5
电压（地区不同）（V）		110，115，120，127，200，220，230，240
输入功率（W）		520
空载转速（r/min）		800
满载冲击频率（次/min）		3150
钻孔直径（mm）	混凝土	22
	钢	13
	木材	30
整机重量（kg）		4.3

（2）电锤各零件的连接部位必须连接牢固可靠，钻头选用得合理，符合钻孔和开凿的要求，且要安装牢固。应经常检查钻头的磨损情况，发现磨损不锋利时要及时更换或磨

刃，以免影响钻孔效率和造成电动机过载。

（3）钻孔时，电锤的钻头必须垂直于工作面，要用手均匀按压电锤，连续送进，不准使钻头在孔眼内左右摆动，以免扭坏电锤；作业时若需要使用电锤扳撬时，要均匀用力，不要过猛。

（4）电锤系断续工作制的电动机具，不准长时间连续使用，要常以手背贴试机壳的温度。当温度超过60℃时，应停歇，进行冷却，以免因温升过高、过载烧毁电动机。

3. 电锤作业中常见故障、产生原因及排除方法

电锤在作业中经常容易出现的故障现象、产生原因和排除方法见表11-6。

电锤常见故障、原因及排除

表11-6

现象	故障原因	排除方法
电动机负载不能起动或转速低	1. 电源电压过低 2. 定子绕组或电枢绕组匝间短路 3. 电刷压力不够 4. 整流子片间短路 5. 过负荷	1. 调整电源电压 2. 检修或更换定子电枢 3. 调整弹簧压力 4. 清除片间碳粉、下刻云母 5. 设法减轻负荷
电动机过热	1. 电动机过负荷或工作时间太长 2. 电枢铁芯与定子铁芯相摩擦 3. 通风口阻塞，风流受阻 4. 绕组受潮	1. 减轻负荷，按技术条件规定的工作方式使用 2. 拆开检查定转子之间是否有异物或转轴是否弯曲，校直或更换电枢 3. 疏通风口 4. 烘干绕组
电动机空载时不能起动	1. 电源无电压 2. 电源断线或插头接触不良 3. 开关损坏或接触不良 4. 碳刷与整流子接触不良 5. 电枢绕组或定子绕组断线 6. 定子绕组短路，换向片之间有导电粉末 7. 电枢绕组短路，换向片之间有导电粉末 8. 装配不好或轴承过紧卡住电枢	1. 检查电源电压 2. 检查电源线或插头 3. 检查开关或更换弹簧 4. 调整弹簧压力或更换弹簧 5. 修理或更换定子绕组 6. 检查修理或更换定子绕组 7. 检查或更换电枢，清除片间导电粉末 8. 调换润滑油或更换轴承
机壳带电	1. 接地线与相线接错 2. 绝缘损坏致绕组接地 3. 刷握接地	1. 按说明书规定接线 2. 排除接地故障或更换零件 3. 更换刷握
工作头只旋转不冲击	1. 用力过大 2. 零件装配位置不对 3. 活塞环磨损 4. 活塞缸有异物	1. 用力适当 2. 按结构图重新装配 3. 更换活塞环 4. 排除缸内异物
工作头只冲击不旋转	1. 刀夹座与刀杆四方孔磨损 2. 钻头在孔中被卡死 3. 混凝土内有钢筋	1. 更换刀夹座或刀杆 2. 更换钻孔位置 3. 调整地方避开钢筋

现象	故障原因	排除方法
电锤前端刀夹处过热	1. 轴承缺油或油质不良 2. 工具头钻孔时歪斜 3. 活塞缸运动不灵活 4. 活塞缸破裂 5. 轴承磨损过大	1. 加油或更换新油 2. 操作时不应歪斜 3. 拆开检查，清除脏物调整装配 4. 更换缸体 5. 更换轴承
运转时碳刷火花过大或出现环火	1. 整流子片间有碳粉、片间短路 2. 电刷接触不良 3. 整流子云母突出 4. 电枢绕组断路或短路 5. 电源电压过高	1. 清除换向片间导电粉末，排除短路故障 2. 调整弹簧压力或更换碳刷 3. 下刻云母 4. 检查修理或更换电枢 5. 调整电源电压

（三）电动冲击钻

电动冲击钻是一种旋转带冲击的特殊电钻，在构造上一般为可调式的结构，当将旋钮调到纯旋转的位置并安装钻头，此时的电动冲击钻与普通电钻一样，可对钢材制品进行钻孔；如果将旋钮调到冲击位置并安装上硬质合金的冲击钻头，此时的冲击钻可对混凝土、砖墙等进行钻孔。在建筑装饰工程及水、电、燃气等安装工程中，电动冲击钻应用得十分广泛，其外形如图 11-3 所示。

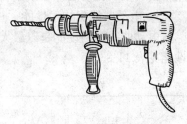

图 11-3　电动冲击钻外形

1. 电动冲击钻技术性能

电动冲击钻的规格、型号、技术性能见表 11-7。

电动冲击钻规格技术性能　　　　表 11-7

项目　　　　　　　型号		回 JIZC-10	回 JIZC-20
额定电压(V)		220	220
额定转速(r/min)		≥1200	≥800
额定转矩(N·m)		0.009	0.035
额定冲击次数(次/min)		14000	8000
额定冲击幅度(mm)		0.8	1.2
最大钻孔直径(mm)	钢材	6	13
	混凝土	10	20

2. 电动冲击钻的使用要点

（1）电动冲击钻使用前应认真检查各部位的完好状况，电源线进入电动冲击钻处绝缘保护是否良好，电缆线有无破损情况等。

（2）根据冲击、钻孔的要求选择适用的钻头，按电动冲击钻所需要的电压接好电源，将钻头垂直于墙面进行钻孔。

（3）电动冲击钻作业时的音响应正常，如发现杂声异响时应即停止操作。发现钻头转速突然下降或临钻透孔时，应适当减小压钻的力量。作业中突然出现刹停，应即切断电源，查明原因，解决后再继续钻孔。

（4）电动冲击钻转移作业位置时，要一手握住手柄，一手拿电缆线，不准拖地拉线以免破损绝缘层。

（5）电动冲击钻用完后应即进行保养，并要放到干燥通风的环境中保管。

（四）电动曲线锯

电动曲线锯是用来对不同材料进行曲线或直线切割的手持式的小型电动机具。它具有体积小、重量轻、操作灵敏、安全可靠和适用范围广的优点，其外形如图 11-4 所示。

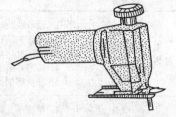

图 11-4　电动曲线锯外形

电动曲线锯由电动机、往复运动机构、风扇、机壳、锯条、手柄和电器开关等组成。

电动曲线锯的锯条作往复直线运动，能锯切形状复杂并带有较小曲率半径的几何图形的各种板材，但所用锯条的粗细不同。锯切木材应使用粗齿锯条；锯切有色金属板材应使用中齿锯条；锯切层压板或钢材时，应使用细齿锯条。

1. 电动曲线锯技术性能

电动曲线据的性能是以最大锯切厚度来表示，国家生产的 JIQZ-3 型电动曲线锯技术性能见表 11-8。

电动曲线锯技术性能表　　　　　　　　　　　　　　　　表 11-8

项目 型号	电压(V)	电流(A)	电源频率 (Hz)	输入功率 (W)	锯切最大厚度(mm)		最小曲率半径 (mm)	锯条负载往复次数 (次/min)	锯条往复行程 (mm)
回 JIQZ-3	220	1.1	50	230	钢板	层压板	50	1600	25
					3	10			

电动曲线锯所用锯条的规格见表 11-9。

锯条规格及选用表　　　　　　　　　　　　　　表 11-9

项目 规格	齿距(mm)	每英时齿数	据条材料	表面处理	锯割材质
粗齿	1.8	10	T10	发蓝	木材
中齿	1.4	14	W18Cr4V	发蓝	有色金属
细齿	1.1	18	W18Cr4V	发蓝	普通碳钢

2. 电动曲线锯使用要点

（1）根据被锯割的材料合理选用锯条，表 11-9 中的锯割材质一项中的木材，尚应包括塑料、橡胶以及皮革等材料。

电动曲线锯在作业中切割较薄的板材，如发现板材有反跳现象，则表明锯齿齿距太大，锯条选用得不合理，应予更换细齿锯条。

（2）锯条的锯齿应锋利，安装在刀杆上就固定紧密牢靠。

（3）电动曲线锯向前锯切时，用力不准过猛，曲线锯割其转角半径不宜小于 50mm。锯切过程中，若锯条被卡住，应先切断电源，然后将锯条退出，再进行慢速锯切。

（4）为保证锯切质量。认准锯切线路很重要，开机后切线不准则严禁随意将曲线锯提起，以防因锯条受到撞击而折断，但可以继续开动曲线锯，找准切割线路。

（5）在锯切的板材表面有孔加工要求时，可先用电钻在指定的位置钻孔，然后再将曲线锯的锯条伸入孔中，锯切出要求的形状。

（6）作业中发现电动曲线锯声响不正常，机壳过热，运转速度不正常等，应立即切断电源，进行检查。待故障排除后再继续进行锯切。

（7）电动曲线锯每天使用完毕都要认真地进行保养，并放在干燥、通风的环境中保管。

（五）电动剪刀

电动剪刀是用来剪切 2.5mm 以下的金属、塑料、橡胶板材的电动机具，它不仅可以做直线剪切，还能切出一定曲线形状的板件，具有剪切效率高，安全可靠，操作简便，携带方便和外形精巧美观等优点，其外形如图 11-5 所示。

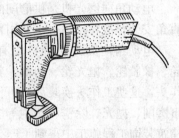

图 11-5　电动剪刀外形图

电动剪刀主要由机壳、单相串激电动机、偏心齿轮、刀杆、刀架和上、下刀头等组成。

1. 电动剪刀的技术性能和适用范围

电动剪刀的主要技术性能是以剪切板材的最大厚度表示，国产主要型号的电动剪刀技术性能见表 11-10。

电动剪刀技术性能表　　　　　　　　　　　　　　　　　表 11-10

项目 \ 型号	回 J₁J-1.5	回 J₁J-2	回 J₁J-2.5
最大剪切厚度(mm)	1.5	2	2.5
最小剪切半径(mm)	30	30	35
电压(V)	220	220	220
电流(A)	1.1	1.1	1.75
输出功率(W)	230	230	340
剪刀每分钟往复次数(次/min)	3300	1500	1260
剪切速度(m/min)	2	1.4	2
持续率(%)	35	35	35
整机质量(kg)	2	2.5	2.5

电动剪刀具有一般剪切设备和手工操作所不能胜任的剪切质量，并能按要求剪切成各种几何形状的板件，尤其是用它来修剪边角更为合适，因而它在建筑装饰工程、车辆、船舶、粮食和食品加工以及修造业中得到了广泛的应用。

2. 电动剪刀的使用要点

（1）电动剪刀使用前应先检查电源电压是否符合机械铭牌上的要求，然后接通电源空转，试验各部分运转是否正常；还要认真检查电缆线的完好程度，确认无误后，方准投入使用。

（2）剪刀刀刃的间隙大小，应根据剪切板材的厚度确定，经验上控制为板材厚度的7%左右。电动剪刀使用前要先调整好机具上、下刀刃的横向间隙。在刀杆处于最高位置时，上、下刀刃仍有搭接，且上刀刃斜面的最高点应大于剪切板材的厚度。

（3）电动剪刀在作业过程中出现杂音异响，应即停机彻底检查，排除故障后再继续使用。

（4）经常注意对电动剪刀的维护与保养，保持剪刀刀刃的锋利，发现磨损后又不能再修磨时，应及时予以更换。

（5）电动剪刀使用完毕应即进行清洁工作，并放到干燥、通风的库房内进行保管。

（六）电动角向磨光机

电动角向磨光机是供磨削的电动机具，它的工作头多为碗形砂轮，且与电动机轴线成直角安装，故特别适合于使用普通磨光机受限制而不能磨到的位置的磨削。

电动角向磨光机随机配有粗磨砂轮、细磨砂轮、橡胶轮、抛光轮、切割砂轮和钢丝轮等多种工作头，这些工作头换装后，可使电动角向磨光机从事磨削、抛光、除锈和切割等多种作业，因而它在建筑装饰工程施工中得到了广泛的应用。

电动角向磨光机主要由电动机、传动齿轮、输出轴、工作头、机壳、电缆和电源开关等组成，其外形如图11-6所示。

图 11-6　电动角向磨光机外形

1. 电动角向磨光机技术性能

国产电动角向磨光机的主要型号及技术性能见表11-11。

电动角向磨光机技术性能表　　　　　　　表 11-11

型号 项目	SIMJ-100	SIMJ-125	SIMJ-180	SIMJ-230
砂轮最大直径(mm)	$\phi100$	$\phi125$	$\phi180$	$\phi230$
砂轮孔径(mm)	$\phi16$	$\phi22$	$\phi22$	$\phi22$
主轴螺纹规格(M)	M10	M14	M14	M14
额定电压(V)	220	220	220	220
额定电流(A)	1.75	2.71	7.8	7.8
额定频率(Hz)	50～60	50～60	50～60	50～60
额定输入功率(W)	370	580	1700	1700
工作头空载转速(r/min)	10000	10000	8000	5800
整机净质量(kg)	2.1	3.5	6.8	7.2

2. 电动角向磨光机使用要点

（1）使用前按角向磨光机要求电压接好电源，电缆线、插头不准随意更换，彻底检查机具的完好程度。按作业要求选用合适的工作头，并安装牢固，不准松动。

（2）作业过程中，砂轮不准受到撞击，使用切割砂轮时，不准有横向摆动，以免砂轮受到破坏。

（3）作业过程中，若发现转速急剧下降，传动部分受卡停转及有异常音响，机具温度过高或出现异味、电刷下火花过大等故障时，应立即停机，排除故障后，再继续使用。

（4）电动角向磨光机要按操作规程要求使用，注意经常性的维护与保养。用完后应放到干燥通风处妥善保管。

（七）电动角向钻磨机

电动角向钻磨机是一种既能钻孔又能磨削的两用小型电动机具。由于工作头与电动机成直角安装，所以它特别适合空间位置受限制，而不便使用普通电钻和一般磨削工具加工的场合。

电动角向钻磨机随机配有普通钻头、橡胶轮、砂布轮和抛光轮等工作头附件。这些附件换装后，可以对材料进行钻孔、磨削、抛光等加工。电动角向钻磨机在建筑装饰工程施工中对多种材料钻孔、清理毛刺表面、表面磨光、表面抛光和雕刻制品等发挥着重要的作用，是装饰施工中不可缺少的小型电动机具。

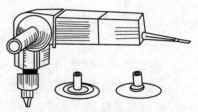

图 11-7　电动角向钻磨机外形

电动角向钻磨机由电动机、传动齿轮、工作头、机壳、手柄和电源、电缆等组成，其外形如图 11-7 所示。

1. 电动角向钻磨机技术性能

国产回 JIDJ-6 型电动角向钻磨机技术性能见表 11-12。从表中可知，电动角向钻磨机的主要技术性能是以钻孔最大直径来表示的。

电动角向钻磨机技术性能表　　　　　　　　　　表 11-12

型号＼项目	钻孔直径(mm)	抛布轮直径(mm)	电压(V)	电流(A)	输出功率(W)	负载转速(r/min)
回 JIDJ-6	6	100	220	1.75	370	1200

2. 电动角向钻磨机使用要点

（1）使用前检查电源电压是否符合钻磨机的要求，电源接头绝缘是否良好，电缆线有无破损情况，开机空载试运转检查各运转部分是否正常等，确认无误后方可投入使用。

（2）根据作业要求选用合适的工作头，并要安装牢固，不准松动。

（3）作业中随时掌握钻磨机的工作状态，出现异常情况应及时调整与排除。机具使用完毕后要进行保养，并要放在干燥、通风环境妥善保存。

（八）电动磨石子机

电动磨石子机是一种小型手持式的电动工具，动力装置为单相串激交直流两用的电动机，具有体积小、重量轻、外形美观、磨石效率高等优点，其外形构造如图 11-8 所示。

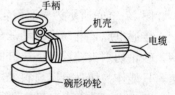

手柄
机壳
电缆
碗形砂轮

图 11-8　电动磨石子机外形

电动磨石子机由单相交直流两用串激电动机、机壳、碗形砂轮、手柄和电缆线等组成。在建筑装饰工程施工中，它特别适合对各种水泥砂浆、水泥混凝土、水磨石、大理石和花岗石为基体的装饰层表面进行磨光，尤其是对作业面窄小、形状复杂、电动磨石机磨不到的饰面层，如晒台、盥洗设备、现制水磨石楼梯、地面的阴角处以及商店标牌等更能显出它的优点。与人工进行打磨相比，其可以大大地降低劳动强度，提高生产效率。

1. 电动磨石子机技术性能

电动磨石子机的规格以碗形砂轮的规格大小表示。国产的电动磨石子机型号有回

SIMJ-100、回 SIMJ-125、回 SIMJ-180、回 SIMJ-230 四种，其中应用较多的是回 SIMJ-125，其技术性能见表 11-13。

电动磨石子机技术性能表 表 11-13

项目 型号	适用碗形砂轮规格 （mm）	电压(V)	电流(A)	输入功率(W)	砂轮空载转速(r/min)
回 SIMJ-125	BW125×15×32	220	1.75	370	1800

2. 电动磨石子机使用要点

（1）使用前先检查电源电压是否符合磨石子机铭牌上的要求，电缆线、电源插头是否完好，机具各部位是否正常，根据切割、磨削材料的要求，判断工作头选择得是否合适，确认无误后方准投入使用。

（2）作业过程中不要对工作头加力过大，碗形砂轮磨头要平面与作业面接触，不准向一侧用力过猛，地面狭窄部位磨削时，不要使砂轮边缘切割墙面阴角两侧，以免损坏工作头。

（3）作业时发现机具温升过高、转速下降、工作头松动或出现异常响声，应停机、切断电源，进行检查或排除故障后再继续使用。

（4）电动磨石子机使用完毕，应进行润滑、保养，并置于干燥通风处保存。

（九）砂轮切割机

砂轮切割机是一种小型、高效的电动切割机具，它是利用砂轮磨削的原理，将薄片砂轮作为切削刀具，对各种金属型材进行切割下料，切割速度快，切断面光滑、平整，垂直度好，生产效率高。若将薄片砂轮换装上合金锯片，还可以切割木材和硬质塑料等。在建筑装饰施工中，砂轮切割机多用于金属内外墙板、铝合金门窗安装和轻金属龙骨吊顶等装饰作业的切割下料。

根据构造和功能的不同，砂轮切割机分有单速型和双速型的两种。它们都是由电动机、动力切割头、可转夹钳底座、转位中心调速机构及砂轮切割片等组成。双速型的砂轮切割机还增设了变速机构。

图 11-9(a)所示为单速砂轮切割机的外形。作业时，将要切割的材料装夹在可换夹钳上，接通电源，电动机驱动三角带传动机构，带动砂轮片切割头高速旋转，操作者按下手柄，砂轮切割头随着向下送进而切割材料。这种砂轮切割机构造简单，但只有一种工作转速，只能作为切割金属材料之用。

图 11-9(b) 所示为双速型砂轮切割机的外形。这种切割机采用了锥形齿轮传动，增设了变速机构，可以变换出高速和低速两种工作速度。若使用高速，需配装直径为 300mm 的切割砂轮片，用于切割钢材和有色金属等金属材料；若使用低速，需配装直径为 300mm 的木工圆锯片，用于切割木材和硬质塑料等非金属材料。其次，双速型砂轮切割机的砂轮中心可在 50mm 范围内作前后移动；底座可在 0～45°范围内作任意角度的调整，加宽了切割的功能，而单速型砂轮切割机的动力头与底座是固定的，且不能前后移动。

1. 砂轮切割机的型号及主要技术参数

根据国家标准《电动工具基本技术条件》规定，砂轮切割机的型号编制用汉语拼音的字头和数字表示，实例如下：

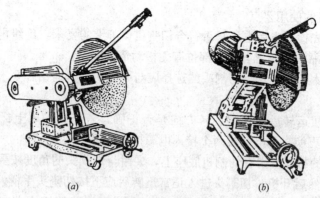

图 11-9　砂轮切割机外形图

(a)单速型砂轮切割机；(b)双速型砂轮切割机

J 3 G S-300 型

　　　　　├─规格系列代号(砂轮切割片直径)
　　　　├──构造型式代号(双速型砂轮切割机)
　　　├───电动机具代号(砂轮切割机)
　　├────电动机类别代号(三相工频电动机)
　├─────电动机具大类代号(金属切削用的电动机具)

J 3 G-400 型

　　　　├─规格系列代号(砂轮切割片直径)
　　　├──电动机具代号(砂轮切割机)
　　├───电动机类别代号(三相工频电动机)
　├────电动机具大类代号(金属切削用的电动机具)

2. 砂轮切割机技术性能

国产砂轮切割机的定型产品技术性能见表 11-14。

砂轮切割机技术性能表　　　　　　　　　　　　　　　表 11-14

型号 项目	J3G-400 型	J3GS-300 型
电动机类别	三相工频电动机	三相工频电动机
额定电压(V)	380	380
额定功率(kW)	2.2	1.4
转速(r/min)	2880	2880
级数	单速	双速
增强纤维砂轮片(mm)	400×32×3	300×32×3
切割线速度(m/min)	60(砂轮片)	8(砂轮片)，32(圆锯片)
最大切割范围(mm) 　圆钢管、异形管 　槽钢、角钢 　圆钢、方钢 　木材、硬质塑料	135×6 100×10 ф50	90×5 80×10 ф25 ф90
夹钳可转角度(°)	0, 15, 30, 45	0~45
切割中心调整量(mm)	50	
整机质量(kg)	80	40

3. 砂轮切割机的使用要点

(1) 使用前应先检查电源电压是否符合切割机铭牌上的要求，绝缘电阻、电缆线、地线等是否完好、可靠，切割机各连接部位有无松动情况等。

(2) 砂轮片或木工圆锯片等切割头的选择应与砂轮切割机的铭牌要求相符，防止电动机因超载而被损坏。

(3) 切割机开机运转后要观察旋转方向是否正确，若与机护罩上标明的旋转方向相反，应立即停机，更换三相电动机两个接入电源接头后再投入使用。

(4) 将被切割的材料装卡在切割机底座上，夹钳与切割头的角度按要求调整好，旋紧螺钉，夹持牢固，然后开机，切割头进入正常运转后应下按切割头手柄，进行匀速切割。

(5) 操作人员应站在切割机一侧作业，避开切割头旋转的切线方向，用力也不要过猛，以防因砂轮片崩裂的碎片和切削下来的碎屑伤人。

(6) 砂轮切割机作业中若出现异常音响，切割头与被切材料都有跳动，即切割头或被切材料没有装卡牢固，此时需停机检查，重新紧固后再继续切割。

(7) 砂轮切割机使用完毕，应进行保养；较长时间不再使用，应将其放置干燥、通风处保存。

(十) 电刨

手电刨又称手提式木工电刨。它是由一台串激电动机作为动力装置，带动三角带传动机构，使装有两把刨刀的刀轴旋转，对木材进行刨削加工的小型电动机具。它既可以刨削平面，也可以倒角或刨止口，代替了木工推刨子的繁重体力劳动。其在建筑装饰工程中主要用于门窗安装、木地面施工和各种木料的刨平作业，其外形如图 11-10 所示。

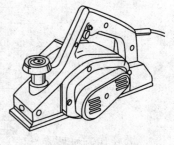

图 11-10　电刨外形图

1. 电刨的主要技术性能

国产电刨定型产品回 MIB-60/1、回 MIB-90/2 的技术性能见表 11-15。

电刨技术性能表　　　　　　表 11-15

项目＼型号	回 MIB-60/1	回 MIB-90/2	项目＼型号	回 MIB-60/1	回 MIB-90/2
刨刀宽度(mm)	60	90	额定输出功率(W)	430	670
最大刨削深度(mm)	1	2	额定频率(Hz)	50	50
额定电压(V)	220	220	刀轴转速(r/min)	≥9000	≥7000
额定电流(A)	2.1	3.2			

2. 电刨的使用要点

(1) 使用前先检查一下电源电压是否符合电刨铭牌上的要求，电缆线有无破损，电源接入接头是否正确、牢固。

(2) 较长时间没有使用了的电刨，使用前要测定绕组与机壳之间的绝缘电阻，且不得小于 7 兆欧，否则要先进行干燥处理。

(3) 刨削前再检查被刨材料表面有无铁钉，要有应先剔掉，以防刨削时刀片破裂，碎片弹出伤人。

（4）木工电刨不能用来刨削其他材料。更换三角带、刀片或检修时，都要拔下电源插头。

（5）要定期检查电刨的碳刷、换向器、开关和电源插头等，尤其要注意碳刷磨损后要及时更换。

（6）转移作业位置时，要一手拿电刨，一手拿电缆线，不准拖拉电刨或电缆线，以防机具或电缆线损坏。

（7）操作者应戴好防护镜和绝缘手套。

（8）电刨使用完毕，应进行保养，并放置干燥、无腐蚀性气体及通风环境中保存。

（十一）电锯

电锯又称手提式木工电锯，它是由串激电动机、凿形齿复合锯片、导尺、护罩、机壳和操纵手柄等组成，其外形如图11-11所示。

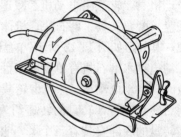

图11-11　电锯外形图

手提式木工电锯主要用来对木材横、纵截面的锯切及胶合板和塑料板材的锯割，具有锯切效率高、锯切质量好、节省材料和安全可靠等优点，是建筑物室内装饰工程施工时重要的小型电动机具之一。

1. 电锯的主要技术性能

国产手提式木工电锯主要技术性能见表11-16。

手提式木工电锯技术性能表　　　　　　表11-16

项目 型号	锯片直径 (mm)	最大切削深度(mm)		额定功率(W)		空载转速 (r/min)	总长度(mm)	机具质量(kg)
		45°	90°	输入	输出			
5600NB	160	36	55	800	500	4000	250	3
5800N	180	43	64	900	540	4500	272	3.9
5800NB	180	43	64	900	540	4500	272	3.9
5900N	235	58	84	1750	1000	4100	370	7.5

2. 电锯使用要点

（1）使用前先检查电源电压是否符合电锯铭牌上额定电压的要求，电源接入端接头是否牢固可靠，电缆线是否完好等。

（2）将被锯材料用螺丝压板或其他方法夹紧固定，在锯割时不得移动或变位。

（3）作业时，只准用手柄提升安全罩，不准将安全罩固定或拉紧到开启的位置上，安全罩始终应保持良好的工作状态。

（4）手提电锯转移作业位置时，不准随意开启电锯，以防发生事故。

（5）作业中需调整锯切深度螺母和斜锯切螺母时，要停机及切断电源进行，调整好后要夹紧，确认牢固可靠后再开机锯切。

（6）切割大截面的材料需用双手导锯时，应将左手紧握在侧手柄上。

（7）作业中不准猛拉电缆线，以防插头脱离插座。凡需要更换锯片、检查、调整、紧固电锯以及润滑时，都必须停机及切断电源后进行。

（8）电锯用完后，先清洁、保养，后放到干燥、无腐蚀性气体的环境中保存。

（十二）电动水磨石机

1. 电动水磨石机构造组成

电动水磨石机是现制水磨石地面施工时用于地面磨平和抛光的地面装饰施工的小型电动机具，它是由电动机、减速机构、磨石转盘、磨石夹具、磨石块、机体和扶手等组成，其外形如图 11-12 所示（单盘磨石机）。

电动水磨石机有单盘和双盘的两种。作业时，启动电动机 5，经齿轮减速后，带动磨石转盘旋转，转盘的转速约为 300r/min，在转盘的底部安装着三个磨石夹具 8，每个夹具能夹住一块三角形的金钢砂磨石条 7。当转盘旋转时，冷却水水管向磨石喷注清水，进行冷却和助磨，必要时，也可再往地面洒水，目的是使磨石机在磨光过程中不致发热，同时提高磨光的质量。这种单盘的电动磨石机每小时可磨光地面 $3.5 \sim 4.5 m^2$ 的面积。

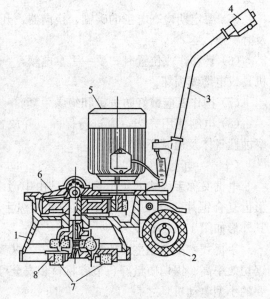

图 11-12　电动单盘磨石机外形
1—磨盘罩体；2—滚轮；3—扶手；4—开关；
5—电动机；6—减速箱；7—磨石条；8—磨石夹具

2. 电动水磨石机使用要点

（1）电动水磨石机操作者应戴绝缘手套、穿防护胶鞋，以防在湿作业中触电。

（2）使用前，应认真检查电气系统，电缆线应完好无损，并要用绳子捆扎悬挂起来，不准随磨石机在湿、水的地面上拖动，操作扶手上的电器开关绝缘保护良好，严防操作者触电。

（3）使用前要先润滑磨石机各相对运动零件表面，检查磨石条安装是否牢固可靠，所有螺栓、螺母联接部位必须连接牢固，传动件要运转灵敏且间隙合理，不松旷。

（4）作业前先开机作试运转，待磨石机的工作转速进入正常后再放下磨石工作部分。作业中若发现音响不正常，磨石条蹦跳等要停机，切断电源，检查并排除故障后再投入使用。

（5）长时间作业，发现电动机或传动部分过热，应停机冷却后再用。

（6）每天作业完毕，都要将机械擦拭干净，加好润滑油，盘好电缆线，放在通风干燥处保管，严禁电动机受潮，传动件受腐蚀。

第二节　风　动　机　具

风动机具是利用高压空气的气压能作能源来驱动机具，以达到建筑装饰施工作功的目的。装饰工程施工中常用的风动机具有风动冲击锤、风动锯、风动磨腻子机、风动角向磨光机、风动射钉枪、风动拉铆枪、风动喷枪和风动磨石子机等。

各种风动机具所使用的高压空气动力源，都是由不同形式和构造的空气压缩机(空压机)来制作的，因而空压机就是风动机具的重要配套设备。

一、空气压缩机

空气压缩机本身并不是动力源，它是靠电动机或内燃机的驱动，将常压空气压缩成高压空气而具有气压能，再转换成机械能作功的一种动力装置。

空气压缩机根据压气方式不同，可分为旋转式、离心式和往复式三种类型，其中往复式空压机应用最为广泛。往复式空压机分为单级和多级两种；按其压气缸的排列方式可分为直列式、横置式、V式和W式；按冷却方式又可分为水冷式和风冷式。建筑装饰施工中使用的空压机排气量都较小，一般为 0.3～0.9m³/min，其构造形式多为单级往复式(活塞式)电动机驱动的空压机。

(一) 往复式单级单缸空气压缩机

图 11-13 所示为单级往复式空气压缩机的外形。这种空压机是指吸入气缸的空气只经过活塞一次压缩，就被送入储气罐，输出后就具有气压能，可供各种小型风动机具使用。

图 11-14 所示为单级往复式空气压缩机的工作原理。其中(a)图表示为空压机的吸入行程，即当活塞从左向右运动时，气缸的容积增大，压力减小，外界的空气压力克服了进气阀上的弹簧压力，从进气阀3流入气缸，待缸内的空气与外界的大气压力相等时，弹簧则自动伸张而将进气阀门3关闭；图(b)表示为空压机的压缩行程，当活塞在缸内向左运动时，气缸内的空气被压缩，气压增大，当缸体内的空气压力超过排气阀上的弹簧压力时，被压缩的空气即沿排气阀4排出，送入储气罐内。

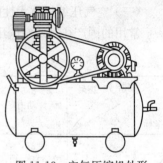

图 11-13　空气压缩机外形

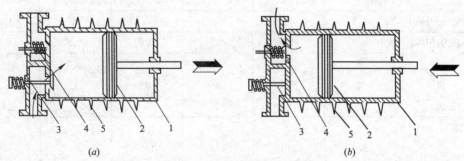

(a)　　　　　　　　　　　　　(b)

图 11-14　单级单缸空压机工作原理

(a)吸入行程；(b)压缩行程

1—气缸；2—活塞；3—进气阀；4—排气阀；5—冷却翼片

这种单级单缸式的空气压缩机所产生的压缩空气的压力都较低，一般为 0.5MPa 左右，其构造主要由电动机、三角带传动机构、自动调压机构、曲柄连杆机构、储气罐和压力表等组成。

(二) 空气压缩机的使用要点

1. 空气压缩机应放置在空气流通及清洁、阴凉处，不准停放在露天或空气污浊、尘土较多，以及有汽油、煤油等燃料或蒸气废气的环境中工作，并要停放平稳、牢靠。

225

2. 空气压缩机启动前，需加注润滑油至缸底壳内油面线高度，然后用手转动带轮，感觉其运转部分应无障碍。检查接入电源电压、导线、电动机等均无异常后可开始启动。空压机的旋转方向应与机上标明的箭头方向一致，空转后确认一切正常，即可逐渐升高压力，并使其达到额定压力值。在空压机处于全负荷运转中，再作详细检测，如查温升（最高不准超过180℃）、漏气、漏油及压力稳定状况，并校验安全阀、压力调节机构等均无异常，即可投入正常使用。

3. 空压机在作业中，要随时检查其运行情况，输气管路布置应避免死弯，还要设伸缩变形装置。输气管路过长时，应设分水器，储气罐每使用两个标准台班后，应放一次凝结水，以使储气罐内保持清洁。

4. 空压机上所用空气滤清器每隔250h后应进行一次清洗。

5. 空气压缩机停止工作时，要先降低负荷后关机，并放净冷却器中的冷却水。若长时间停用，需将气缸上的气阀拆下，彻底清洗后，涂抹润滑油封存。气缸活塞表面等各开口处用纸盖并涂满润滑油封闭存放。

（三）空气压缩机技术性能

常用的国产往复式空气压缩机的技术性能见表11-17。

活塞式空气压缩机技术性能   表 11-17

数据 型号 指标	ZY-8.5/7 （天津动力厂， 9m³）	2VY-12/7	W-6/7	W-9/7	3L-10/8	4L-20/8
形式	四缸，直立，单动，二级，风冷，移动	四缸，V形，单动，二级，风冷，移动	六缸，W形，单动，二级，风冷，移动	六缸，W形，单动，二级，风冷，移动	二缸，L形，复动，二级，水冷，半固定	二缸，L形，复动，二级，水冷，半固定
排气量（m³/min）	8.5	12	0±0.3	9－0.45	10	21.5
排气压力（MPa）	0.7	0.7	0.7	0.7	0.8	0.8
气缸数						
一级	2	2	4	4	1	1
二级	2	2	2	2	1	1
气缸直径（mm）						
一级	240	240	140	140	300	420
二级	140	140	115	115	180	250
活塞行程（mm）	140	120	102	127	200	240
转速（r/min）						
额定（全负荷时）	860	1500	1225	1450	480	400
3/4 负荷			800～900	1000～1100		
低（1/2）负荷			500～600	700～800		
所需轴功率（kW）	约55	＜73.5	≥73	≥60	≤60	≤118
气压调节器打开与关闭压力（MPa）	0.7，0.5～0.6	0.71～0.72 0.5～0.6	0.725～0.7 0.63～0.56	0.725～0.7 0.63～0.56	0.8～0.74	0.8，0.74

指标 \ 数据 \ 型号	ZY-8.5/7 (天津动力厂, 9m³)	2VY-12/7	W-6/7	W-9/7	3L-10/8	4L-20/8
打开安全阀时压力(MPa)						
一级	0.24	0.24~0.26	0.28	0.28		
二级	0.77	0.74~0.78	0.75	0.75		
排气温度(℃)	<180	<180	<180	<180	<160	<160
润滑油压力(MPa)	0.1~0.3	0.15~0.3			0.1~0.2	0.1~0.2
润滑方法	压力输送	压力输送	连杆打油飞溅	连杆打油飞溅	压力输送	压力输送
润滑油温度(℃)	85	≤80			<60	<60
油底壳容量(kg)		25(L)	8.5	8.5		
储气筒容量(m³)	0.31		0.25	0.25	1.2	0.5
发动机	4146K(A)	6135C-1			三相绕线型异步电动机 75kW	三相绕线式感应电动机 130kW
全重(kg)	5000	3000	3200	3500	1700	3033
外形尺寸(mm)						
长	4420	4000	3560	4065	1898	2200
宽	1988	1700	1840	1840	875	1150
高	2483	2050	2115	2175	1813	2130
前后轴距(mm)	2522	2020	1900	1985		
轮距(mm)	1640	1480	1560	1560		
最大拖行速度(km/h)	20	30	15	15		
最小转变半径(m)	10	7	5	5		

二、风动锯

在建筑装饰工程中，风动锯的功能基本上与电动曲线锯相同，即用来锯切普通碳钢钢板、铝合金、塑料、橡胶和木板等。

在工作原理上，风动锯不同于电动曲线锯的是它利用风马达作为动力装置，动力源为高压空气。作业时，高压空气经过风动锯的节流阀进入滑片式的风马达，使风马达的转子旋转，经过齿轮减速装置，带动曲轴连杆机构，使连杆下端的锯条作高速的往复直线运动进行锯割作业。为了减小连杆的上下高速运动所带来的振动，在风动锯的前部专设有平衡装置。风力的大小由旋转式节流阀进行调节，其外形如图 11-15 所示。

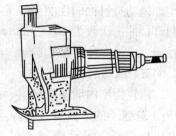

图 11-15 风动锯外形图

风动锯主要性能参数为：使用高压空气压力为 0.5MPa；排气量要求 0.6m³/min；空载频率为 2500 次/min；可锯切热轧钢板厚度不超过 5mm；铝合金板不超过 10mm 厚；风

动锯自重为 2kg。

三、风动冲击锤

风动冲击锤是利用高压空气作为传动介质，驱动风马达旋转实现钻孔，通过气动元件和调节控制阀使冲击气缸实现往复直线冲击运动，因而风动冲击锤（风动冲击钻）具有旋转和往复直线冲击两种运动。从构造上看，风动冲击锤具有往复冲击和旋转两个工作腔，通过齿轮进行有机结合，阀衬选用聚酯型泡沫塑料全密封，不仅使风动冲击锤的密封性好，且可实现密封材料耐磨。

风动冲击锤装卡上硬质合金冲击钻头，可对各种混凝土、砖石结构构件钻孔，用来安装膨胀螺栓，在装饰工程施工中替代预埋件，可以加快安装速度。在墙面板材安装装饰、吊顶工程和玻璃幕墙安装装饰中多有应用。

风动冲击锤由四位六通手动单向球形转换阀和线型过滤器及其他元件组装而成。其结构紧密、外形美观、操作方便、工艺性能好，其外形构造如图 11-16 所示。

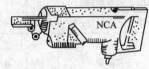

风动冲击锤的主要性能参数为：使用高压空气压力为 0.5~0.7MPa；耗气量为 0.4m³/min；空载转速为 300r/min，负载转速为 270r/min；空载冲击频率为 2500 次/min，负载冲击频率为 4000 次/min；使用最高压力为 0.8MPa；在水泥混凝土中的穿透能力为 20mm；自重 4.5kg。

图 11-16　风动冲击锤外形

四、风动打钉枪

风动打钉枪是锤打扁帽钉的专用风动机具，装饰工程中的室内木墙裙压条铺钉、木地面龙骨的钉固、挂镜线的钉固以及木窗台板的钉固等，都要求扁帽钉钉入木板（条）内。饰面层不得看见钉帽，所以在装饰施工中砸扁帽钉的任务较多，使用风动打钉枪锤打钉帽成扁，生产效率高，锤砸方便、安全可靠，还可以降低工人的劳动强度，故它被广泛地应用在木装修工程中。

风动打钉枪是利用高压空气作为动力介质，通过气动元件控制打钉枪和冲击气缸，实现往复冲击运动，推动安装在活塞杆上的冲击片，迅速冲击装在钉壳内靠坡度自由滑入冲击槽内的普通标准圆钉，达到连接各种木质结构的目的。

风动打钉枪的构造简单，它是利用冲击气缸，推动活塞杆作往复直线运动，实现打钉枪冲击作功，其外形如图 11-17 所示。

风动打钉枪的性能参数为：打钉范围 25mm×51mm 普通标准圆钉；冲击次数为 60 次/min；使用气压为 0.5~0.7MPa；风管内径为 10mm；自重为 3.6kg。

图 11-17　风动打钉枪外形

五、风动磨腻子机

建筑物室内墙面做涂料、裱糊装饰时，要求基层表面必须光滑、平整，常借用满刮 1~3 遍腻子的手段进行处理，这是一种工程量大、劳动强度高的作业，并且要求质量也比较严格。风动磨腻子机可以有效地完成这一任务。木器家具、电器产品、车辆、机床以及仪器、仪表的外表面装饰前的基层处理，同样有腻子面打磨的工艺（俗称打毛），以保证饰面层与基层粘结得更加牢固。此外，风动磨腻子机还可以进行抛光和打蜡的作业。

图 11-18 所示为风动磨腻子机的外形，它的工作原理是：在底座内腔安装有钢球和导轨，底座下部装有夹板，在夹板上夹持着砂纸。当作业时，用手下压上盖即打开气门，高压空气经气门进入底座的内腔，推动腔内的钢球沿着导轨，作高速的圆周运动，产生离心力。这种有规律的离心惯性力带动着底座作平面有规则的高速运动，于是，底座下面的砂纸即对作业面产生了磨削的效果。

图 11-18　风动磨腻子机外形

风动磨腻子机的构造特点是体积小、重量轻、构造简单、手感振动小和使用方便。其主要性能参数为：使用气压 0.5MPa；磨削压力为 20～50N；通气管内径为 8mm；外廓尺寸为 166mm×110mm×97mm；机重为 0.7kg。

六、喷枪

建筑物墙面做涂料装饰喷浆（灰浆）和喷涂（涂料）两种方法时，使用的机械设备主要有空气压缩机、喷枪等，喷枪又可分为灰浆用喷枪和涂料用喷枪。

（一）灰浆用喷枪

灰浆用喷枪一般由钢板或铝合金焊接而成，头部装有喷嘴。这种喷枪将灰浆输送管与高压空气输送管组合在一起，使灰浆在高压空气的作用下，从喷嘴中均匀地喷涂到墙面的基层上。灰浆用喷枪有两种型式。

1. 普通喷枪

图 11-19 所示为普通喷枪的构造，它是由灰浆管 1、高压空气管 2、阀门 3 和喷嘴 4 组成。这种喷枪只适合白灰砂浆的喷涂，其喷嘴有 10mm、12mm 和 14mm 三种，可根据喷浆的技术要求进行选择使用。

2. 万能喷枪

图 11-20 所示为万能喷枪的构造，这种喷枪比普通喷枪多了两段锥形管，它可以借助于高压空气将白灰砂浆、水泥砂浆或混合砂浆均匀地喷到墙面上。

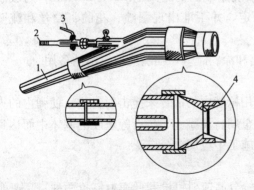

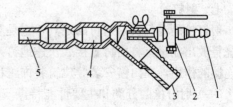

图 11-19　普通喷枪　　　　　　　　　　　图 11-20　万能喷枪

1—灰浆管；2—高压空气管；3—阀门；4—喷嘴

（二）油漆（涂料）用喷枪

图 11-21 所示为喷枪的外形。它是由储漆罐、喷射器、涂料上升管和手柄等组成。盖

上方有弓形扣和三翼形螺母各一只。借三翼形螺母左转，可将弓形扣顶向上方，此时，弓形扣的缺口部将贮漆罐两侧的拉杆上提而拉紧，使喷枪盖紧盖在储漆罐上。作业时，用食指或中指扣紧扳手，高压空气即从进气管经进气阀门进入喷射器头部的空气室，此时控制喷漆输出量的顶针也随着扳手后退，空气室内的压缩空气流入喷嘴，使喷嘴部分形成负压，储漆罐内的漆料就被大气压力压入漆料上升管而涌向喷嘴，喷嘴出口处遇到高压空气，就被吹散成雾状而附粘在墙面上。

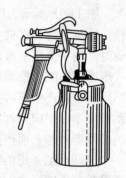

图 11-21　喷枪外形图

喷射器的头部有可调整喷涂面积的刻度盘可以根据作业要求，按喷枪使用说明书进行随时调整。

油漆喷枪的主要技术性能见表 11-18。

（三）喷枪使用要点

1. 根据作业要求合理选择喷嘴的号数，并安装牢固。

喷漆枪技术性能表　　　　　　　　　　　　　　　　　　　　　表 11-18

项目 名称	储漆量(kg)	使用压力(MPa)	喷涂距离(mm)	喷射面积(mm)	枪重(kg)
小型喷漆枪	0.6	0.3～0.38	2.50	ϕ38	0.45
大型喷漆枪	1	0.45～0.55	260	圆形 50 扇形 130	1.2

注：表内小型喷漆枪型号为 PQ—1；大型喷漆枪型号为 PQ—2。

2. 作业前检查空气压缩机的压力是否符合使用压力的要求，漆料通路上的密封性是否良好，漆料稀释的是否符合喷涂要求，空气阀门能否保证气路通畅，圆形或扇形喷雾调节装置是否灵敏、准确等。

3. 开机试喷，将喷枪的喷头垂直于平板表面进行试喷，雾幅应在规定的范围内。

4. 喷涂时按操作规程要求使用喷枪，喷嘴距墙面的距离为 200～300mm，行驶轨迹为"S"形，运行速度以要求的涂层厚度确定，并不准出现漏喷、花脸、拉丝和流坠等缺陷。

5. 喷枪用完后应用清水清洁枪体、管路和涂料罐等，喷嘴应取下清洁备用。

七、射钉枪

射钉枪是专门发射射钉的工具，它是利用枪膛内的撞针来撞击射钉弹，使弹内的火药燃烧释放出能量，将射钉直接、快速地钉入金属、混凝土、砖石等坚硬的基体中而达到紧固连接的作用，在门窗安装等建筑装饰工程施工中应用十分广泛。

（一）射钉枪的分类和主要性能特点

根据冲击能量和冲击速度的大小，射钉枪分高速射钉枪和低速射钉枪两种。高速射钉枪可以 500m/s 的冲击速度，直接强行推动钉弹进行钉固作业。这种射钉枪的冲击能大、穿透力强，适合在较厚的坚硬基体上紧固时使用。低速射钉枪又称为活塞式射钉枪，是利用火药燃烧后的气体，作用在活塞上，使活塞获得沿枪膛的冲击能，再去冲击射钉，最后将构件锚固在基体上；而不像高速射钉枪那样，直接发射射钉，好似锤子钉钉子一样，所以它不存在穿透基体及射钉飞出去的危险。在装饰工程施工中应用的射钉枪主要属于此种类型，其构造和紧固系统如图 11-22 所示。

射钉枪所用的射钉系用优质钢材加工并经热处理而成，因此，射钉具有很高的强度、冲击韧性和抗腐蚀的性能。射钉按使用要求和构造形式不同可分为一般射钉、螺纹射钉和带孔射钉，如图 11-23 所示。

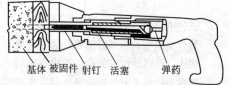

基体 被固件 射钉 活塞 弹药

图 11-22 射钉枪构造及紧固系统图

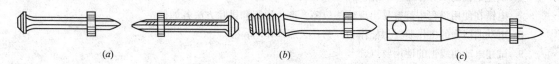

(a)　　　　　　　　　(b)　　　　　　　　　(c)

图 11-23 射钉构造形式
(a)一般射钉；(b)螺纹射钉；(c)带孔射钉

（二）射钉枪的使用要点

1. 使用射钉枪之前应认真检查枪体各部位是否符合射钉作业的要求。

2. 装钉弹时严禁用手去握住扳机，以免发生意外事故。

3. 严禁将枪口冲着自己和他人，即使有安全把握，如枪膛没有装着钉弹，也是不允许的。

4. 操作人员操作射钉枪时，必须将枪握牢，摆正枪身，击发时要稳、准，确保枪口贴紧基体表面，不准倾斜，以防飞溅物伤人。

5. 在混凝土基体上射击光钉时，必须将剥落保护罩安装好，否则不准使用。

6. 混凝土基体在无被固定件的情况下，不准使用射钉枪射击光钉。

7. 已装好钉弹的射钉枪，要立即使用，不要放置或带着装好钉弹的射钉枪在现场来回走动，以免发生意外。

8. 作业时，射钉枪连续两次击发不响，需待 1min 以后再打开枪体，检查击钉或击钉座垫是否出现故障。

9. 扶持固定件的手，在击发时要离开射点的中心位置 150mm 以外，以免手被碰伤。

10. 制作得不规则且已变形的构件、部件，不准作为直接射击的目标使用，以免发生危险。

11. 高空作业时，射钉枪应有牢固的安全带和安全带环，用弹簧钩挂在肩上，既便于操作，又有利于保证安全。

12. 当射钉隔墙时，邻室内不准有人，或派人监护，监护人也要避开射钉的方位。

13. 在射钉枪的发射部位，除了发射操作人员外，不准有其他人员靠近或逗留。

14. 射钉时必须站在操作方便、稳当的位置；高空作业时必须将脚手架支搭牢靠，若用梯子必须放稳且固定后再进行操作，以防由于射钉时的反冲作用而发生事故。

15. 不经有关部门批准，不准在有爆炸危险和有火灾危险的车间或现场使用射钉枪。

复习思考题

1. 试述电动机具的分类。
2. 为什么说电动机具的绝缘性能必须要好？
3. 试述一般电动机具的构造组成及功用。
4. 装饰工程施工中选用电动机具应注意哪些问题？
5. 试述手电钻使用时的注意事项。
6. 试述电锤的工作原理。
7. 电锤在使用过程中都容易出现哪些故障？产生原因和排除方法各如何？
8. 电动曲线锯的工作装置怎样作功？为什么那样作功？
9. 试述电动曲线锯的使用要点。
10. 电动角向磨光机都适合进行什么作业？
11. 使用砂轮切割机时应注意哪些事项？
12. 使用手电刨刨削木材时应先做哪些准备工作？
13. 试述电动水磨石机的工作原理。
14. 试述一般风动机具的工作原理及主要类型。
15. 什么叫单级单缸式空气压缩机？有什么主要性能特点？
16. 试述空气压缩机的使用要点。
17. 在装饰工程中什么样的装饰作业适合使用风动冲击锤？
18. 风动磨腻子机主要能从事哪些作业内容？
19. 试述风动磨腻子机的工作原理。
20. 试述喷枪的构造与工作原理。
21. 试述射钉枪的射钉原理。
22. 试述射钉枪的使用要点。

第十二章 建筑装饰工程施工项目管理

第一节 项目管理的一般概念

一、项目的概念

（一）项目

在一定约束条件下，并具有特定目标的一次性实施活动称为项目，如科研项目、建设项目及维修项目实施性活动等。项目具有一次性、约束性和整体性等特征。

1. 项目的一次性

项目的一次性又称为项目的单件性，是项目最主要的特征，它是指没有与此完全相同的另一项任务，其不同点表现在任务本身最终成果和生产过程上。只有认识了项目一次性的特征，才可能有针对性地根据项目的具体情况和要求进行管理。

2. 项目的约束性

凡项目都有一定的约束性，如装饰工程的约束条件是限定投资、限定质量和限定工期。只有约束目标和内容明确了，才称得上是项目。合理而科学地制订项目的约束条件，对保证项目的完成是非常必要的。

3. 项目的整体性

一个项目是一个整体的管理对象，要按项目的需要配置各种生产资源，并以总体效益的提高为标准，做到数量、质量和结构的总体优化。鉴于内外环境是不断变化的，所以生产资源的配置与管理也应该是动态的。

（二）建设项目

建设项目是指以一定数量的投资，经过设计和施工等一系列的程序，在一定约束条件下形成固定资产为明确目标的一次性事业。

1. 建设项目是以形成固定资产为特定的目标，其约束条件一是时间约束，即一个建设项目要有合理的建设工期目标；二是质量的约束，即一个项目都有预期的生产能力、技术水平或使用效益目标；三是资源的约束，即一个项目都有一定投资总量的目标。

2. 建设项目必须遵循一定的建设程序和经过特定的建设过程。凡建设项目总是从提出建设的设想、方案的设计与优选、评估、决策、勘察、设计和施工直至竣工、投产（或投入使用）的一个有序的全过程。

3. 凡建设项目都具有一定投资限额标准，不满限额标准的不称为项目，而叫作零星资产的购置。

（三）建设项目管理

建设项目管理的对象是建设项目，在建设项目建设的周期内，用系统工程的理论、观点和方法，进行有效的决策、规划、组织、协调、控制等系统性的、科学的管理活动，从而按项目既定的资源限制、投资总额、质量要求、给定的时间和环境条件，圆满地实现建设目标，其管理职能是：

1. 决策职能

建设项目的建设过程是一个系统决策的过程，每一个建设阶段的开始靠决策。前期的决策对项目的设计、施工及项目建成后的运行，都有着重要的影响。

2. 计划职能

计划职能包括决定最后结果及获取结果所采用的可行性手段的全过程的管理活动，这种活动可划分为四个阶段：

(1) 确定项目实施的目标和实施顺序。

(2) 预先对实现目标可能产生的影响和未来事态，作出估计。

(3) 通过造价执行并解决资源等问题。

(4) 提出和贯彻指导实现预期目标的政策或准则。

项目管理履行了上述计划职能，使建设活动协调有序地实现预期目标，因而使各项工作都是可预见的，也是可控制的。

3. 组织职能

组织职能是通过建立以项目经理为中心的组织保证系统来实现的，给这个系统划分职责、授权、合同的签订与执行，建立健全各项规章制度，确保项目目标的实现。

4. 控制职能

控制职能是保证项目的主要目标实现的重要手段，因为在项目目标实施过程中，偏离目标的可能性很高，必须通过决策、计划、协调和信息反馈等手段，利用科学的管理方法，纠正偏差，确保目标的实现。

建设项目管理的主要任务就是目标控制，而主要目标控制是投资、进度和工程质量。

5. 协调职能

建设项目的实施有若干部门共同参与，各部门之间存在着大量的结合部，在结合部内存在复杂的关系，会出现各种不可预见的矛盾，这些矛盾得不到及时处理，则会形成协作配合的障碍，从而影响项目目标的实现。所以要通过项目管理的协调职能进行沟通交流，排除障碍，确保项目的正常运行。

二、装饰工程施工项目管理

装饰工程施工项目管理的任务是以最佳的结果实现总目标，即用有限投入的资金和资源，以最短的工期、最少的费用满足工程质量的要求，完成装饰施工任务，实现预期目标。

(一) 装饰工程施工项目管理内容

1. 建立项目管理组织

根据装饰施工项目管理的需要，建立项目经理部，选用合格的项目经理及相关人员组成项目领导班子，制订出项目管理各部门的管理制度，确保项目目标的实现。

2. 作出项目管理的规划

装饰施工项目管理规划是指对项目管理组织、管理内容、实施步骤等进行预测与决策，并作出具体安排。规划的内容是确定施工管理各阶段的控制目标，从局部到整体进行施工活动的全过程控制；施工项目管理体系的建立和信息流程，用图示的方式展示在项目管理部。

3. 实行施工项目目标的控制

施工项目管理的目的是为了更好地实现项目工程的最终目标，而目标的实现需按照控制理论，对项目的全过程进行科学的、系统的控制。控制的主要内容是成本控制、进度计划控制、施工质量控制、安全控制和施工现场动态控制。

4. 生产要素的配置与动态管理

装饰工程施工生产要素包括劳动管理、材料管理和机械设备管理三要素，该三要素是装饰施工项目目标实现的基本保证，其管理应根据各生产要素的特点，按照一定的原则和方法进行优化配置和动态管理。

5. 合同管理

装饰工程施工活动从投标开始至竣工验收，是一个内容复杂、涉及面宽的综合性的经济活动。为了保证活动的实效，在活动的全过程中项目管理应依法签订合同。企业要依法经营，运用法律的武器来保护自己的合法权益，企业员工要提高合同意识，并认真履行合同，树立良好的企业信誉。

6. 信息管理

在信息化时代，施工项目信息管理要用现代化手段采集信息，通过对采集来的信息分析、处理，能够及时准确地传递和掌控信息，并有效地利用信息服务于项目管理。

7. 施工现场管理

施工现场是装饰施工项目组织、指挥施工生产的操作场，是装饰施工产品形成的工厂。项目对施工现场管理的主要任务是对场地合理安排、利用，协调各方面关系，对施工现场的生产活动进行组织、指挥、控制与协调。

（二）装饰工程施工项目管理组织

所谓"组织"有两种含义。组织的第一种含义是指组织行为（活动），即通过一定权力和影响力，为达到一定目标，对所需资源进行合理配置，处理人和人、人和事、人和物关系的行为（活动）；第二种含义是指组织机构。组织机构是按一定领导体制、部门设置、层次划分、职责分工、规章制度和信息系统等构成的有机整体，是社会人的结合体，可以完成一定的任务，并为此而处理人和人、人和事、人和物的关系。管理职能是通过以上两种含义的有机结合体而产生和起作用的。

装饰工程施工项目管理组织机构是项目经理部，它是由项目经理领导的装饰工程施工项目管理的工作机构，在项目管理中起主导的作用。

1. 项目管理组织的职能

项目管理的组织职能是通过合理设计和职权关系结构来使各方面的工作协同一致，包括五个方面的内容：

（1）组织设计　包括选定一个合理的组织系统，划分各部的权限和职责，确立各种基本的规章制度。

（2）组织联系　在组织机构中各部门的相互关系，明确信息流通和信息反馈的渠道，以及它们之间的协调原则和方法。

（3）组织运行　组织运行的关键问题是人员的配置、业务交圈和信息反馈，解决好这三个问题，即可以保证按分担的责任完成各自的工作，保证各组织体的工作顺序和各种业务管理活动的正常运行。

（4）组织调整　根据项目管理工作的需要，环境的变化，分析原有项目组织系统的缺陷、适应性和效率性，对原组织系统进行调整和重新组合，包括人员的变动、组织机构形式的变化、规章制度的修订或废止、责任系统的调整以及信息流通系统的调整等。

（5）组织行为　运用行为科学、社会学及社会心理学原理来研究、理解和影响项目管理组织中人们的行为、言语、组织过程和管理风格以及组织变更等。

2. 项目管理组织机构设置原则

（1）目的性原则　装饰工程施工项目管理组织机构设置的主要目的是实现项目管理的目标。从这个根本目的出发，在机构设置中应因目标设项目，因项目设机构，按机构设岗位，按岗位定人员，以职责定制度并授权利。

（2）精干高效原则　项目管理组织机构体系的设立应力求精干、高效，一人多职、一专多能。不应设立专管经营与咨询、研究与发展、政工与人事等与项目施工关系较少的非生产性部门。

（3）职权和知识相结合的原则　装饰施工项目管理人员一般分为职能管理人员和一线施工指挥人员两类。对职能管理人员应尊重权力，重视管理，讲究经济效益；对一线施工指挥人员应强调尊重科学、尊重专业知识。两类人员应做到密切配合，保证装饰施工项目管理组织目标的实现。

（4）弹性结构原则　项目管理组织机构是一个具有弹性的一次性施工组织，随施工任务的变化不断地进行调整。项目管理机构一般是施工开始时建立，工程竣工交付使用后，项目管理任务完成，项目管理组织机构应解体。项目经理不应有固定的施工队伍，而是根据工程任务的需要，在企业内部市场或社会市场吸收人员，进行优化组合和动态管理。

（三）项目经理部的作用

1. 项目经理部是项目施工的管理层，负责装饰工程施工从开工到竣工全过程施工生产的经营管理，对劳务层（作业层）起管理和服务的双层作用。

2. 项目经理部是项目经理的办事机构，负责为项目经理的决策提供信息，当好施工参谋，同时要执行项目经理的决策意图，对项目经理全面负责。

3. 项目经理部是一个由各专业管理人员形成的组合体，需要协调各部门之间、管理人员之间的关系，调动全体人员的积极性，相互合作，默契配合，保证项目管理目标的最终实现。

4. 项目经理部代表装饰施工项目对企业实行项目承包，并签订合同，对最终装饰产品成本和质量负责。

三、装饰工程施工项目经理

一个装饰工程施工项目是一项一次性的整体任务，在完成这个任务过程中，必须有一个最高的责任者和组织者，这就是通常所说的装饰施工项目经理。

项目经理是企业法人在项目上的全权委托代理人。在企业内部项目经理是项目实施全过程的总负责人；对外，可以作为企业法人的代表在授权范围内负责并处理各项事物，是施工项目的管理中心，所以，对施工项目经理人选的确定十分重要。

（一）施工项目经理应具备的基本条件

项目经理的选定应从两个大方面考虑，一是装饰施工的需要，不同装饰工程施工任务对项目经理要求也不一样；二是看装饰工程施工企业具备人选的素质。装饰工程施工项目经理应具备的基本素质有以下几个方面：

1. 政治素质

项目经理应具有较高的政治素质，在项目管理过程中，能自觉地坚持社会主义经营方向，认真执行党和国家的方针、政策，遵守国家的法律、法规，执行上级主管部门的相关决定，自觉维护国家利益，保护国家财产，正确处理国家、企业和员工三者的利益关系，并能坚持原则、善于管理、不怕吃苦、勇于负责，具有从事社会主义建设事业高度的责任感，全心全意地为人民服务。

2. 领导素质

项目经理是一名领导者，应该具有较高的组织和领导的工作能力，具体要求是：

（1）博学多识、通达情理　项目经理应具有现代管理理念、科学技术以及心理学等方面的基础知识，见多识广，眼光开阔，且通社会主义人情，达社会主义事理，并按照社会主义思想、道德、品质和作风要求去处理人与人之间的关系。

（2）知人善任、求同存异　项目经理要熟知人的优缺点，要用其所长，避其所短，不任人唯资，不任人唯亲，不任人为顺，不任人唯全，尊贤爱才，大公无私，宽容大度，有容人之道。善于与人沟通交流，求同存异，与员工们同心同德。与下属共享利益与荣誉，做到劳苦在先，享受在后，关心他人胜过关心自己。

（3）多谋善断、应变灵敏　项目经理应具有独立解决问题的能力，与外界洽谈业务时主意多、办法多，善于选择最佳的主意和办法应对面临的问题，并能当机立断，坚决果断地作出抉择。当情况发生变化时，能随机应变地追踪决策，见机处理。

（4）公道正直、赏罚分明　凡要求下属做到的，自己以身作则首先做到，定下的规章制度、纪律，自己首先遵守。对被领导者赏功罚过，不讲情面，以此建立管理权威，提高管理效率。

（5）哲学素养富有"三观"　项目经理具有一定基础的哲学素养，必须有能够取得人际关系主动权的"思维观"；必须有讲究效率的"时间观"；还应有在处理问题时注意目标和方向、构成因素和相互关系的"系统观"。

3. 知识素质

项目经理应具有大、中专以上相应学历和文凭，懂得建筑施工（含装饰工程施工）技术知识、经营管理知识和法律、法规知识，了解项目管理的基本知识，懂得装饰施工项目管理的规律，具有较强的决策能力、组织能力、指挥能力和应变能力，即经营管理能力。能够带领项目领导班子成员，团结广大群众一道工作。装饰施工项目经理应当是一个内行，一个建筑专业的专家，而不能是一名只知个人苦干，一天到晚忙忙碌碌，只干不管的具体办事人员，而应当是一位能运筹帷幄的帅才。同时每位项目经理都应在住房与城乡建设部认定的项目经理培训单位进行过专门培训学习，并经过考核，取得了合格证书。

4. 实践经验

每位装饰施工项目经理都必须具有一定建筑施工和装饰装修工程施工的实践经历，并取得相当的实践经验，只有具备了实践经验，才会处理在项目管理过程中所遇到的各种实际问题。

5. 身体素质

项目经理必须身体健康，年富力强，具有充沛的精力和旺盛的意志。因为项目经理的工作条件和生活条件都因在现场办公而十分艰苦，同时要担当繁重的工作，没有一个健康的身体素质是很难胜任施工项目管理工作的。

（二）装饰施工项目经理的选择

建筑施工企业选择项目经理有以下三种方式：

1. 竞争招聘制

招聘的范围可以面向社会，但要本着先内后外的原则，这种选择方式既可以达到优选的目的，同时又可以提高项目经理的竞争意识和责任心。一般程序是：个人自荐，组织审查，答辩讲演，择优选聘。

2. 经理委任制

经理委任的范围一般限于企业内部在聘干部，其程序是经理提名、组织人事部门考察，经理办公会议决定。这种选择方式要求企业经理知人善任，组织人事部要认真考察。

3. 基层推荐制

这种方式是由企业各基层施工队向公司推荐若干人选，然后由组织人事部门集中各方面的意见，进行严格考核后，提出拟聘人选，报企业党政联席会议研究决定。

施工项目经理一经任命产生后，其身份就是装饰施工企业法定代表人在施工项目上的全权委托代理人，直接对施工企业法人负责，与企业法人存在双重关系，既是上下级关系，又是工程承包中利益平等的经济合同关系。双方经过协商，签订《施工项目经营承包合同》，项目经理按年度分解指标分别向公司交纳一定比例的风险责任抵押金。如无特殊原因，在施工项目未完成前不准更换项目经理。

（三）施工项目经理的权限

为了履行施工项目经理的职责，施工项目经理必须具有一定的权限，这些权限应由企业法人代表授予，并用制度和合同的方式确定下来。施工项目经理应具有以下几种权限：

1. 用人决策权

项目经理的用人权在不违背公司的人事制度的前提下，项目经理有权决定对项目管理机构的设置、选择、聘任相关人员，对项目管理部内的成员的任职情况进行监督、考核，决定奖惩，乃至辞退。

2. 财务决策权

在公司财务制度允许的范围内，项目经理有权根据施工需要和计划的安排，作出投资动用、流动资金周转、固定资产购置、使用、大修和计划提取折旧费的决策，对项目管理部内的计酬方式、分配办法和分配方案等作出决策。

3. 进度计划控制权

项目经理有权根据施工项目进度总目标和阶段性目标的要求，对项目施工的进度进行检查、调整，并在资源上进行调配，达到对进度计划进行有效的控制。

4. 技术质量决策权

项目经理有权批准重大技术方案和重大技术措施，必要时可以召开技术方案论证会，把好技术决策关和施工质量关，防止技术上的决策失误，并主持处理重大质量事故。

5. 设备、物资采购决策权

项目经理有权对设备、物资采购方案、目标、到货具体要求，包括对供货单位的选定和项目库存策略等进行决策，对由此而引起的重大支付问题作出决策。

住房与城乡建设部对施工项目经理的管理权限作了以下规定：

1. 组织项目管理班子。

2. 以企业法定代表人的代表身份处理与所承担的施工项目有关的外部关系，受委托签署有关合同。

3. 指挥工程项目建设的生产经营活动，调配并管理进入工程项目的人力、资金、物资、机械设备等生产要素。

4. 选择施工作业队伍。

5. 进行合理的经济分配。

6. 企业法定代表人授予的其他管理权力。

（四）施工项目经理承包责任制

企业建立与完善以项目承包为基点的全员承包机制是完成各项经济技术指标要求的落脚点，也是项目经理负责制的重要内容。

1. 承包责任制的原则

施工项目经理承包责任制的原则有三点：

（1）实事求是

对于不同的工程类型和施工条件，采取不同的经济技术指标承包；对不同职能员工实行不同的岗位责任制，争取做到项目管理部员工在同一起点上平等竞争，减少人为的因承包而造成分配不公的现象。

实事求是原则要考虑承包的可行性，不追求形式，对因不可抗拒的原因而导致项目合同难以实现的应及时予以调整，以便让每个承包者既感到风险的压力，又能充满信心地去完成承包任务，避免"包而不实"或"以包代管"的现象发生。

实事求是承包制的原则也要讲究承包制的先进性，即不要搞"保险承包"，应该是在经济技术指标的确定上，承包者必须发奋努力才能实现的先进水平为标准，避免无风险、不费力和隐收入的指标承包现象出现。

（2）责、权、利、效统一

责、权、利的统一，既是企业承包制的基本原则，也是施工项目经理承包责任制的基本原则，但应注意除了责、权、利外，还必须将效（指社会效益和经济效益）放在重要地位。因为有些项目虽然尽到了责任，有了相应的权力，但并没有创造出好的效益，所以，责、权、利的结合应围绕最终效益来运行，实现、责、权、利、效的统一。

（3）兼顾企业、承包者和员工三方利益

承包责任制应做到企业、承包者和项目员工三方根本利益一致。由于企业肩负的双重职能，所以，一方面项目承包制应将企业利益放在首位，另一方面，也应当维护承包者和员工的正当利益，特别是在确定个人收入目标基数时，要切实贯彻按劳分配、多劳多得的原则，避免发生人为的分配不公等现象出现。

2. 承包责任制的主体与承包重点

（1）承包责任制的主体　施工项目承包责任制的主体是项目经理个人全面负责，项目管理部集体承包。施工项目管理的成果不光是项目经理的功劳，更是项目管理部集体的努力结果。因为没有集体的团结协作是不会取得成功的。那种把个人负责和个人承包混为一谈的说法是不对的。个人负责是指进行工作时的负责。事实上，无论采用什么样的承包方式，都是个人负责，尤其是施工过程中出现"危急"情况，不允许坐下来"研究"、"讨论",只能由一个人统一指挥,所以承包是要承担责任和享受利益的,施工项目经理当然是承包责任制的主体。

(2) 承包责任制的重点　承包责任制的重点是管理。通常,承包对企业而言是经营性承包,而对施工项目来说则是管理承包。施工项目承包的特点决定施工项目承包的重点必须放在管理上。因此,施工项目承包要注重管理的内涵和运用,并且应该懂得管理是科学,管理是一种有规律性运动的道理。

第二节　装饰工程施工进度计划管理

施工进度计划是表示装饰施工项目中各个单位工程或各分项工程的施工顺序、开竣工时间及相互衔接关系的计划,它是施工项目实施阶段的进度控制的"标准"。

施工进度计划的形式主要有网络计划和横道计划。网络计划的优点是各项目之间的关系清楚;横道计划的优点是时间明确。大多数施工项目进度计划控制采用网络计划,因为它可以提供时间控制的关键(关键线路),可以提供调整的机动时间(非关键线路上的时差),可以提供利用计算机的模型,可以提供调整信息。

编制出最优的施工进度计划,在实施装饰施工进度计划的过程中,经常检查施工的实际进度情况,并将其与计划进度相比较,若发现偏差,分析其产生原因和对整个工期的影响程度,提出必要的调整措施,修改原计划,不断调整的循环过程。

建筑装饰工程施工项目的进度、成本和质量三大控制目标的关系是相互影响和统一的。一般情况下,加快施工进度、缩短工期,将会引起投资的增加。但由于施工项目提前竣工,可以尽早获得预期的经济效益。对质量标准的严格控制,又会影响施工进度,但由于严格地控制施工质量而没有造成返工,结果,不仅保证了项目的施工进度,同时保证了项目工程施工的质量标准及投资费用的有效控制。

一、建筑装饰工程施工项目进度计划控制概述

(一) 施工项目进度计划控制作用

1. 可以有效地缩短施工周期。

2. 可以减少不同单位与部门之间的相互干扰。

3. 可以为防止或提出项目施工索赔提供依据。

(二) 施工项目进度计划控制的任务

1. 编制装饰项目进度计划并控制其执行。

2. 编制月、季度实施作业计划并控制其执行。

3. 编制各种物资资源供应计划并控制其执行。

(三) 施工项目进度计划控制的特点

1. 施工项目进度计划控制是一项复杂的系统工程。

2. 施工项目进度计划控制是一个动态实施的过程。

3. 施工项目进度计划控制是一项效益显著的工作。

二、建筑装饰工程施工项目进度计划的控制方法

(一) 动态循环控制法

这种控制方法是依据实际施工进度和计划进度出现的偏差,采取相应措施,不断地调整原定计划。在新的干扰因素影响下，又可能会出现新的各类偏差，又需要新的检查、调整，循环往复，形成动态循环的进度计划控制方法。

（二）信息反馈控制法

当项目施工进度出现偏差时，相应的信息就会反馈到项目进度计划控制的主体，主体可以立即作出纠正偏差的反应，使项目施工进度朝着计划的目标运行，并达到预期的效果，使项目施工进度计划的实施、检查和调整过程，成为信息反馈控制的实施过程。

（三）系统控制法

施工项目进度控制包括项目施工进度控制系统和项目施工进度实施系统两部分内容。为了做好施工项目进度计划控制，必须根据项目施工进度控制的目标要求，制订出项目施工进度规划系统，这个系统包括项目总进度计划、项目施工进度计划和施工作业计划等内容。在执行项目施工进度计划时，应以局部计划保证整体计划，最终达到项目施工进度控制目标。为实施项目施工进度系统，要求设计单位、项目施工单位和物资供应单位密切协作配合，形成装饰施工项目进度的实施体系。

三、建筑装饰工程施工项目进度计划控制内容

（一）编制月（季）作业计划

施工进度计划是在施工准备阶段编制的，开始执行时发现内容不够细致，不能适应复杂的施工现场，因此，需要重新编制（修订），使施工计划切合工程实际，切实可行，保证了施工进度计划顺利实施。

（二）签发施工任务书

编制（修订）好月（季）作业计划后，将每项具体任务，通过签发施工任务书的方式达到进一步落实。

施工任务书是施工单位向施工班组下达施工任务的计划文件，是实行责任承包，进行经济核算的原始凭据。任务书中包括每项施工任务的开、竣工时间，工程量、完成施工任务所需要的资源、采用的施工方法、施工质量、技术组织措施、安全生产指标及检查、记录等。

（三）准确掌握施工情况

做好各施工项目进度记录，及时准确地提供施工活动的各种资料，为进度计划检查、分析、调整和总结提供信息。

（四）做好施工过程的协调工作

组织、协调施工中各阶段、各作业环节，各专业和各工种之间的相互配合，消除薄弱环节，实现动态平衡，保证各项施工任务顺利完成，实现进度计划控制的目标。

四、影响装饰工程施工项目进度的主要因素

装饰施工过程中会受到多种因素的干扰，对施工进度产生影响，因此，要充分认识和认真分析各种影响因素，并做到主动排除与控制，使施工项目尽可能地按照设计的进度计划执行。影响施工进度的主要因素，归纳起来有内部因素和外部因素两种。

（一）内部影响因素

1. 施工组织设计有误

装饰施工组织设计时对施工项目的特点和实现条件判断有误，出现流水施工组织不协调，编制施工计划缺乏科学性，影响到施工进度计划的执行。

2. 施工方案出现偏差

施工方案编制前未能认真进行研究、分析施工项目特点，对新材料、新工艺缺乏了解，对解决施工技术难度估计不足，出现了技术上的失误，而影响到施工进度。

3. 不可预见影响因素

施工过程中遇到意外事件，如自然灾害、重大工程事故、社会不稳定乃至战争等不可预见影响因素，都将严重地影响施工进度。

（二）外部影响因素

1. 施工项目设计

施工项目设计及图纸的准确性、交用时间、构造做法的可行性、设计用材料及供应等都会影响施工的顺利进行，而施工方案的变更、增减项目工程量更会导致进度的改变，甚至会停止施工。

2. 施工项目资金

施工过程中，建设单位出现资金缺口，不能按合同拨付工程款，造成施工单位施工中直接费用难以支付，必然影响施工进度。

3. 施工项目资源供应

施工过程中，材料、机械设备等不能按期、按质供应；劳动力严重不足，运输和水电供应不足或中断等而影响到施工进度。

4. 施工项目相关单位的配合

施工项目实施过程中，施工单位、建设单位、监理单位、设计单位及其他协作单位或部门应默契配合，如若其中一个单位出现问题，都会影响施工进度。因此，项目经理应及时与相关单位进行协调配合，保证施工项目的整体进度。

五、装饰工程施工项目进度控制主要措施

施工项目进度计划控制通常采取以下几项措施：

（一）组织措施

建立进度计划控制目标体系，进行项目分解，落实各层次的进度控制组织，确立进度控制工作制度等，及时预测和分析影响施工进度的因素，以此来保证施工进度的正常运行。

（二）技术措施

提高施工技术管理的力度，采取能够保证施工质量、施工安全、经济和快速的施工技术与施工工艺，保证施工的进度。

（三）经济措施

项目经理与施工投资方协调配合，保证施工进度所需资金及时到位，不致影响施工进度。

（四）合同措施

利用合同的约束力，使分包合同工期与总包合同工期一致，保持合同总工期与项目总控制目标一致，最终实现项目工期进度。

（五）信息管理措施

在施工进度实施过程中，利用信息流动程序和信息管理工作制度加强检测、分析、调整和信息反馈，对项目施工进度目标进行连续、动态控制，以保证项目工期的实现。

第三节　装饰工程施工质量管理

建筑装饰项目施工质量是指项目施工全过程所形成的工程项目质量，它不仅能满足用户从事生产、生活的需要，而且必须达到项目设计、规范和合同规定的质量标准。

一、概述

（一）质量

从广义上讲，质量是指生产的产品能满足人们明确及隐含能力要求的特征和特性的总和。

装饰工程施工质量是指通过装饰施工全过程所形成的工程项目的质量，其质量不仅要满足用户从事生产和生活的需要，同时应该达到相应的国家标准的规定。

（二）装饰工程管理中的质量

装饰工程管理中的质量包括三个方面的内容：

1. 产品质量

建筑装饰施工的产品必须具有满足相应设计和规范要求的属性。一般包括安全可靠性、适用性、环境协调性、美观性和经济性五项内容。建筑装饰工程施工的产品必须符合国家标准《建筑装饰装修工程质量验收规范》（GB 50210—2001)的相关要求。

2. 工序质量

装饰工程施工每道工序的质量，都必须具有满足下道工序相应要求的质量标准，工序质量决定着整个产品的质量。工序质量包括人员、材料、机械、施工方法和施工环境五个方面。工序质量同样应符合国家标准《建筑装饰装修工程质量验收规范》（GB 50210—2001)和《建筑工程施工质量检验统一标准》（GB 50300—2001)的规定。

3. 工作质量

工作质量不像产品质量那样直观，是保证项目施工质量所表现的工作水平和完善的程度。工作质量包括政治工作质量、技术工作质量、管理工作质量和后勤工作质量四个方面。

产品质量、工序质量和工作质量具有不同的内涵，但有密切的内在联系。产品质量是项目施工的最终成果，它取决于工序质量和工作质量，而工作质量是工序质量和产品质量的保证和基础。必须通过提高工作质量来保证和提高工序质量，从而保证和提高产品质量。

二、装饰工程施工质量控制

（一）装饰工程施工质量控制原则

1. 坚持"以人为本"的控制原则

人是施工质量的创造者，质量控制必须"以人为本"，调动参加施工的全休人员的积极性，增强施工人员的责任感，提高质量第一的意识，懂得没有质量的数量等于没有数量的道理，提高人的素质，以人的工作质量来保证施工工序的质量，最终保证了装饰施工产品的质量。

2. 坚持"质量第一，用户至上"的质量控制原则

建筑装饰工程施工始终都应该坚持"质量第一，用户至上"的原则，以赢得社会信

誉，在激烈的市场竞争中保证企业的生存。

3. 坚持质量标准，严格进行检查

评价产品的质量好坏是质量标准，而数据又是质量控制的基础，所以，产品质量是否合乎质量标准的要求，应该通过严格检查，并用相关的数据来说明问题

4. 强化过程检查

强化过程检查，就是将产品质量最终把关检查转向对质量的过程检查，加强产品形成过程前相关质量要素的控制，形成过程中的控制，并且将对产品质量的检查转向对工作质量的检查、工序质量的检查和中间产品质量的检查，以达到对产品质量形成相关要素的有效控制，确保施工项目的质量。

5. 尊重科学、遵纪守法

施工项目管理部及项目经理在处理质量问题时，要尊重事实、尊重科学、遵纪守法，不搞不正之风，既要严格要求，又要实事求是，以理服人。

(二) 装饰工程施工质量控制依据

1. 原材料、半成品、构配件和设备质量控制

原材料、半成品、构配件和设备等质量控制依据是有关这些产品的技术标准、试验方法和试验标准、产品证书和验收标准的规定。

2. 施工工艺质量控制

施工工艺质量控制依据是国家标准《住宅装饰装修工程施工规范》（GB 50327—2001）及相关的行业标准。

3. 最终产品质量控制

最终产品质量控制依据是国家标准《建筑装饰装修工程质量验收规范》（GB 50210—2001）和国家标准《建筑工程施工质量验收统一标准》（GB 50300—2001）。

(三) 装饰工程施工质量控制内容

施工项目质量控制一般分为施工准备阶段、施工过程中和竣工验收阶段三个阶段进行控制。

1. 施工准备阶段质量控制主要内容

施工单位按投标质量目标编制项目质量计划。质量计划应包括工序、分项工程、分部工程到单位工程施工的质量控制，并能体现从资源投入到完成工程最终质量检验的全过程控制。

2. 施工过程中质量控制主要内容

施工过程中主要包括施工操作质量控制和施工技术管理工作质量控制。施工操作要认真贯彻操作者质量自检、班组内互检和各工序间交接检的质量检查制度，同时要加强质检员、监理、设计和政府质量监督部门的质量检查。

3. 竣工验收阶段质量控制主要内容

按合同要求进行竣工检验和检查验收；检查尚未完成的工作和质量缺陷，并及时予以解决；整理竣工技术资料和竣工图和签订工程保修协议书等。

(四) 装饰施工质量要素的控制

影响装饰施工质量的五大要素是人、材（装饰材料）、机（机械与机具）、法（施工方案与施工方法）、环（施工环境），对此五大要素严格控制，将是保证施工质量的关键。

1. 人员控制

人员要素控制是指直接参与施工的组织者、指挥者和操作者各种行为的控制。在控制中要充分考虑人员的基本素质，如文化素质、专业知识、技术水平和心理行为等可能对项目质量产生的影响，以避免人为因素对施工质量的不利影响。

2. 装饰材料质量控制

装饰材料是装饰装修工程的物质基础，因此应特别重视其质量的控制。装饰材料质量控制包括品种、性能、质量标准、适用范围和检测方法等，避免将不合格的原材料用到装饰工程上。

3. 机械设备控制

机械设备包括机具的控制。首先应根据施工任务要求选用合理的机械设备，既能保证施工进度，又能保证施工质量，主要控制措施是建立健全人、机固定制度、岗位责任制、操作规程和技术维修、保养制度，确保机械(具)始终处于最佳使用状态。

4. 施工方案与施工方法控制

施工方案与施工方法是施工项目施工规划的基础，直接影响着施工项目的质量、进度和施工成本控制目标的实现，因此，要求施工方案必须是在技术上可行，经济上合理，有利于保证工程施工质量。

5. 施工环境控制

施工环境包括自然环境，如气温、风、雨、雪等；建筑物内、外装饰环境；劳动环境，如工作面和劳动组织等以及相互衔接的工序操作环境等。环境要素对项目施工质量的影响复杂多变，必须根据施工过程的实际情况进行有效地控制。

三、装饰工程施工项目质量验收

装饰施工项目竣工质量验收过程中，要对施工过程中的分部、分项工程质量进行严格控制，并要将验收出"不合格"的质量问题进行相应的处理，达到国家规定的质量标准。

（一）装饰工程施工项目质量验收依据

装饰工程施工质量验收依据是国家标准《建筑装饰装修工程质量验收规范》(GB 50210—2001)和《建筑工程施工质量验收统一标准》(GB 50300—2001)及相关的行业标准和地方标准。

（二）装饰工程施工项目质量现场检测方法

1. 目测法

目测法的检测方法可归纳为看、摸、敲、照四个字。

看，根据质量标准进行外观目测。

摸，凭手感进行检查的一种方法，如油漆漆膜的光滑程度、高级抹灰面层的光滑平整程度等。

敲，利用工具敲击进行音感检查，如墙面贴砖、粘贴大理石板材等，通过敲击声音的虚实(清脆或沉闷)来判断其与墙(柱)面的粘结程度。

照，利用镜子或灯光照射的方法，对难于看到或光线较暗的部位进行质量检查的一种方法。

2. 实测法

实测法是利用测得的数据与质量标准规定的允许偏差对照，来判断施工质量是否合格的一种检测方法。这种检测方法可归纳为靠、吊、量、套四个字。

靠，用直尺（靠尺）检查墙面、顶棚或地面的平整度。

吊，用托线板和线锤吊线检查垂直度。

量，用计量仪表或一般测量工具检查装饰构造尺寸、轴线、标高以及温度、湿度的偏差。

套，用方尺套方，如检测阴阳角的方正、踢脚线（板）的垂直度以及门窗洞口及装饰构配件的对角线检查等。

3. 试验法

通过一定的试验方法来对质量进行检查，如对预埋件、连接件（如植筋）等锚固连接能力检查、对饰面板（砖）粘结强度检查等。

四、装饰工程施工项目竣工验收

装饰工程施工项目竣工验收包括工程实体复验和竣工资料两部分内容。其中，竣工资料应包括：

1. 施工项目开工和竣工报告。

2. 图纸会审纪要、施工组织设计和技术交底记录。

3. 设计变更签证单和技术核定单。

4. 材料质量合格证和进场复验报告。

5. 质量事故调查和处理资料。

6. 隐蔽工程验收记录和施工日志资料。

7. 全部竣工图纸资料。

8. 质量检验评估报告资料。

第四节 装饰工程施工成本管理

装饰工程施工项目成本是在装饰装修施工中所发生的全部生产费用的总和，即在施工过程中所消耗的生产资料转移价值和劳动者的必要劳动所创造的价值的货币形式，成本管理是施工项目管理的基础和管理的核心。

一、装饰工程施工项目成本主要类型

（一）按成本发生时间分为

1. 预算成本

预算成本是根据装饰施工工程量和装饰工程预算定额计算出的工程成本，是确定工程造价的基础，也是编制计划成本和评价实际成本的依据。

2. 计划成本

施工项目部根据工程计划期的具体条件和实施项目的各项措施，在实际成本发生之前预先计算的成本，它是项目部控制成本支出、安排施工计划、工料供应与核算的根据，反映着施工项目在计划期内达到的成本水平。

3. 实际成本

实际成本是在报告期内实际发生的各项施工费用的总和。实际成本与预算成本的比较，可以反映出项目的盈亏；与计划成本比较，可直接反映出成本的节约和超支，同时起着考核施工项目施工技术水平、技术组织措施等项目管理经营效果的作用。

（二）按费用计入成本的方法分为

1．直接成本

直接成本是指装饰施工过程中直接支付出的费用，包括材料费、人工费、机械设备费和其他直接费用等。

2．间接成本

间接成本是非直接用于工程对象，但是为了工程施工所必须发生的费用，如施工现场管理人员的人工费、固定资产使用维护费、保险费、工程保修费和工程排污费等。

二、装饰工程施工项目成本控制的主要内容

成本控制主要内容包括成本预测、成本计划、成本控制、成本核算、成本分析和成本考核六个方面。项目部在项目实施过程中，对所发生的各种成本信息进行预测计划、控制、核算和分析等系统工作，促使项目系统内各种要素按规定的目标运行，确保施工项目的实际成本控制在预定计划成本范围内。

（一）施工项目成本预算

施工项目成本预算的实质是在项目施工前对成本进行核算。通过成本预算，可以使项目部在满足用户和企业要求的前提下，选择成本低、效益好的成本方案，并在项目实施过程中，加强成本控制，克服盲目性，提高预见性。一般企业在工程报价或中标实施项目施工时，都会借鉴以往的经验对工程成本进行预测。

（二）施工项目成本计划

施工项目成本计划是以货币的形式编制施工项目在计划期内的生产费用、成本水平、成本降低率、降低成本的措施和规划的方案，是建立施工项目成本管理责任制，开展成本控制和成本核算的基础，是项目部对施工成本进行计划管理的工具。项目成本计划由项目部编制，规划出项目经理实现成本承包目标的施工方案。

（三）施工项目成本控制

施工项目成本控制是指在项目施工过程中，对影响项目成本的各种因素加强管理，并采取有效措施，将项目施工中实际发生的各种消耗和支出严格控制在成本计划范围内，随时检查、分析、调整实际成本与计划成本之间的偏差，消除施工中的损失和浪费现象。成本控制专职人员应从开始就参与编制成本计划，制订各种成本控制的规章制度，并经常收集整理每项实际成本的资料，经认真分析后，提出调整计划的意见。

（四）施工项目成本核算

施工项目成本核算，一般以每个月为一个核算期，在月末进行。核算时要严格遵守项目施工所在地关于支出范围和费用划分的规定。核算时，要按规定对计入项目的材料费，人工费，机械使用费，其他直接费、间接费和成本，以实际发生数为准。

施工项目成本核算所提供的各种成本信息，是成本预算、成本计划、成本控制、成本分析和成本考核的依据。

（五）施工项目成本分析

在施工项目成本形成的过程中，对项目成本进行对比、评价和剖析总结的工作，它贯穿于施工项目成本管理的全过程。成本分析主要利用项目成本核算资料与成本计划、成本预算与实际成本进行比较，了解成本的变动情况，分析主要经济技术指标对成本的影响，研究成本变动的原因，检查成本计划的合理性，从而找出降低施工项目成本的途径。

（六）施工项目成本考核

施工项目完成后，按施工项目成本目标责任制的有关部门规定，将成本的实际指标与计划、定额、预算进行比较与考核，评定施工项目成本计划的完成情况，评出各责任者的业绩，并以此作为奖励和惩罚的依据。

三、装饰工程施工项目成本控制的原则

装饰施工项目的成本控制是企业成本管理的核心和基础，在进行成本管理时应遵守以下基本原则：

（一）全面成本管理原则

全面成本管理是指企业全员全过程的管理。在施工项目成本管理中常常出现重施工成本的计算分析，轻采购、工艺和质量成本管理；重实际成本的计算和分析，轻全过程的成本管理和影响因素的控制；重财会人员管理，轻群众性的日常管理等现象。为了实现成本最低化的目标，应全面开展成本管理，以达到不断降低施工项目成本的目的。

（二）成本责任制管理原则

全面成本管理应对施工项目成本层层分解，以分级、分人、分工的成本责任制做保证，划清责任、制订奖惩制度，使各部门、各班组的每个人都关心施工项目成本。

（三）成本最低化的原则

施工项目成本控制的根本目的，在于通过成本控制的各种手段，不断降低施工项目的成本，以达到可能实现的最低的目标成本，即成本最低化。

（四）成本管理有效化原则

成本管理有效化一是要体现施工项目部以最少的投入，获得最大的产出；二是要体现以最少的人力和财力，完成更多的管理工作，并提高工作效率。

第五节　装饰工程施工合同管理

装饰工程施工合同是装饰工程发包方与承包方为完成商定的装饰工程施工而明确相互权利、义务关系的协议。

一、合同法的基本准则

根据合同法总则的规定，合同当事人在合同订立、效力、履行、变更与转让、终止和违约责任等以及各项分规则规定的全部活动中都应遵守的基本准则，合同法基本准则也是人民法院、仲裁机构在审理、仲裁合同纠纷时应遵守的原则，它包括以下基本内容：

1. 平等原则。
2. 自愿原则。
3. 公平原则。
4. 诚实守信原则。
5. 遵守法律和行政法规的原则。
6. 维护社会公共利益的原则。
7. 依法成立的合同对当事人具有约束力的原则。
8. 鼓励交易原则。

二、装饰工程施工合同管理

（一）建设行政部门对施工合同的管理

按照《建设工程施工合同管理办法》的规定，建设行政部门对施工合同管理的职责要求，应进行以下管理内容：

1. 宣传贯彻国家有关经济合同方面的法律法规和方针政策。
2. 贯彻国家制定的施工合同示范文本，并组织推广和指导使用。
3. 组织培训合同管理人员，指导和交流合同管理工作。
4. 审查施工合同的签订，监督检查合同的履行，依法处理存在的问题和违法行为。
5. 制定合同签订和履行的考核指标，并进行考核。
6. 确定损失赔偿范围。
7. 调解施工合同纠纷。

（二）监理工程师对施工合同的管理

总监理工程师受甲方的委托按协议条款的规定，可部分或全部行使合同甲方代表的权力，履行甲方代表的职责，做好以下合同管理工作：

1. 工期管理

按施工合同规定，对承包方的施工进度计划进行审批，并检查督促实施过程。

2. 质量管理

对装饰材料、成品、半成品的质量进行及时检验，做好施工过程中隐蔽工程、中间及竣工工程的质量验收。

3. 结算管理

竣工结算是施工合同管理的最后阶段。结算工作办完后，发包方应按规定办理工程价款结算拨付手续，终结双方的权利义务关系。若合同有保修期，在规定的保修期限内，承包方和发包方仍存在权利义务关系。

（三）业主方对施工合同的管理

1. 合同签订过程中的管理

（1）招标前期工作　组建招标机构、编制招标文件、发布招标广告、审查投标单位资质，并将结果通知投标单位。

（2）招标中期工作　组织召开开标会，开展评比工作，发出中标通知。

（3）招标后期工作　与中标单位进行谈判，并签订装饰工程施工合同。

2. 合同履行过程中的管理

工程开工后，业主需与监理、承包商联系，处理合同履行过程中相关事宜。对于工程变更、工期延长、工程款支付应由业主审批。承包商有违约行为，业主有权终止合同并授权他人完成合同。

（四）承包商对施工合同的管理

1. 合同签订过程的管理

（1）投标前期工作　全面分析招标书，结合工程难度、项目承包条件和企业自身情况，对是否投标作出决策。

（2）投标中期工作　研究项目招标文件，发现并记录存在的问题，并及时求得解答。制订科学、合理的施工方案，编制项目施工规划，制定标价，编制项目投标文件并报送招标单位。

(3) 中标后工作　与业主进行谈判，签订装饰施工合同。

2. 合同履行过程中的管理

(1) 建立合同管理机构，确定合同管理责任人。

(2) 建立合同管理档案，做好合同文件及相关资料的管理工作。

(3) 做好工程记录及标书以外的用工记录，并由业主确认。

(4) 实行项目跟踪管理，积累合同索赔有关数据，及时向建设单位或保险公司索赔。

三、索赔

索赔就是当事人在合同实施过程中，根据法律、合同的规定及惯例，对并非由于自己的过错，而是由合同的另一方责任造成的实际损失，向对方提出给予补偿或赔偿的权利。

建筑装饰工程施工中常常发生的索赔称为施工索赔。

(一) 索赔的分类

1. 按索赔的目的分

(1) 工期索赔　因非承包人的原因造成施工进度延误，承包人向发包人提出延长工期、推迟竣工日期的索赔称为工期索赔。

(2) 费用索赔　施工过程中，因非承包人的原因或客观条件的改变导致承包人的费用增加或损失，承包人向发包人提出的索赔称为费用索赔。

2. 按索赔有关当事人分

(1) 承包人向发包人提出的索赔。

(2) 承包人与分包人之间的索赔。

(3) 承包人与供应商之间的索赔。

(4) 承包人向保险公司提出的索赔。

(二) 索赔的原因

1. 发包人违约

(1) 发包人未按合同规定提供图纸、技术资料和施工现场；未按承包人提出的隐蔽工程验收而造成施工进度延误。

(2) 要求承包人赶工或延长工期，且不能按合同约定支付工程款。

(3) 提前占用部分永久性工程，对施工造成不利的影响。

2. 发生不可抗力事件

承包人在施工过程中遇到不可抗力的事件而造成经济损失时，可以向保险公司提出索赔。不可抗力的事件主要有以下几种：

(1) 自然灾害　施工过程中遇到自然灾害的影响，认定为是不可抗力的事件。

(2) 政府行为　施工过程中，政府当局出台新的政策、法律和行政措施而影响到合同的履行或不能实施。

(3) 社会异常事件　如社会动乱、暴乱等。

3. 监理工程师失误

监理工程师受发包人委托而进行工作，因其工作失误给承包人造成损失，承包人可向发包人提出索赔。

4. 合同变更

(1) 发包人对装饰施工项目有新的要求，如装饰使用功能变化、核减预算投资等。

(2) 设计上的重大变更。

(3) 改用新材料、新技术、新工艺、导致施工方案的改变。

（三）索赔的程序

1. 承包人表明索赔意向

索赔事件发生，承包人向监理工程师表明索赔意见。

2. 提出索赔申请

在索赔事件发生后的有效期（28 天）内，承包人应向监理工程师提出书面索赔申请，并抄送业主。申请书中主要内容为索赔事件发生的时间、实际情况和影响程度及提出索赔依据的合同条款。

3. 索赔处理

监理工程师收到索赔申请后，要了解情况，认真审查，考察证据，核算索赔金额，如无疑义，签发付款证明，由业主支付赔款。否则，应要求承包人补充证据或经过仲裁诉讼解决。

复习思考题

1. 何谓"项目"? 其主要特点有哪些?

2. 建设项目管理的职能有哪些内容?

3. 建筑装饰工程施工项目管理的内容有哪些?

4. 试述项目经理部的主要作用。

5. 施工项目经理应具备哪些基本素质?

6. 项目经理的选定有几种方法?

7. 项目经理都有哪些权限?

8. 施工进度计划控制有哪些方法?

9. 施工进度计划控制有哪些主要内容?

10. 何谓"质量"? 装饰工程施工管理中的质量有哪些内容?

11. 试述装饰工程施工质量控制的主要内容。

12. 试解释人、料、机、法、环五大影响施工质量要素的含义。

13. 装饰工程施工质量验收时的目测法和实测法内容是什么?

14. 试述装饰施工成本控制的主要内容。

15. 合同法的基本准则包括哪些内容?

16. 试述装饰工程施工合同管理的主要内容。

17. 何谓"索赔"?

18. 试述产生工程索赔的原因和进行索赔的程序。

参 考 文 献

［1］中国建筑装饰协会．住宅装饰装修工程施工规范（GB 50327—2001）［S］．北京：中国建筑工业出版社，2002.

［2］中国建筑科学研究院．建筑装饰装修工程质量验收规范（GB 50210—2001）［S］．北京：中国建筑工业出版社，2002.

［3］江苏省建筑工程集团有限公司．建筑地面工程施工质量验收规范（GB 50209—2010）［S］．北京：中国计划出版社，2010.

［4］严金楼．建筑装饰施工技术与管理．北京：中国电力出版社，2004.

［5］张若美，唐小萍．建筑装饰施工组织与管理．北京：高等教育出版社，2002.

［6］沈忠于．吊顶装饰构造与施工工艺．北京：机械工业出版社，2006.

［7］潘福荣，景群智．木作装饰与安装．北京：机械工业出版社，2006.

［8］杨天佑．建筑装饰工程施工．北京：中国建筑工业出版社，1991.

［9］肖阳．金属件制作与安装．北京：中国建筑工业出版社，2006.

［10］丛培经．施工项目管理概论．北京：中国建筑工业出版社，1997.

［11］纪士斌．建筑装饰装修工程施工．北京：中国建筑工业出版社，2003.

［12］纪士斌．建筑装饰装修材料与施工．北京：中国建筑工业出版社，2002.

［13］姜秀丽．墙面装饰构造与施工工艺．北京：机械工业出版社，2006.

［14］沈百禄．建筑装饰1000问．北京：机械工业出版社，2009.

［15］纪士斌．建筑装饰工程施工．北京：北京工业大学出版社，1999.